视觉封王

Illustrator 2020

立体化教程(素材+视频+教案)

吴 刚 编著

清华大学出版社

北 京

内 容 简 介

本书以 Adobe Illustrator 2020 为蓝本，从实战角度出发，系统讲解了 Illustrator 核心知识点以及 Illustrator 在平面设计、Web 设计、出版印刷、电商设计、移动交互视觉设计等领域的具体应用。本书用超过 600 个功能的详解及大量的实战案例完美演绎了 Illustrator 在各个领域的出色表现，每一个案例都有详细的实现步骤，带领读者由浅入深地系统掌握 Illustrator 的核心功能及 Illustrator 实战应用技能。本书共分 6 篇，各篇内容如下。

Illustrator 基础知识篇(第 1 ～ 3 章)，内容主要包括 Illustrator 软件发展沿革、Illustrator 应用领域、Illustrator 的安装方法、Illustrator 的学习方法，以及 Illustrator 工作界面的组成、"新建"命令与参数化设置、"首选项"设置、文件的打开、素材的合成方法、文件的存储等。

Illustrator 进阶技巧篇(第 4 ～ 7 章)，内容主要包括矢量图形编辑功能、透视的原理和技巧、"渐变工具"的用法等。

Illustrator 高级应用篇(第 8 ～ 11 章)，主要讲解了 Illustrator 最核心且用途广泛的"钢笔工具"的使用方法和技巧、"画笔工具"的用法及"文字工具"等知识。

Illustrator 参数化设计篇(第 12 ～ 15 章)，主要讲解了"形状工具组"及矢量图形应用方法、"路径查找器"与布尔运算功能、偏移路径的应用方法等知识。

Illustrator 综合应用篇(第 16 ～ 21 章)，主要讲解了复合路径的应用、"旋转工具"的应用、文字的转曲、字体设计及立体字制作等方面的知识。

Illustrator 商业案例实战篇(第 22 ～ 25 章)，主要讲解了 Illustrator 的商业应用、Illustrator 与 Photoshop 的结合应用、蒙版与透明度蒙版的应用方法，以及 Illustrator 其他工具的应用等知识。

本书可作为 Illustrator 初学者的自学用书，也可作为高等院校相关专业的参考教材。

图书在版编目（CIP）数据

视觉封王：Illustrator 2020立体化教程：素材+视频+教案/吴刚编著. —北京：清华大学出版社，2020.6
ISBN 978-7-302-55261-1

Ⅰ．①视…　Ⅱ．①吴…　Ⅲ．①图形软件—教材　Ⅳ．①TP391.412

中国版本图书馆 CIP 数据核字（2020）第 051988 号

责任编辑：刘　星
封面设计：吴　刚
责任校对：李建庄
责任印制：宋　林

出版发行：清华大学出版社
　　　　　网　　　址：http://www.tup.com.cn，http://www.wqbook.com
　　　　　地　　　址：北京清华大学学研大厦A座　　　　　邮　　编：100084
　　　　　社 总 机：010-62770175　　　　　　　　　　　邮　　购：010-62786544
　　　　　投稿与读者服务：010-62776969，c-service@tup.tsinghua.edu.cn
　　　　　质量反馈：010-62772015，zhiliang@tup.tsinghua.edu.cn
　　　　　课件下载：http://www.tup.com.cn，010-83470236
印 装 者：三河市龙大印装有限公司
经　　销：全国新华书店
开　　本：203mm×260mm　　　印　　张：24.5　　　　　字　　数：965千字
版　　次：2020年6月第1版　　　　　　　　　　　　　印　　次：2020年6月第1次印刷
印　　数：1～2500
定　　价：119.00元

产品编号：087758-01

视觉设计对于任何企业都是重要的，它是展示企业形象的窗口。面对风云变幻的市场局面，企业也要不断变化，故设计工作的变化势在必行，要么在变化中向前走，要么在变化中被淘汰。希望设计人员不仅要技术过硬，更要跟上时代的步伐。

新时代以变化为特征，想立足就必须拥有广泛的用户基础和丰富的内容基础，并由此产生难以抵挡的宣传效应，在互联网各个地方投射并扩大综合利益。

设计工作者不仅要技术过硬，还要能创新，创新技术、引领技术才是技术革新时代的法宝。创新不仅仅是一种观念，更是一种竞争力。学习设计技术的价值就是把有不同认知的需求转化为视觉。一个好的设计，不仅是软件用得好，也要设计师想法好。以市场需求为中心，才能有真正的自信。

要学以致用，就要有持续的创新力、学习力、执行力。要吸取精华加以转化，同时要能适应需求的变化，服务社会的同时也改变自己。通过视觉呈现来创造一个需求，或激发出用户潜在的需求，就拥有了市场。设计工作者不能用投机的心理来做项目，要顺应和引领市场的需求，才能真正提升自身价值。

视觉设计的好坏是一件见仁见智的事情，正因为如此，才要努力提升自我，对自己要求严一点，让自己做得越来越好。设计工作者要有主动精神，做事要有担当，不要等别人说才做，这样才能有所成就。

机遇只垂青有准备的人，要通过实实在在输出价值为自己创造机遇，机遇是要靠自己掌握的。同时也要把学到的技能看成是动态的，不断地创新、学习并敢于挑战，才能把"死的"技术用活。拥有了学习的热情和实践的激情，才能感受到不一样的风景。例如你每天坚持学习，日积月累不仅会掌握某种技能，还会使学习成为习惯，将所学应用到实践中才能成就大事。

学习任何技术无论开始时有多困难都要坚持，只有坚持才能学会，才不会被淘汰。学习时遇到困难，要总结经验，形成思路。只有经历过奋斗，回味时，才觉得付出是有意义的。学习时不要怕有问题，但也不能每次都出问题，"入场了不入戏"，不认真钻研是不行的。要在矛盾中发展，在解决矛盾中提高。

笔者在十五年的设计工作生涯中，录制了大量网络教学视频，沉淀了数以百万计的学生和粉丝，这次受清华大学出版社邀请编写本书，足见对笔者的认可。书中浓缩了笔者的教学经验和方法，可谓全情奉上，以飨读者。此外，笔者还为本书配套了完整的教学视频和课件，读者可以在本书任意章节处扫码观看对应配套视频，也可通过清华大学出版社官网 www.tup.tsinghua.edu.cn 下载课件素材动手练习，并通过公众号"吴刚大讲堂"获得实时答疑服务。既然读者决定学习，就一定要在这个领域里走在别人前面，挑战自己，改变自己，保持一种不满足、不服输的精神，才能勇往直前，由工作者成为变革者。为了适应时代的发展，我们要不断地创新。改变自己，就是一种创新。每天通过学习，发现问题，敢于变革，敢于创新，更要敢于应用创新，以便更好地输出价值，服务于社会。

2020 年 6 月于北京

学习资源

本书是一部"立体化教程"，提供的学习资源包含书籍、视频、课件（PPT）、标注、字体包、源文件、素材、电子笔记和线上服务等内容。

1. 源文件及教学课件

所有购买本书的读者均可获得完整的配套源文件(350 多个完整的案例项目) 及教学课件(全书 25 章)，相关资源可以到清华大学出版社官网 (www.tup. tsinghua.edu.cn) 本书页面免费下载。

2. 视频教程

所有购买本书的读者均可获赠全套的《视觉封王：Illustrator 2020 立体化教程 (素材 + 视频 + 教案)》视频课程，使用手机扫描书中各章节内嵌二维码即可在线观看。各章节相应素材资源刊于各章节首页，读者可扫码下载，如下所示：

扫码下载本章资源

★ 手机扫描下方二维码，选择"推送到我的邮箱"，输入电子邮箱地址，即可在邮箱中获取资源。

Illustrator 基本操作 配套 PPT 课件　　Illustrator 基本操作 配套笔记　　Illustrator 基本操作 配套标注　　Illustrator 基本操作 配套素材　　Illustrator 基本操作 配套作业

3. 其他资源

标注、字体包、素材、电子笔记和线上服务等内容可联系作者或者关注"吴刚大讲堂"微信公众号获取。

学习方法

　　"吴刚大讲堂"系列图书首次采用十五年来悉心研发的"十效立体教学法"，针对当前设计市场行情和实际学生需求特点进行了优化。

　　所谓"十效"，即在本书各章节教学讲解过程中，穿插集举一要反三、实操拓展、注意事项、技巧提示、工具应用、趋势看板、吴老师说、新增功能、技术难点和方法对比等十位一体的全链路立体化教学方法，帮助读者学以致用，事半功倍。

全新设计的案例应用场景库，引领读者发掘更多的功能应用场景，所见即所得，真正帮助学生在真实项目工作中举一反三，用以完成一个技术讲解后而进行补充案例的多方面应用，以巩固该知识点在实际项目中的应用。

- 在课件编制上，案例以由浅入深、由易到难的方式排序。
- 所有商业案例均可以在学习该章节知识点后，单独作为完整的商业项目呈现，所学即所用。
- 案例根据市场变化和行业发展特点，精挑细选，帮助读者学以致用。
- 完成全书学习后，每位读者都能做出若干不同类型的、完整成型并涵盖多种应用场景的项目案例作品。
- 配合案例项目设有教师讲评体系，学员可根据教师评判，更新升级项目内容。
- 标准职业素养课程内容全面植入案例教学体系。
- 课件中的商业案例经由全新设计，涵盖设计学科各领域，应用面更广。
- 读者可随章节练习，其成果改变了传统教学模式的单一课案规范，可以植入和形成全新的创作内容，所学即所得。
- 设计思维和创意思维得到空前重视，课程内容在讲解新增知识点的基础上，更重视学生创意思维和综合能力的培养。
- 全新的课程体系，包含业内史无前例的全新潮流案例，学习成果直接反映市场需求。
- 互联网设计产品启用5G时代全新的设计规范和交互规则，学习体验更接近一线需求。
- 扫描所在章节知识点对应二维码即可轻松获取免费教学视频。

全新设计的任务实现与设计素养双栖课件系统帮你实操拓展！

全面植入商业案例的配套职业素养双栖课件系统，可以使读者更加方便地在第一时间回馈和消化吸收最近章节的商业案例内容及相关设计规范，甚至可以在案例实操结束后，通过公众号和交流群立即与老师和其他读者通过互联网社群入口分享设计过程。

- 对案例的每个部分都做了全新的模块化设计，以便读者练习之后，可以随心所欲地重组案例的呈现方式。
- 最近完成的案例创意，第一时间进行应用场景解析，即刻了解技术的优点，找出不足并加以改正。
- 对重点案例根据构图法，重新再设计或选取主要案例进行技术原创。
- 学习过程中的点滴进步和灵感，都可以在第一时间体现并分享给他人。
- 全新同质案例应用场景库，帮助读者发现案例应用新花样，更有背后故事、使用规范以及更多商业环境实操内容，可在一个案例完成后通过另一个难度较高的拓展性案例巩固和丰富案例多样性，提高某些工具在复杂应用场景下的使用效率。通常出现在某一章节新知识点讲解之后的章节末端。

- 用于指出某一新工具和新知识点应用时可能出现的常见误区、难点，以及一些多发的问题点。
- 一般出现在某一工具介绍完毕后和案例实操开始前，用以及时规避问题，止损读者时间成本投入。

针对某一特定工具或实际操作，及时提示一些指导性的特殊技巧和决窍，使读者提高效率、增强画面表现力。

- 全新图文并茂的笔记性提示生动反映软件应用和实操所必需的设计点和知识点。
- 介绍技术由浅入深，循序渐进，可提高读者学习兴趣。
- 学习过程中通过课程轻松了解市场动向。
- 独有的高级设计课程内容，帮助读者在学习软件后成就设计师梦想。
- 支持全栈交互设计师培养方案。

针对某一特定工具或工具组，展开论述该工具的性质、使用方法和规律，在生活、工作场景中的应用方法和特点，以及该工具与其他工具（组）的配合应用方法和技巧。

- 对 Illustrator 在商业案例中的制作方法进行重点剖析，包括素材的替换方法、高精度素材的加工编辑等，使读者能更加方便地掌握相关工具完成创意。

- 根据不同工具的特点，结合具体案例，给出了快捷键及快速操作技巧。通过各章节实际案例的学习，使读者在掌握制图技能的同时，也可以系统化地掌握完整的工具快捷键的应用。

- 快捷键应用部分与本书配套的电子版笔记共同组成一体化的教学笔记系统。

在某一工具和毗连的衍生案例实操后，向读者介绍该功能在实际应用环境下的发展趋势和设计潮流，引导读者在学好软件基本技能的前提下输出适应时代发展特点、迎合潮流趋势走向的设计产品。

- 全新"潮流"标签归纳法设计的演练案例，方便读者第一时间发现设计潮流趋势，并可通过案例演练结合生活实践发现新亮点。

- 着眼于分析行业内优秀设计作品的设计和创意，并引导读者在充分理解优秀案例设计理念的基础上，学会创造原创案例的方法，使读者可以将优秀案例的闪光点与项目需求相结合，并进行合理重构，既提高了读者的审美能力，又提升了对原创项目的创造能力。

这一板块主要针对某一特定场景和语境下（如知识点和应用要点），需要特别强调的技术实操层面以外的应用拓展和理念展开。"吴老师说"是本书的特色板块，也是和同类竞品的最大差异所在。每个重要商业案例都增加了技术分析和设计分析环节外的拓展。

- 新增讨论环节，将读者对章节案例一成不变的模仿变成加入个性化内容的全新技术实践，并讨论其设计的合理性及实际应用可行性。

- 对同一类型商业案例针对性地补充了案例练习，随学随练。通过了解需求方的潜在需求，提高读者在实际工作中的综合应对水平。

- 在技术实操的基础上全面综合提升相关职业素养及审美思维。

该模块主要介绍 Illustrator 2020 相对较早版本新增功能的使用方法及应用场景，以及如何结合已有的软件功能进行合理调度。

其他亮点和特色如下：

- 介绍 Illustrator 新版本新增的工具和使用技巧，并结合实际案例，说明新增功能的优势。
- 结合新增功能特点，帮助读者分析这些新功能，从而使读者了解 Illustrator 发展趋势，以及设计行业发展趋势和行业演进方向，帮助读者预测设计市场需求。
- 针对新媒体和移动互联网的发展需要，帮助读者了解和掌握 Illustrator 为迎合数字媒体设计产品制作而新增的便捷参数设置方法。
- 针对新用户开发的"学习"功能，通过分步骤的界面教学示范，引导新用户快速掌握软件操作技巧。
- 针对基础图像处理需要，引导读者掌握新版软件新增的强大的"内容识别填充"功能，可以使新手设计师快速达到图像精修的目的。
- 各章还根据不同案例需要，对各种新功能使用方法进行讲解。

针对某一难以理解的知识点和复杂的案例步骤进行系统化的原理说明，帮助读者在充分理解的基础上提高吸收转化率。

本书结合读者实际理解和吸收现实情况，针对内容中的某些难点，在精细化、步骤化、可视化讲解的基础上，配合全方位配套视频教学资源，负责任地进行立体化技术难点解惑。

本模块还提供丰富的工具应用方法和快捷使用的详细标注：

- 新增相关应用软件的全新功能及应用场景的标注。
- 对复杂案例的制作过程和主要技术难点提供技术标注。
- 彩色标注配合软件界面截图和案例截图，并配有文字说明。
- 结合全新打造的标准商业案例全链路章节体系，植根于商业案例的职业技能培养拓展。
- 涵盖设计素质、表达及视觉概括能力、分析总结能力以及操作技能的实际使用方法等。

用来对比两种或多种技术操作针对同一效果的应用结果，或用来对比同一应用结果条件下的画面效果在表现力上的差异。

- 根据学习章节的演进，配置不同的难易级别并对比效果。
- 不同程度的课程阶段，对应不同的学习难度和需掌握的技术能力，学习后也会达到不同级别的软件应用水平。
- 全程贯穿一线商业案例教学，由浅入深，由易到难。

- 全部案例均为一线真实案例，并配有精心开发的统一、标准的源文件，方便读者学习，并可在未来实际工作中调取和使用，通过查看源文件可了解制作方法的差异。
- 配合案例的源文件，课件还会为读者配备相关的素材库、素材包和字体包。
- 方法讲解、操作配图、界面指引、步骤详解、案例课件、疑难解惑、源文件分析、瞬时互动分析交流，一站式立体学习，全方位保证学习效果。

十效立体教学法为你学习保驾护航▶

配书视频目录

配书视频版权信息

第一篇　Illustrator 基础知识

第二篇 Illustrator 进阶技巧

第三篇 Illustrator 高级应用

第四篇 Illustrator 参数化设计

第五篇　Illustrator 综合应用

第六篇　Illustrator 商业案例实战

第一篇　Illustrator 基础知识

| 第 1 章　Illustrator 软件介绍 |
| 第 2 章　Illustrator 学习方法 |
| 第 3 章　Illustrator 基本操作 |

了解

第二篇　Illustrator 进阶技巧

| 第 4 章　Illustrator 与 Photoshop 的区别 |
| 第 5 章　矢量图形 |
| 第 6 章　渐变 |
| 第 7 章　透视 |

进阶

第三篇　Illustrator 高级应用

| 第 8 章　钢笔工具 |
| 第 9 章　画笔 |
| 第 10 章　描边与填充 |
| 第 11 章　文字工具及应用 |

应用

第四篇　Illustrator 参数化设计

| 第 12 章　形状与路径应用 |
| 第 13 章　AI 与 PS 的矢量图形应用 |
| 第 14 章　路径查找器与布尔运算 |
| 第 15 章　偏移路径 |

拓展

第五篇　Illustrator 综合应用

| 第 16 章　复合路径 |
| 第 17 章　旋转工具 |
| 第 18 章　旋转工具综合应用 |
| 第 19 章　文字的转曲 |
| 第 20 章　字体设计综合应用 |
| 第 21 章　立体字设计与应用 |

实战

第六篇　Illustrator 商业案例实战

| 第 22 章　Illustrator 商业应用 |
| 第 23 章　Illustrator 与 Photoshop 综合应用 |
| 第 24 章　蒙版与透明度蒙版 |
| 第 25 章　Illustrator 其他工具应用 |

第一篇　Illustrator 基础知识

第 2 章　Illustrator 学习方法

第 3 章　Illustrator 基本操作

第二篇　Illustrator 进阶技巧

第 4 章　Illustrator 与 Photoshop 的区别

第 5 章 矢量图形

第三篇　Illustrator 高级应用

第四篇　Illustrator 参数化设计

第 14 章 路径查找器与布尔运算

第 15 章 偏移路径

第五篇　Illustrator 综合应用

第六篇　Illustrator 商业案例实战

第一篇
Illustrator 基础知识

Illustrator 基础知识篇（第 1 ~ 3 章），内容主要包括 Illustrator 软件发展沿革、Illustrator 应用领域、Illustrator 的安装方法、Illustrator 的学习方法，以及 Illustrator 工作界面的组成、"新建"命令与参数化设置、"首选项"设置、文件的打开、素材的合成方法、文件的存储等。

第 1 章　Illustrator 软件介绍
第 2 章　Illustrator 学习方法
第 3 章　Illustrator 基本操作

Illustrator 软件介绍

Adobe Illustrator，简称 AI，是一款由美国 Adobe 公司开发和发行的矢量图形绘制和处理软件。

Illustrator 以矢量图形处理能力见长；其处理的内容具有放大和输出后不失真的特点，被广泛地应用于出版、多媒体和互联网视觉等场景。强大的图形绘制和输出能力使其成为一款功能和口碑出众的视觉设计软件，其可以有效地进行图文编辑工作。

如今无论在工作还是在生活中，Illustrator 都发挥着重要的作用。

扫码下载本章资源

* 手机扫描下方二维码，选择"推送到我的邮箱"，输入电子邮箱地址，即可在邮箱中获取资源。

| Illustrator 软件介绍 | Illustrator 软件介绍 | Illustrator 软件介绍 | Illustrator 软件介绍 | Illustrator 软件介绍 |
| 配套 PPT 课件 | 配套笔记 | 配套标注 | 配套素材 | 配套作业 |

⬛ 核心要点

/////////////////////////

- Illustrator 的应用场景。
- Illustrator 的发展前景与应用。
- 软件安装与卸载方法。
- 软件在各领域中的应用方法和落地。
- Illustrator 学习方法和思维方法。

⬛ 章节难度

/////////////////////////

⭐ ⭐ ⭐

⬛ 学习重点

/////////////////////////

- Illustrator 集合了互联网时代对矢量图形应用的内容与工具群组，而学习伊始首先要确定和清晰了解软件对现实设计应用的诸多可能性。
- 充分了解和掌握 Illustrator 在各领域的应用前景和使用场景，对学习和应用 Illustrator 的预期进行充分了解，以便在学习时更加系统和高效。

1.1　Illustrator 软件的发展沿革

作为一款工业化时代诞生、信息化时代普及的矢量图形制作软件，Adobe Illustrator（AI）的发展可追溯到 20 世纪 90 年代末。三十多年来，Illustrator 给全人类带来了令人印象深刻的视觉体验并源源不断地发挥着巨大作用。作为迄今为止世界上最畅销的矢量图形制作软件之一，Illustrator 已成为许多矢量图形制作行业的标准，它也是 Adobe 公司最主要的视觉设计软件之一。它与 Adobe Photoshop 一同成为当代视觉设计师必备的软件工具。

这款著名的矢量图形制作软件是 Adobe 公司最初于 1986 年为苹果公司麦金塔计算机设计开发的。1987 年，Illustrator 作为矢量图形制作软件正式发布。从 1987 年至 2001 年，Illustrator 发布的 10 个版本中，均以意大利画家桑德罗·波提切利的著名蛋彩画《维纳斯的诞生》作为软件启动画面。图 1-1 所示为桑德罗·波提切利的蛋彩画《维纳斯的诞生》与 Illustrator 软件图标。

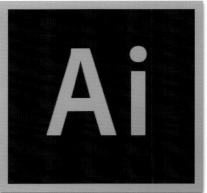

图　1-1

为了全面摸清 Illustrator 软件的发展脉络，首先来了解一下 Illustrator 软件的发展历程（参见图 1-2 和图 1-3）。

Illustrator 的学习方法

- **Adobe Illustrator 1.1：** 1987 年，Adobe 公司推出了 Adobe

从 2013 年起，Illustrator 进入了 CC 时代，彼时也正值互联网和移动互联网在中国蓬勃发展的黄金时期，这就要求设计工作者掌握好学习要领：

- 在视觉设计、交互设计、品牌设计、营销设计等遍及各行业的全新互联网 + 的 5G 时代里，学习 Illustrator 要服务好现实需要。

- 学好软件技能的同时，要做好顺应时代的应用，使其在实际工作中产生价值，这是一个需要读者在学习开始时就一起思考的课题。

- 读者在学习过程中若需与作者沟通，可通过以下方式联系：

微信：wugang821111，QQ群：151659587。

Illustrator 1.1 版本，它包含一张录像带，内容是对软件特征的宣传。

● **Adobe Illustrator 2.0**: 1988 年，Illustrator 在 Windows 平台上推出了 Illustrator 2.0 版本，同时在 Mac 平台上推出了 Illustrator 88 版本，因为发行时间是 1988 年。

● **Adobe Illustrator 3.0**: 1989年，在 Mac平台上推出了 Illustrator 3.0版本，并在 1991年移植到了 Unix平台上。该版本加强了文本排版功能，也包括 "沿曲线排列文本 "等功能。

● **Adobe Illustrator 4.0**: 1992年，Adobe发布了最早可以在 PC平台上运行的 Illustrator 4.0版本，该版本也是最早的日文移植版本。在该版本中，Illustrator第一次支持预览模式。由于该版本使用了抗锯齿显示引擎，使得原本一直呈锯齿状显示的矢量图形在图形显示上有了质的飞跃。同时，该版本也在界面上做了重大的改变，风格和 Photoshop极为相似，所以对于 Adobe 的老用户来说相当容易上手，也因此很快就风靡设计界。

● **Adobe Illustrator 5.0**: 同样在 1992年，Adobe发布了 Illustrator 5.0版本，该版本可以使西文的 TrueType文字曲线化。

● **Adobe Illustrator 6.0**: 1996 年，Illustrator 6.0 发布。该版本在路径编辑上做了一些改变，其目的是为了和 Photoshop 相统一。这一改变在当时引起了一些用户的不满，甚至他们一度拒绝升级。在这一版本中，Illustrator 同时开始支持 TrueType 字体。图 1-2 所示为 Illustrator 早期各版本带有维纳斯头像的启动画面。

● **Adobe Illustrator 7.0**: 1997 年，Illustrator 7.0 发布。该版本同时在 Mac 和 Windows 平台推出，使 Mac 和 Windows 两个平台实现了功能同步。这一版本推出后，设计师们开始向 Illustrator 靠拢，Illustrator 在设计界开始普及。同时，该版本完善的 PostScript 页面描述语言，使得页面中的文字和图形的质量再次得到提升。从该版本开始，凭借着 Illustrator 和 Photoshop 良好的兼容性，其在设计界赢得了很高的声誉。

● **Adobe Illustrator 8.0**: 1998 年，发布了 Illustrator 8.0。该版本的新功能有"动态混合""笔刷""渐变网络"

Illustrator 1.1

Illustrator 2.0 / 88

Illustrator 3.0

Illustrator 4.1

Illustrator 5.0

Illustrator 6.0

Illustrator 7.0

Illustrator 8.0

Illustrator 9.0

Illustrator 10.0

图 1-2

等，这个版本运行稳定，时隔多年仍有广大用户使用。

● **Adobe Illustrator 9.0：** 2000 年，Illustrator 9.0 发布。该版本的新功能有"透明效果""保存 Web 格式""外观"等。

● **Adobe Illustrator 10.0：** 2001 年，发布了 Illustrator 10.0，该版本主要新功能有"封套""符号""切片"等。

● **Adobe Illustrator CS：** 2002 年，随着 Illustrator 逐渐成为 Adobe 设计软件家族的核心，Illustrator 更改了版本的命名方式，它开始采用 CS（Creative Suite 的简称）作为命名后缀，并加入一系列新功能，如图 1-3 所示。此时的 Illustrator 同时拥有适用于 Mac 和 PC 平台的两个版本。软件的启动画面由一直使用的维纳斯头像更新为艺术化的花朵，更突出创意软件的调性。

● **Adobe Illustrator CS2：** 2003 年，Illustrator CS2 发布。主要新增功能有"动态描摹""动态上色""控制面板"等，并在界面上和 Photoshop 等 Adobe 家族的同系软件进行了统一。

● **Adobe Illustrator CS3：** 2007 年，Illustrator CS3 发布。该版本新增"裁剪工具""橡皮擦工具"等。

● **Adobe Illustrator CS4：** 2008 年，Illustrator CS4 发布。该版本新增了"斑点画笔工具"等功能。

● **Adobe Illustrator CS5：** 2010 年，Illustrator CS5 发布。该版本能处理单个文件中最多 100 个不同大小的画板，并能对它们进行编辑和查看。

● **Adobe Illustrator CS6：** 2012 年，Illustrator CS6 发布，该版本支持 Mac OS 系统和 Windows 的 64 位系统，可执行打开、保存和导出大文件等任务。

● **Adobe Illustrator CC：** 2013 年，Illustrator Creative Cloud（CC）版本发布。从此，所有的 Illustrator 版本都将以 Creative Cloud 为基础规范。这一规范可以让 Adobe 在特定的基础上向 Creative Cloud 用户推送软件更新。该版本同时新增了字体搜索、同步设定、同步色彩、区域和点状文字转换等功能。

● **Adobe Illustrator 2020：** 自从 Illustrator CC 推出后，Adobe 对其命名再次进行了重大更新，目前最新版本去掉了 CC，版本名称是 Illustrator 2020。新增功能及改进包括任意形状渐变、全局编辑、英文字体过滤、裁剪视图等。图 1-4 所示为 Illustrator 近期各版本的启动画面。图 1-5 所示为 Illustrator 各阶段相应版本的工具箱演变。

Illustrator CS（11.0）

Illustrator CS2（12.0）

Illustrator CS3

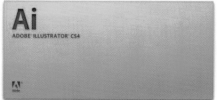

Illustrator CS4

Illustrator CS5

图　1-3

Illustrator CC 2014

Illustrator CC 2015

Illustrator CC 2015

Illustrator CC 2015

Illustrator CC 2017

Illustrator CC 2019

图　1-4

AI 1.1　AI 2.0　AI 3.0　AI 4.0　AI 6.0　AI 7.0　AI 8.0　AI 9.0　AI 10.0　AI CS　AI CS2　AI CS3　AI CS4　AI CS5　AI CC2012　AI CC2017　AI 2020

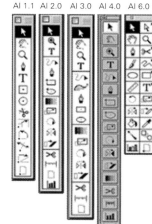

图　1-5

从 Illustrator 软件三十多年来的发展演变，特别是最近五年版本的更迭中不难发现，软件的设计不是简单地变得越来越"复杂"了，更不是越来越"难"了，而是变得越来越"聪明""友善"了。所谓"聪明"，是指 Illustrator 软件在设计上能根据全球设计师的实际使用需求进行优化，增加了越来越多的关于产品化视觉生成、交互视觉生成的应用组件，从另一个侧面也可以清晰地捕捉到这个互联网和物联网时代的真实社会需求。

关注"吴刚大讲堂"微信公众号，回复"AI"可下载多版本软件安装包。

Illustrator 的软件
更迭介绍

1.2 Illustrator 应用领域

Adobe Illustrator 的复合图形计算和设计功能对我们实际学习和工作场景应用具有极高的价值。
那么 Illustrator 软件到底对我们有哪些实际可见的用途？如何通过软件技能的学习发挥其应用价值？通过本节的学习我们能了解 Illustrator 的应用领域和场景，探索这款软件在实际应用中的商业价值，使我们的学习更有针对性。

1.2.1 Illustrator 在 Logo 设计中的应用

作为一款矢量图形制作软件，首先应具备强大的绘图功能。生活中随处可见的 Logo 就是设计师利用 Illustrator 生成矢量图形，再结合设计需要创意完成的。作为一款非常好用的带有图形生成和图形编辑功能的专业矢量图形制作软件，Illustrator 表现非常出色。而本书中介绍的不仅仅是如何把 Logo 设计得漂亮，更重要的是既漂亮又专业，帮助读者做出赏心悦目的设计作品。图 1-6、图 1-7 所示为中国移动 Logo 的设计稿及在此基础上应用 Illustrator 强大的矢量绘图功能实现的 Logo 效果。

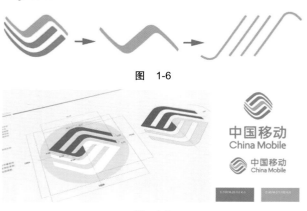

图 1-6

图 1-7

后面相关的矢量图形制作应用，如矢量对象生成和编辑章节不仅会为读者介绍 Logo 制作技巧和工具使用方法，而且会全面、系统地讲解配色、构图、色彩关系等方面的知识点，使读者可以从内到外真正掌握对象由具象到抽象变化的奥秘，并将其应用于实际需要的场景中。对象具象、抽象、Logo 应用效果如图 1-8、图 1-9 所示。

图 1-8

图 1-9

1.2.2 Illustrator 在印刷出版中的应用

目前，印刷厂在设计物料或印刷书籍时普遍采用四色印刷（CMYK）技术。一般四色机印刷色序的排列方式是黑、蓝、红、黄，也有按倒色序黄、红、蓝、黑印刷的。四色机的印刷原理要求设计师在编辑排版纸媒物料时需要相应地使用 CMYK 四色设色，而非使用互联网屏幕模式的 RGB 显示色。Illustrator 在四色设置和印刷设计上的功能优势可以极大程度地满足物理设色在设计师通过软件设计时对颜色精准显示的需求。图 1-10 所示为服务于印刷工业的 CMYK 四色校色法。

图 1-10

由于纸媒物料的印刷出版需要大量的图文排版，因此对图形、图像和文字的组合设计显得极为重要。在印刷排版设计时，Illustrator 方便、实用的排版功能和极好的图文处理能力，可大大提高设计师的工作效率及印刷物料的原型呈现效果。图 1-11 所示是笔者为中国移动设计的纸媒周边印刷品。

图 1-11

1.2.3 Illustrator 在图书出版设计中的应用

任何一本图书的出版都离不开图书的视觉设计，无论是封面排版，还是图书的标志，无不蕴含着视觉设计的影子，这都绕不开 Illustrator 的强大视觉画面处理技术。图 1-12~ 图 1-14 所示是笔者使用 Illustrator 为清华大学出版社设计的微软技术开发者丛书标准标识及 VI 识别系统在图书封面上的应用效果。

图 1-14

1.2.4 Illustrator 在 Web 设计中的应用

Illustrator 广泛应用于各类 Web 端的网页图像设计和网站设计中，无论是企业网站、电商平台网站，还是个人网站、活动推广站，Illustrator 的身影无处不在。Illustrator 强大的图文编辑功能，可以帮助网站运营人员快速地将用户需求以图形化的方式呈现落地。图 1-15、图 1-16 所示分别为 Illustrator 软件在 Web 端天猫网主站活动页及支付宝服务大厅设计中的应用效果。

图 1-12

图 1-15

图 1-13

图 1-16

1.2.5　Illustrator 在移动交互设计中的应用

可以说，移动交互设计对当前和未来的很多行业都有着重要的影响。借助于 Illustrator，交互设计师可以更清晰有效地表现数字化的文字、图形等信息，必要时结合 Photoshop 等图像处理软件，对移动交互设计产品视觉进行综合把握，可以使用户更好地了解其所代表的含义并进行运用。图 1-17 所示为使用 Illustrator 制作的移动端 App 应用交互界面，如图 1-18 所示为 Illustrator 与 Photoshop 结合应用后在移动交互设计各领域的拓展应用展示。

图　1-17

图　1-18

1.2.6　Illustrator 在数字可视化设计中的应用

生活在互联网时代的我们，经常需要将互联网信息以视觉化、图形化的方式呈现出来。那些看起来科技感十足，或者现代感爆棚的数字可视化呈现效果，它们最初就是现实生活中人们都看得见、摸得着的普通信息。有了 Illustrator，设计师得以更充分地发挥才能，更好地进行图形化设计和处理，将其视觉化，使之成为适用于互联网风格和调性的图片。无论是雨后春笋般的互联网公司，还是相关企业数据库的开发建设，抑或是电商用户大数据监控，都需要数字可视化呈现，这些精美的数字可视化效果需要由 Illustrator 来设计原型才能进行视觉化实现。学习软件的目的也是要通过软件的相关工具和操作将这些抽象化的素材信息转为丰富多彩的视觉化信息，并根据需求的不同创造出丰富的可视化作品。图 1-19～图 1-21 所示为用 Illustrator 将数据信息制作成的可视化数字视觉作品。

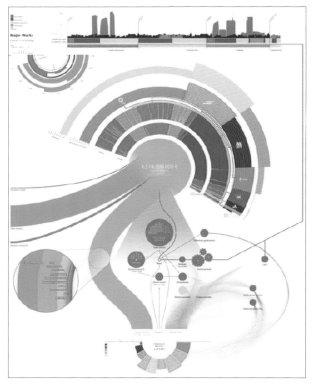

图　1-19

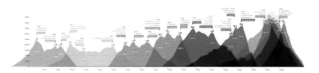

图　1-20

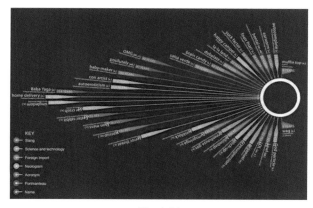

图 1-21

1.2.7 Illustrator 在电子商务中的应用

在互联网时代，越来越多的电商广告通过视觉设计展示其运营思想。Illustrator 在电商视觉营销领域起到越来越重要的作用。活动视觉营销正是通过策划文案的视觉化设计呈现给买家赏心悦目的效果，从而达到引流的目的。图 1-22 所示为电商网站活动营销的广告 Banner。

图 1-22

在电商产品的视觉形象设计中，品牌形象是围绕产品而形成的，其中相关行业色调和气质图的配合应用起到至关重要的作用。Illustrator 可以灵活利用图形、图像和文字之间的关系，通过品牌视觉来提升产品形象。图 1-23 所示为电商产品的品牌形象设计。

图 1-23

电商广告设计，要求设计师在设计规则和规范应用、设计产品的落地和推广以及品牌策划等各个方面，都要具备较好的基本功。

因此，在引导读者学习、掌握 Illustrator 操作技能的前提下，本书还会着力讲授设计的策略思维，梳理产品价值推导、用户体验和用户研究等各个相关方面，启发读者真正了解用户的潜在需求，完成满足用户视觉体验并促成交易的高水平、高品质的电商广告作品。

图 1-24、图 1-25 所示是笔者为电商平台销售的图书设计的产品详情页效果，其中所有的图标均使用 Illustrator 以矢量图形的形式制作实现。

图 1-24

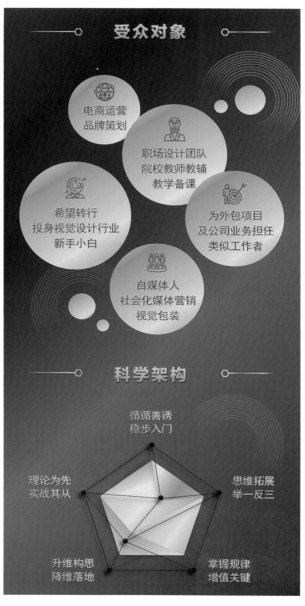

图 1-25

师的喜爱。图 1-26、图 1-27 所示为使用 Illustrator 设计的艺术插画作品，图 1-28 所示为商业插画在幼教类图书出版物中的应用，图 1-29~ 图 1-31 所示为由 Illustrator 绘制的 Q 版插画、插画印刷稿及借此开发的异形明信片产品。

图 1-26

图 1-27

1.2.8　Illustrator 在插画设计中的应用

任何一个视觉形象都是对某一特定主题品类和特定宣传物料的图像化结果。通过深刻了解产品需求文档（PRD），设计师可以进行头脑风暴，并搜集相关素材进行物料视觉设计，利用 Illustrator 进行构形及配色，从而将相关的视觉形象和实现内容有步骤、有创意地加以排列组合并进行视觉化处理，这样才能形成富有吸引力、号召力和生命力的插画。这是 Illustrator 软件在插画设计领域的宽口径落地。Illustrator 在场景适用上的广泛性备受设计

图 1-28

图　1-29

图　1-30

图　1-31

1.2.9　Illustrator 在 VI 设计中的应用

　　VI 设计的现实需求非常广泛，尤其适用于对内容传播有极度依赖性的互联网时代的企业。而在现实操作层

面上，VI 设计几乎全部需要设计师通过使用 Illustrator 来完成。Illustrator 的矢量绘图功能可以为 VI 设计效果的实现提供充分保障，其矢量图形编辑功能也方便设计师根据企业发展的需要，随时对 VI 设计稿进行优化，图 1-32～图 1-34 所示是笔者使用 Illustrator 为电商平台设计的 VI 视觉识别系统的基础 VI 部分。

图　1-32

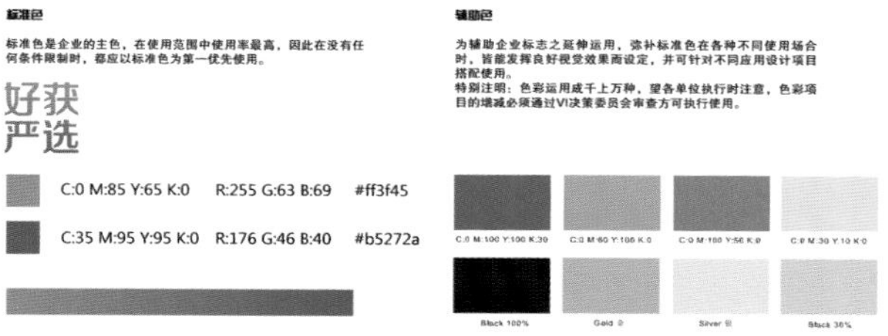

图　1-33

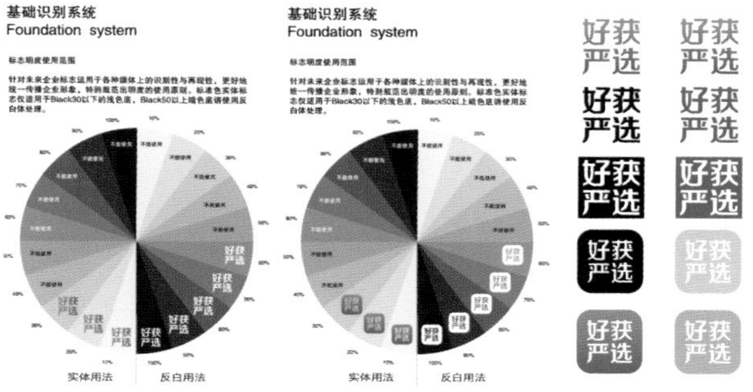

图　1-34

由于 Illustrator 在实际工作中的应用包罗万象，在学习前要做好如下准备：

● 对于 Illustrator，我们应该思考如何深入学习并切实掌握这一功能强大的软件。因为无论软件本身拥有多么复杂、丰富的功能，其最终意义是学以致用。

● 随着未来科技的发展和时代的进步，Illustrator 在视觉呈现领域和数字技术可视化应用中的落地和实现方法会随着时代和市场的需要发生趋势性变化，但应用图形、图像、文字组合画面的视觉美依然是亘古不变的追求。

● 技术是为应用服务的，在学习软件的同时，一定要了解其背后的应用规律，只有将市场的潜在需求熟谙于心，才能以不变应万变，做到"一招鲜吃遍天"。

1.3　Illustrator 2020 的安装

📄　Adobe Illustrator 在安装或卸载前应确保计算机有足够的内存，以保证软件使用的流畅性。安装或卸载前应关闭系统中正在运行的所有应用程序，并根据软件安装或卸载程序的引导提示操作。由于 Windows XP 系统不具备新版本 Illustrator 的安装条件，较新版本的 Illustrator 不再兼容 Windows XP 系统，使用 Windows XP 的读者可以考虑安装较早的 Illustrator 版本进行学习，较早版本的 Illustrator 的安装方法及基本操作与 Illustrator CC 系列版本及 Illustrator 2020 版本大致相同。

1.3.1　Illustrator 2020 安装环境

Illustrator 2020 在安装上对 PC（Windows 操作系统）和苹果机（MacBook、iMac）的要求不尽相同。Adobe 将开发工作的重点放在了最新版本的 Windows 和 Mac 操作系统上，以专注于开发用户最需要的特性和功能，同时确保充分利用最新硬件从而达到最佳性能。为了迎合硬件和软件的不断发展和改进，Adobe 的 Creative Cloud 应用程序不再支持某些较旧的操作系统版本。除非用户使用受支持的 Windows 或 Mac OS 版本，否则将无法安装或运行 Creative Cloud 应用程序。

Adobe 推荐的安装 Illustrator 2020 软件最低系统配置要求如下：

Windows PC

● Intel 多核处理器（支持 64 位）或 AMD Athlon 64 处理器，不再支持 32 位版本的 Windows；

● Windows 10 的高版本（不支持 Windows 10 版本的 1507、1511、1703 和 1709）；

● 8GB 或更大内存（推荐使用 16GB）；

● 64 位安装需要 3.1GB 或更大的可用硬盘空间，安装过程中会需要更多可用空间（无法在使用区分大小写的文件系统的卷上安装），推荐使用 SSD；

● 1920 x 1080 屏幕分辨率，16 位颜色以及具有 1GB 或更大内存的专用 VRAM，推荐使用 4GB；

● 支持 OpenGL 4.X 的系统。

Mac OS

● 支持 64 位的多核 Intel 处理器；

● Mac OS 版本 10.15 (Catalina)、Mac OS 版本 10.14 (Mojave) 和 10.13 (High Sierra)；

● 8GB 或更大内存（推荐使用 16GB）；

● 安装需要 4GB 或更大的可用硬盘空间，安装过程中会需要更多可用空间，推荐使用 SSD；

● 推荐使用 1920 x 1080 或更高分辨率的显示器，带有 16 位颜色和 1GB 或更大的专用 VRAM，推荐使用 2GB；

● 支持 OpenGL 4.0 的系统或更高版本。

1.3.2　Illustrator 2020 软件安装

鉴于 Adobe Illustrator 2020 是一款 Adobe 公司出品的优质付费软件，强烈建议设计师通过 Adobe 官方网站 https://www.adobe.com/cn/products/illustrator.html 下载并注册 Adobe ID，购买正版的 Illustrator 软件产品。图 1-35、图 1-36 所示为 Illustrator 官网主页及 Apple ID 注册页面。

　　　　图　1-35　　　　　　　　　　图　1-36

下面将分步骤详细介绍 Illustrator 软件的安装方法。打开 Adobe Illustrator 2020 软件包,双击 Set-up(安装)图标,开始安装软件,如图 1-37 所示。

图 1-37

安装前要选择 Illustrator 安装在计算机中的位置,单击"继续"按钮,如图 1-38 所示。完成上述操作后,Illustrator 2020 即可安装了。安装过程中,在对话框上部会显示读取状态的安装进度条,等待软件安装完成。图 1-39 所示为 Illustrator 2020 的安装界面。软件安装完成后,单击"关闭"按钮完成安装,如图 1-40 所示。

图 1-38　　　图 1-39　　　图 1-40

如因安装环境问题(如计算机系统版本过低)导致安装失败,屏幕上会出现提示界面,如图 1-41 所示。用户可升级计算机系统版本或安装较早版本的 Illustrator 以解决该问题。

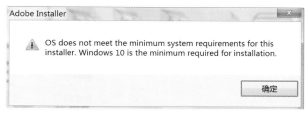

图 1-41

1.3.3　开始使用 Illustrator 2020

在桌面上双击 Adobe Illustrator 2020 图标,将其打开后,可以看到全新的加载画面,这时就可以打开软件进行丰富多彩的视觉创作实践了,如图 1-42、图 1-43 所示。

图 1-42

图 1-43

● 如果计算机中已经装有早期版本的 Illustrator 软件,为避免软件使用冲突,在安装较新版本前,需先将原有版本从计算机中卸载。
● 由于新版本的 Illustrator 软件具有更高的兼容性,较早版本制作的文件在新版本 Illustrator 中均可打开,但较早版本无法打开新版本制作的源文件。

1.4　Illustrator 2020 的特点

Illustrator 2020 新增了适应人工智能发展需要的辅助操作等一系列更为实用的功能。这些功能有效地增强了以设计师为本的交互体验,使软件操作更容易上手;同时能帮助设计师更好地实现预期画面效果,使设计意图的表达和表现更为精准。

1.4.1 全新的界面布局

对于很多新手，特别是零基础初学者来说，Illustrator 是一个较难上手的工具，需要很高的学习成本。为了使新用户快速上手，Adobe 在 Illustrator 2020 版本中提供了解决方案，在初次打开主界面时会出现新手教程模块，可以帮助用户快速地上手，如图 1-44 所示。

图　1-44

在"新建文档"面板中，新版 Illustrator 还预设了很多"时髦"的画板尺寸，包括"移动设备""Web""胶片和视频"等的默认尺寸，用以节约用户输入特定参数来新建文档的时间。用户只需根据实际需要，通过单击不同预设菜单中带有相应图标和描述文字的按钮即可快速新建所需尺寸的文档，如图 1-45 所示。

Illustratr的画板
预设功能

图　1-45

1.4.2 新增"任意形状渐变"功能

Illustrator 新增了"任意形状渐变"功能。在新版 Illustrator 中，除了原有的"径向渐变"和"线性渐变"类型之外，还新增了一个"任意形状渐变"的类型。相比原有的两种渐变类型，新增的渐变类型可以为用户生成更自然、更丰富逼真的渐变效果提供可能。

Illustratr的任意
形状渐变功能

让我们实际体验一下这一功能的特点。在 Illustrator

中新建任意大小的画板，通过单击"矩形工具"按钮，在画板上拖曳绘制出一个矩形的矢量形状，如图 1-46 所示。

图　1-46

单击"渐变"按钮，此时，矩形会被赋予默认的渐变效果并显示"渐变"面板，如图 1-47 所示。

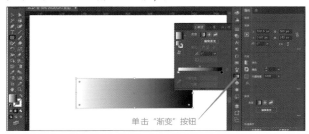

图　1-47

单击"渐变"面板上的"任意形状渐变"按钮，此时，矩形被赋予了"任意形状渐变"效果，"绘制"模式默认为"点"模式，如图 1-48 所示。

图　1-48

在"点"模式状态下在图形中任意单击，可为图形增加用以编辑渐变效果的"点"，如图 1-49 所示。

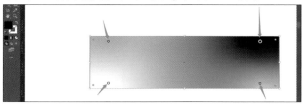

图　1-49

单击"点"，可选中某一"点"进行拖曳位移。双击"点"，可显示"颜色"面板，在这里可以对"点"进行颜色和相关属性编辑，从而实现对图形对象渐变效果的编辑，如图 1-50 所示。

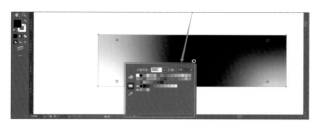

图 1-50

图 1-55

"点"在选择状态下会以虚线正圆形显示"范围圈",拖曳"范围圈"底部的圆点可改变其大小,用以调整该"点"渐变颜色的显示范围。将"范围圈"向内拖曳时,"点"附近的渐变颜色覆盖范围会缩小,反之增大,如图 1-51、图 1-52 所示。

Illustratr任意形状
渐变使用方法

图 1-51

图 1-56

在"渐变"面板上的"任意形状渐变"状态下,单击选择"绘制"模式的"线"选项,可在"线"模式下对矢量图形的渐变色进行编辑,如图 1-57 所示。

图 1-52

单击并拖曳"点"可以改变其在对象中的位置,其周围毗邻区域的颜色位置也随之转移,如图 1-53、图 1-54 所示。

图 1-57

在"线"模式下,通过在图形对象上单击可生成一个"点",生成"点"后释放鼠标,通过移动鼠标位置至图形对象其他位置并单击,两个"点"即可连成一条线,此时完成了一条"线"模式渐变的创建,如图 1-58 所示。

图 1-53

图 1-58

图 1-54

单击"点"并拖动到图形对象外部或单击"渐变"面板中的"删除"按钮,可以使该"点"在图形对象中覆盖范围内的颜色消失,如图 1-55、图 1-56 所示。

在已经创建好"线"的基础上,任意移动鼠标位置,会出线一条蓝色的"贝塞尔曲线",即"渐变曲线"的路径。图形对象的渐变效果将随着该路径方向分布。确定好"渐变曲线"的曲率后，通过再次单击鼠标，即可完成渐变的编辑，生成一条由"点"组成的可编辑的"渐变曲线"，如图 1-59 所示。

类似"贝塞尔曲线"的蓝色曲线

图 1-59

通过不间断地移动鼠标位置至图形对象其他位置并单击可生成多个"点"连接成的"渐变曲线"，按 Esc键可随时结束对该曲线的编辑，如图 1-60 所示。

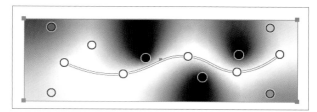

图 1-60

单击并拖曳"渐变曲线"上的"点"可以改变"渐变曲线"的形态，其周围毗邻区域的颜色位置也随之转移。双击"渐变曲线"上的"点"可显示"颜色"面板并根据需要调整颜色、设置"不透明度"等参数，从而达到对图形渐变效果进行编辑的目的，如图 1-61、图 1-62 所示。

图 1-61

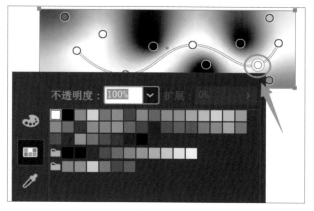

图 1-62

1.4.3 新增"全局编辑"功能

在新版 Illustrator 中新增了"全局编辑"功能，它允许用户在一个操作步骤中全局编辑所有类似对象。当画板中存在一个矢量对象的多个副本时，此功能便可派上用场。因为手动逐个编辑所有这些对象比较耗时，而且可能会导致编辑效果的不统一，甚至出现错误。

Illustrator 新增
全局编辑功能

"全局编辑"功能可帮助用户以简单方便的方式同步编辑对象，用户还可以使用此选项来编辑类似的对象组。在同时有多个相似矢量对象的条件下，单击选择画板中的一个对象，在"属性"面板下方单击"启动全局编辑"按钮，即可启动"全局编辑"功能。执行"全局编辑"操作时候将以被选择的对象为基准对画板中的相似矢量对象进行同步编辑，如图 1-63 所示。

全局编辑功能

图 1-63

单击"启动全局编辑"按钮后可以看到，画板中与被选中的图形类似的图形被蓝色边框覆盖，说明它们已成为"全局编辑"功能影响到的对象。与此同时，"启动全局编辑"按钮被单击后，自动切换为"停止全局编辑"按钮，用户可以通过单击它随时退出"全局编辑"功能，如图 1-64 所示。

切换为"停止全局编辑"按钮

图 1-64

单击"启动全局编辑"按钮右侧的"∨"按钮，可以显示"结果"面板，在该面板中可以设置画板中图形对象匹配条件，如图 1-65 所示。

点击箭头出现结果面板

图 1-65

使用"选择工具"将被选择的矢量图形逆时针旋转100°后，可见其他类似矢量图形在"全局编辑"下同样被逆时针旋转了100°，说明它们被"全局编辑"功能影响了。

将该矢量对象放大，可见其他矢量图形也随之放大，说明"全局编辑"功能可以对多个类似矢量图形对象就旋转、缩放等编辑工作进行批量操作，如图1-66～图1-68所示。

图 1-66

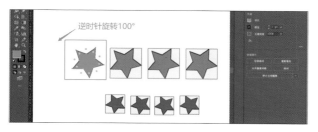

图 1-67

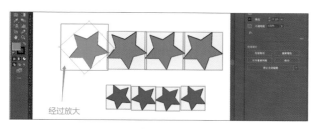

图 1-68

这里需要注意的是："全局编辑"功能尚属于Illustrator的新功能，操作时还有很大的局限性，只适用于最基本的矢量图形对象。

位图图像（即由像素组成的非矢量图像）、文本对象、剪切蒙版状态下的对象、链接对象和第三方增效工具都不能使用"全局编辑"功能。同时，"全局编辑"功能只适用于针对1个矢量图形对象影响下的全局编辑，同时选择多个对象时，"全局编辑"功能无效，如图1-69所示。

图 1-69

"全局编辑"功能对设计师视觉设计的高效化将影响深远，例如在进行VIS视觉识别系统的创作时，设计师需要对在Illustrator中设计完成的矢量Logo进行物料应用拓展，通过使用"全局编辑"功能，可以快速调整同一Logo对于多个物料应用的效果，并根据实际需要批量地快速编辑它们，如图1-70所示。

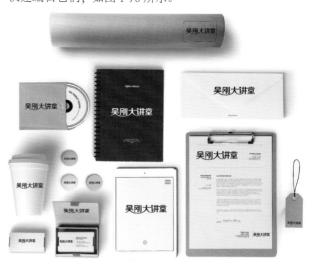

图 1-70

1.4.4 新增"英文字体可视化"功能

新版Illustrator的"字体"功能中，英文字体增加了可视化功能。用户只需选中字符后，在"字符"面板中单击"设置字体系列"按钮，在出现的面板中单击"按分类过滤字体"按钮，即可出现"可视化过滤"面板。用户可以通过可视化的面板信息，选择所需字体。用户可通过单击"工具栏"中的"文字工具"按钮，单击画板输入软件默认字样，接着单击"属性"面板"字符"中的"设置字体系列"按钮（"∨"符号）实现该操作，如图1-71所示。

Illustrator的英文字体
过滤功能

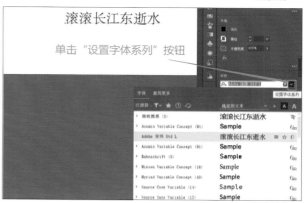

图 1-71

此时会出现字体预览选择框，单击"按分类过滤字体"按钮，会出现"可视化过滤"面板，如图1-72所示。

图 1-72

该面板由两部分组成："分类"部分为按字形分类，"属性"部分为按字体属性分类，如图1-73所示。

图 1-73

这种分类筛选，可以为设计师快速选择字体提供便利。例如，在按字形分类部分，单击第1个"无衬线字体"按钮，可以在字体预览框中看到所有该分类下已安装的字体预览，方便设计师快速选择，如图1-74所示。

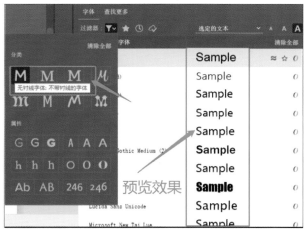

图 1-74

又如，在按属性分类部分，单击"细"按钮，可以预览所有笔画较细的字体，如图1-75所示。

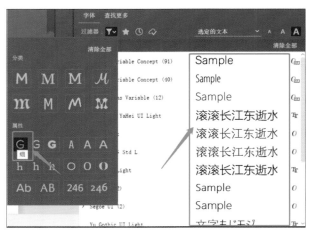

图 1-75

用户也可以对字体在多条件下进行筛选，比如单击"分类"中"手写体"按钮，再单击"属性"中"粗"按钮，即可筛选出满足这两个条件的字体并在右侧的"可视化过滤"面板中显示，如图1-76所示。

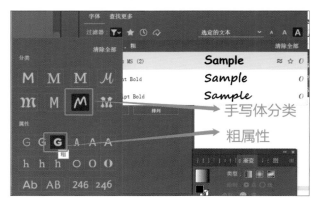

图 1-76

1.4.5 新增"自定义工具栏"功能

新版Illustrator提供了两种"工具栏"设置可供用户选择：分别是"基本"和"高级"。其中"基本"的"工具栏"包含常用工具，而"高级"的"工具栏"则包含软件的全部工具，如图1-77、图1-78所示。通过依次执行"工具栏→编辑工具栏→抽屉"命令，可以打开"抽屉"菜单，在这里可以进行两种"工具栏"的切换，如图1-79所示。

Illustrator 的自定义工具栏功能

为了满足用户的不同需求，新版Illustrator还可对"工具栏"进行自定义。单击"工具栏"底部"编辑工具栏"按钮将出现"所有工具"列表，在该列表中显示为灰色图标和名称的工具为当前"工具栏"中已有的工具，加

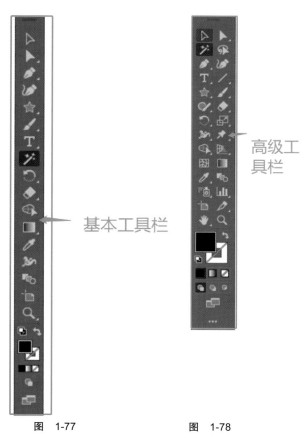

高级工具栏

基本工具栏

图 1-77 图 1-78

图 1-79

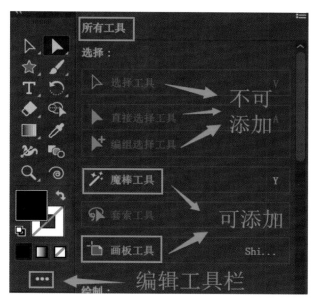

图 1-80

用户若对自定义的"工具栏"不满意，也可通过执行"窗口→工作区→重置基本功能"命令，快速地将"工具栏"恢复到初始状态，如图 1-81 所示。

图 1-81

1.4.6 "视图"菜单新增演示模式

Illustrator 新版本中新增了一项实用演示模式，它能让用户制作完设计稿后，快速地在软件中查看设计稿在打印或印刷输出后的实际效果，通过单击"视图"菜单即可看到新增的"像素预览"功能，如图 1-82 所示。

Illustrator 的演示模式功能

亮显示的则是当前"工具栏"中还没有的工具，用户可以通过拖曳的方法将其置入"工具栏"中，"工具栏"中已有的工具也可以通过拖曳的方法拖回至"所有工具"列表中进行删除，如图 1-80 所示。

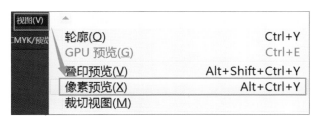

图 1-82

例如，在 Illustrator 中制作完成矢量的设计稿后，为了对其进行进一步的加工设计，需要在 Photoshop 中以位图的形式进一步调整其颜色，并与其他图像结合排版。为达此目的，可通过选中图形对象，并执行"视图→像素预览"命令（快捷键 Alt+Ctrl+Y），查看其在位图状态下的具体形态是否合乎设计需要。图 1-83 所示为 Illustrator 中的矢量设计稿。图 1-84 所示为矢量对象在执行"像素预览"命令后成为位图图像的预览效果，可见对象中曲线边界原来清晰的效果变成了锯齿形边缘。

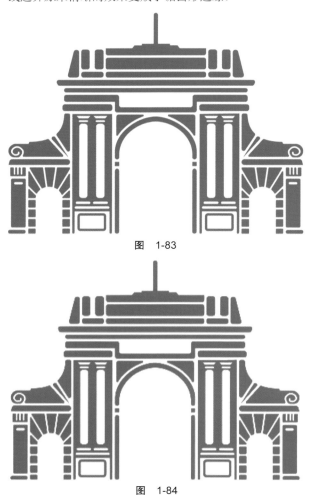

图 1-83

图 1-84

设计师在成稿之前进行这样的预览工作的好处是显而易见的。通过这一功能，设计师不再需要先将矢量设

计稿输出成位图素材，再通过 Photoshop 查看位图素材来判定对设计稿需要做何种修改。有了这一功能，设计师可以随时查看位图输出效果并及时根据预览效果调整设计稿以提高工作效率。

Illustrator 的演示
模式功能演示

1.4.7 新增"裁切视图"功能

在新版 Illustrator 中，通过执行"视图→裁切视图"命令，可以将画板外的部分裁掉，只显示画板内的内容。这一功能可以帮助出版业工作者在设计稿输出前预览不带出血边界的成品效果，如图 1-85、图 1-86 所示。

Illustrator 的裁剪
视图功能

图 1-85　　　　　　　图 1-86

1.4.8 新增"内容识别裁剪"功能

Illustrator 中全新的"内容识别裁剪"功能，可以为用户提供良好的交互式编辑体验，进而获得预期的裁剪结果。具体操作方法是，将图像素材拖曳到画板中，在图像被选择的状态下通过单击"属性"面板中的"裁剪图像"按钮即可实现内容识别裁剪操作，如图 1-87 所示。

Illustrator 的内容识别
裁剪功能

图 1-87

此时，所选图像的视觉中心部分会被自动识别，同时出现一块显示默认裁剪框的区域，如图 1-88 所示。

图 1-88

在此基础之上，用户可以根据实际需要对该裁剪框的位置和大小进行二次调整。完成操作后，可以在"属性"面板中单击"应用"或按 Enter 键以确认裁剪，如图 1-89 所示。

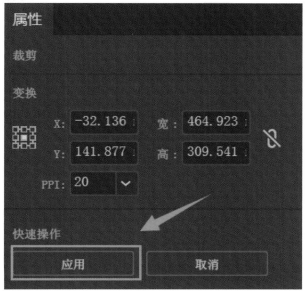

图 1-89

值得一提的是，Adobe 为 Illustrator 全新开发"内容识别裁剪"功能只对于位图（即由像素组成的图像，如 *.JPEG 格式的图像）有效，矢量图形和文字等对象不能使用该功能，选择它们时"属性"面板中也不会出现"裁剪图像"按钮。

1.4.9 新增"实际大小"预览功能

在新版 Illustrator 中，新加入了"实际大小"预览功能，用户可以通过执行"视图→实际大小"命令来实现这一功能。无论用户当前操作的显示器大小和分辨率如何，它都能够显示出素材的实际大小。只要通过执行"视图→实际大小"命令（快捷键 Ctrl+1），软件中每个对象的大小都可显示实际尺寸，如图 1-90 所示。

Illustratr 的实际大小预览功能

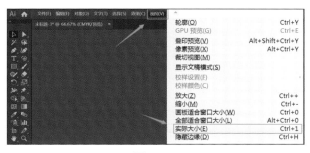

图 1-90

例如，在 A4 大小的画板中打开图像，并执行"视图→实际大小"命令，则在 Illustrator 工作区显示为实际的 A4 画板大小的图像，如图 1-91、图 1-92 所示。

图 1-91

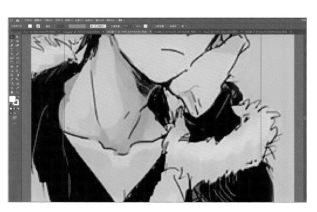

图 1-92

1.4.10 "操控变形"功能增强

Illustrator 在"操控变形"中新增了自动识别功能。它可以智能地计算出素材对象的结构关系，并会据此自动向素材新增用以准确实施"操控变形"的"点"。用户在此模式下依然可以在 Illustrator 的计算结果基础上进行"点"位置的变换、增添与删除等二次编辑操作。

Illustratr 的操控变形增强功能

该功能使用前，用户需要选中对象，然后单击"工具栏"里的"操控变形工具"来启动该功能，如图 1-93、

图 1-94 所示。

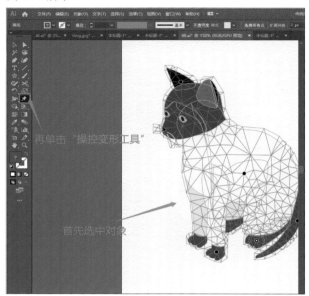

图 1-93

图 1-94

在此基础上，用户可以通过拖曳"点"以正确定位对象的关节位置，获得良好的变换效果。具体操作方法是：

在"操控变形"功能模式下，在对象上需要的位置单击可创建新的"点"。

在已有的"点"上单击可选择该"点"，选择状态下的"点"可以通过拖曳改变位置从而使对象变形，也可以按 Delete 键删除选中的不需要的"点"，如图 1-95、图 1-96 所示。

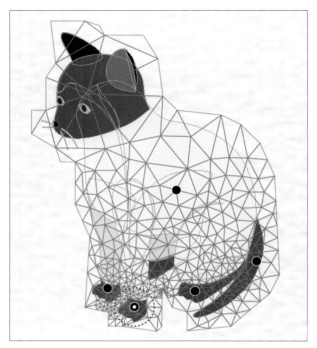

图 1-95

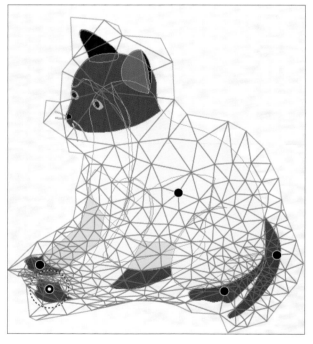

图 1-96

完成操作后，可以通过选择"工具栏"中其他工具的方法退出"操控变形"功能模式，此时可以看到变形后对象的实际效果。图 1-97 所示为对象肢体在"操控变形"功能编辑前后的对比效果。

图 1-97

在使用"操控变形工具"时，软件在默认状态下就会启用内容识别设置。用户还可以通过执行"编辑 → 首选项 → 常规"命令（快捷键 Ctrl+K），来取消勾选"启用内容识别默认设置"选项，如图 1-98 所示。

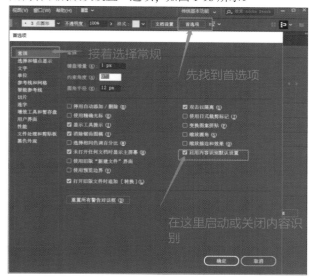

图 1-98

1.4.11 新增"属性"面板控件

在新版 Illustrator 的"属性"面板中，增加了便于用户操作对象的新控件。让我们首先体验单个效果删除功能。选中素材主体，单击"属性"面板中的"选取效果"按钮，执行"像素化→ 彩色半调"命令，为矢量对

Illustrator 的属性面板控件

象添加"彩色半调"效果，如图 1-99~ 图 1-101 所示。

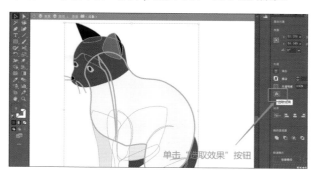

图 1-99

图 1-100

在体会 Illustrator 强大的"操控变形"功能的同时，读者还需要主动地学习和了解人体和动物等的骨骼结构和发育规律，将人为的设计工作与生物特性相统一，以便使设计作品最终经得起各方面的推敲。

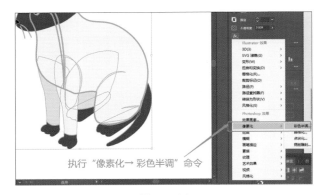

图　1-101

矢量对象添加"彩色半调"效果后，在"属性"面板中可以看到针对该效果的删除按钮，用户可根据被添加对象的效果的需要，随时删除该效果，如图1-102所示。

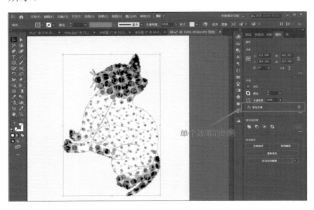

图　1-102

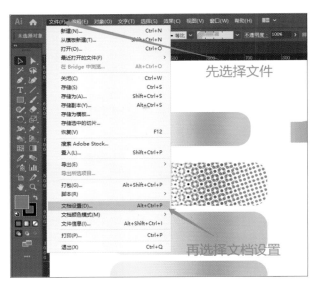

图　1-103

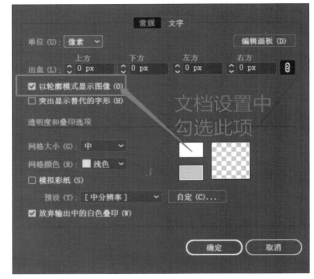

图　1-104

1.4.12　新增 GPU 轮廓模式预览功能

在 Illustrator CC 2018 以及更早的版本中，当把设计稿作为轮廓或路径查看时，Illustrator 会自动从"GPU 预览"切换到"CPU 预览"模式。

Illustratr 的 GPU
轮廓预览功能

此时，如果用户的计算机配置不够高或设计稿文件过大，会发生卡顿及编辑设计稿不流畅的问题。为解决该问题，Adobe 在 Illustrator 新版本中做了优化，设计稿在轮廓模式下会启动"GPU 预览"，避免出现卡顿及编辑设计稿不流畅的问题，还可节省编辑复杂设计稿的时间。

通过执行"文件"→"文档设置"命令（快捷键 Alt+Ctrl+P）打开"文档设置"面板，在这里可以通过勾选启动或取消"以轮廓模式显示图像"选项，如图1-103、图1-104所示。

例如，用户拖曳图像素材到 Illustrator 的画板中，此时，该图像在画板中以链接的外部图像存在，并在图像上以蓝色边框＋蓝色"×"标记显示，如图 1-105 所示。

在未勾选"以轮廓模式显示图像"的情况下，只显示画板中内容轮廓（快捷键 Ctrl+Y）的显示效果，链接的外部图像会以蓝色边框＋蓝色"×"标记显示，图像内容不可见，如图 1-106 所示。勾选启动"以轮廓模式显示图像"选项后，图像内容即可恢复显示，如图 1-107所示。

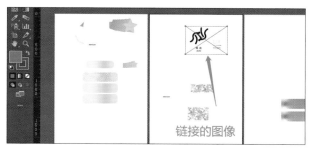

图　1-105

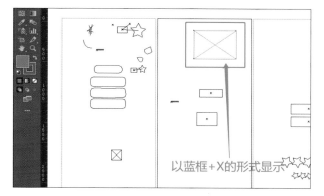

图　1-106

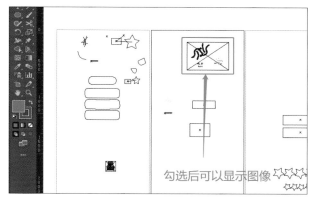

图　1-107

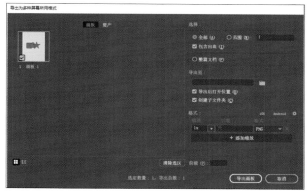

图　1-108

在此基础上，用户可以选择多个画板进行多种屏幕所用格式的导出。例如现在有一款 App 的参数需要分别适配 Android 和 iOS 两个系统，即可在这里应用预设或手动调整所需要的尺寸参数并将文件同步导出。该功能可大大减少用户导出多版本文件所用的时间，如图 1-109 所示。

图　1-109

同时，新版 Illustrator 还允许用户针对不同的图片格式进行设置。例如需要质量比较高的图片时，通过单击面板右侧的"设置"按钮，可以在"格式设置"界面中选择图片格式及进行相关参数设置，如图 1-110、图 1-111 所示。

图　1-110

1.4.13　文件导出功能更新

在新版 Illustrator 中，新增加了可以"导出为多种屏幕所用格式"的工作流程。用户可通过执行"文件→导出→导出为多种屏幕所用格式"命令调出该面板，如图 1-108 所示。

Illustratr 的文件
导出功能更新

图 1-111

1.4.14 新增调整锚点、手柄和定界框显示功能

在新版 Illustrator 中，新增了对工作界面中的辅助信息，如锚点、手柄和定界框等大小的调整功能，以便让用户能更好地根据自身实际需要处理视觉工作。通过执行"首选项→ 选择和锚点显示"命令即可进入设置选项卡进行相关调整和设置，如图 1-1112 所示。

图 1-112

在选项卡中，可以调整锚点、手柄和定界框等的大小，也可以设置手柄是显示为实心还是空心。用户在使用高分辨率显示屏工作或设计复杂图稿时，就可以通过将点、手柄等视觉辅助信息调整为较大的显示，使其更清晰可见和更易控制，如图 1-113、图 1-114 所示。

Illustrator 的调整
锚点手柄功能

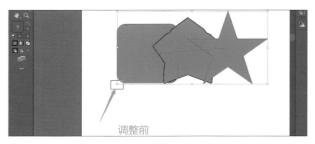

图 1-113

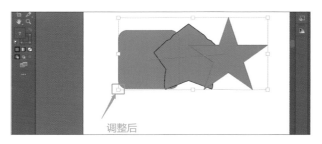

图 1-114

● 回顾本章内容不难看出，Illustrator 是一款功能非常强大的矢量图形制作软件。Adobe 公司通过对 Illustrator 进行数十个版本的更新迭代，到今天已经形成一套功能完善且与时俱进的丰富的软件应用体系。同时新增的众多系统化而新奇、实用的功能可以帮助设计师更好地实现项目需求，在方便、快捷的同时提供更多创作和创意落地的可能性。

● 在接下来的章节中，我们即将展开对 Illustrator 软件各项工具的实际操作方法以及相关的项目案例拓展方法的学习和探索。在学习之前一定要谨记：任何新工具的使用技巧和功能诀窍都需要通过实践来检验，并不一定越新的功能就越好用，毕竟学习软件的本质是为了指导实践而非炫技。

● 最终实现项目也不是通过对某一工具的精通，而是将工具和工具之间的关系同逻辑创意联系起来的结果。工具和技巧的掌握是为视觉创意服务的，这是我们学习软件的目的，也是我们学好技能的基础。

Illustrator 的属性
控件混合选项

在具体功能设计上，无论从界面视觉，还是从用户体验上，Illustrator 软件越来越多地考虑了设计师的需求，"预先"想到设计师的实际设计需要，并将很多实用的新用法添加到软件中，从而让设计师有更多的机会在学习时发掘这种润物细无声的"友善"。

技术软件的学习讲究学以致用，要用对方法和心态，这里为读者提出以下几点学习建议，以供参考：

● 对于一款视觉设计软件的学习，每一个知识点和技术操作方法都不难掌握。但是在工作场景中，多数人往往可能遇到具体问题时想不起来使用什么样的方法去解决，来实现需求的视觉化。这就像储户与银行的关系，如果储户平时不去存入，需要的时候就难以取出。知识点和技术操作方法的掌握只是万里长征的第一步，平时要多下功夫练习，与软件培养"感情"。只有把它们融入血液，在需要的时候才能得心应手。视觉设计需要发挥设计师的创造性思维，临场时因为技术问题阻碍画面表现是注定出不来好项目的。

● 一般情况下，对单位视觉项目在制作上付出的时间和精力越多，其视觉效果就越好。视觉设计"所见即所得"的特点要求设计师要耐下性子、甘于寂寞，实实在在做好结果。尤其在人们日常消费水平和需求结构升级的今天，作为视觉内容的供给侧，设计师要竭尽所能地满足需求侧，把更多精力用到视觉项目的质量上，高质量的项目永远是用户属意的"刚需"。

● 社会发展到今天，从纸媒到互联网，从互联网到移动互联网，从移动互联网再到物联网……日新月异的变化带来源源不断的需求，而无论什么样的需求，设计师都要主动留意自身的设计产品是否在不停地与社会需求的步调保持一致，要把握好时代的发展方向及其衍生出的价值需要，将我们的本领和技能与社会需求相契合，这是使技术成就价值的唯一方法。

● 卓越设计师的养成不仅需要掌握良好的技术软件操作能力，还要有对美好事物的正确认识和不懈追求。软件学习需佐以阅历，设计师要适时从"画布"中走出来，以大局观研究与自身相关行业有接驳的所有视觉信息和产品信息，不断刷新视野，洞察新情况、发现新机遇，以求知者的心态在实际工作中发掘未知，颔首前进。

Illustrator 各版本
软件下载

第 2 章
Chapter 2

Illustrator 学习方法

　　Illustrator 作为一款应用广泛的图形编辑软件和图文排版设计软件，其自身强大的功能和包罗万象的特色难免让初学者感到无所适从。

　　本章通过对大量真实案例的分析，使读者了解 Illustrator 软件的学习方法和规律，真正领会学习软件的目的和意义，避免在实际学习过程中出现"什么操作都会做了"而又"什么都做不出来"的尴尬局面，成为掌握工具的主人。

扫码下载本章资源

* 手机扫描下方二维码，选择"推送到我的邮箱"，输入电子邮箱地址，即可在邮箱中获取资源。

| Illustrator 学习方法
配套 PPT 课件 | Illustrator 学习方法
配套笔记 | Illustrator 学习方法
配套标注 | Illustrator 学习方法
配套素材 | Illustrator 学习方法
配套作业 |

学习 Illustrator 不仅要学会技术,同时也要应用好技术。本书最核心的意义在于通过对 Illustrator 软件的学习指导现实生活和工作中的实践,让技术可视化,让知识点变得有价值。无论我们学习的初衷是为了美化朋友圈的配图,还是成就一个小项目、小案例,学以致用都是最重要的。

编写这本书的初衷有 3 点。

● **服务于零基础读者** 通过学习能够让零基础读者快速入门,快速掌握相关技能,并以此为支点达到学以致用的目的。本书整合作者十六年来的商业案例实战经验和数以百万计的线上线下学生的商业培训经验,结合全新的设计需求,综合考虑到零基础读者的接受程度,对相关知识点进行了升级和优化。书中涵盖的内容价值通过线上和线下学员的优异项目成绩和作品得到了一次又一次的证明。这些内容只要读者认真学习,谁都可以学会。

新老版本 AI 软件的学习和使用方法

● **实现实效案例教学** 本书的最大特色就是实效性,即以务实可行为基础,帮助零基础读者在学习开始时消除恐惧感,真正做到所学即所得。因为付出即有回报才能提高读者的学习信心。本书首次启用并全程贯穿"十效教学法",将技巧讲解、案例讲授、方法分析、步骤解读、个案对比、效果反馈、趋势分析等诸多方面可能出现的重点、难点和迷惑点的地方分为"十效"来逐个进行分析解读,使学习效果更好。

Illustrator 软件用途介绍

● **保障立体化品质** 编写本书最重要的初衷就是做好图书品质。在开始阶段就有必要和读者朋友讲清楚,在我们准备进行 Illustrator 软件第一课的学习时,就一定要记住,如果我们最终的学习结果是一般人都能实现了的,那么其社会价值和商业价值就注定会平庸。如果我们的初衷是达到一个相对更好的结果,那么从学习伊始,包括每一个案例的制作,都要拒绝平庸。因此,本书将品质作为重点,在大量的市场同类图书分析和指标对比的基础上,做出了课件研发和"立体化"的视频辅助及答疑辅助体系,努力做出一本能帮助广大读者的好书。

图 2-1 和图 2-2 所示为使用 Illustrator 软件制作的广告图和 Logo。图 2-1 的文案和图 2-2 的 Logo 都使用了字体变形设计。文字在使用等线体字体的基础上进行字体变形,同时应用了断笔、连笔和甩笔等字体设计处理方式。背景作为陪衬,也是通过 Illustrator 的矢量图形工具制作的,形成具有动感的线性关系。

如果设计师只会用基本要素的图形、图像和文字这些内容构成画面,且背

图   2-1   图   2-2

景选用的是现成的照片素材，文案是使用文字工具直接通过打字的方式输入的，一眼看上去这样的设计图虽然很难挑出什么明显的问题，但是从实际应用的角度讲，无论是消费者还是需求方，最明显的感受就是"平庸"，这脱离了视觉设计的意义——排他性、有区分度。

如果学习软件的结果是只会打字和调取图像素材，关于字体变形、字体设计、背景设计、主体和背景的关系、主体和陪体的关系以及相关图形、图像、文字结合等更加深入的设计思想没有得到表现的话，最后即使项目再多，案例的质量效果也很难得到提升。

尽管你确实拿出了很多项目和很多方案，可是人家会说从你的作品里什么都看不到啊！这将决定你的竞争力和未来设计之路是否可以走得更长远。

这时就会发现，想成为视觉设计高手原来并不是人家需要什么我们实现出来就可以了。好的设计师不光要熟练掌握软件操作，还要有自己的想法，通过类似字体变形和设计、配色设计、构图关系设计等，把用户体验和用户心理研究透，把项目以更有表现力和穿透力的方式呈现出来。

这一过程不仅需要设计师有好的软件技术水平，还要有具体的创意和好的想法，并且愿意付出精力和耐心将其付诸实践。因此，好的设计一定是一个从创意到落地的过程，也是一个循序渐进的过程。图2-3所示体现了这种过程。

通过这一视觉演进过程不难发现：原来做好设计并不是看起来那样——建个背景，在上面输入几个字就可以了，好的设计观感还需要有一个从设计思维到技术实现的过程，只有这个过程打通了，才会离"大神"越来越近。首先一定要相信，"大神"们刚开始也是从零基础起步的，只要认真跟随本书每一章节的思路学习，精于钻研，下一个"大神"就是你！

通过如上的个案举例，我们可以很明显地体会到：本书的核心意义并不是仅仅把 Illustrator 这款软件的操作技法讲好，让读者学会这一件事。当然，软件技术是一切设计的基础和关键。

读者认真学完本书后，达到熟练掌握 Illustrator 软件的技术操作一定没问题，但是更重要的是笔者希望大家选择本书后，能够通过书里的数百个真实商业案例解析提升个人的设计思维，从而实现好原创项目作品，达到学以致用、青出于蓝的目的。这也是这本书的价值和与众不同之处。

(a)　(b)　(c)　(d)　(e)　(f)　(g)

图　2-3

2.2 做用好技术又不依赖技术的设计师

学习软件技术的过程也是学习工具的过程，所以需要不断地重复练习工具的用法和技巧。然而，操作和应用工具并不是我们学习技术的最终目的。而是要在学习的过程中深切领悟出什么样的结果是好的，并以结果为导向，将技术能力有效地发挥出来。好的项目是通过技术呈现的，同时也是好想法和好创意的视觉化表现。

2.2.1 厘清结果的"好"和"坏"

我们还是通过一组真实的案例来评判技术与创意的"好"与"坏"。显然，视觉设计不像赛跑，从某种意义上讲，它更像是自由体操，其本身是无所谓"好"与"坏"的，然而通过视觉设计的结果来评判设计师，"好"和"坏"却可以一目了然、一决高下。

图 2-4 所示是两位技术能力较为成熟的学生通过 Adobe Illustrator 软件制作的 UI 交互图标。说到这里，想必不懂设计的"外行"也可以一眼中的——云泥之别，不言自明。虽然单单从视觉上我们不能明显区分谁的软件技术更高一筹，谁的软件技术稍逊，但是效果却是高下立判。

图　2-4

简而言之，笔者不希望看到学习 Illustrator 软件之后，读者熟练地掌握了软件应用的各种技能，但是却做不出好的设计作品。这就要求在开始阶段，一定要意识到最需要解决的重要问题是平衡好技术与亮相落地之间的关系。

"只见树木不见森林"是非常可怕的，这是所有读者都不希望看到的。因此希望大家从一开始就能够清醒地意识到，软件技术的学习只是一个方面，更重要的是跟随老师的解析更深刻地了解设计输出与需求价值之间的关系、规律等相关方面的内容，学以致用，使我们在实际生活和工作中"如鱼得水，如虎添翼"。图 2-5 所示为课程 Logo 设计从无到有的实现过程。

图　2-5

综上，我们学习的最终结果，一方面要利用好基本的软件技术去实现相关的技术操作，从而对需求方的目的和需求实现图像化落地；另一方面笔者也会通过十余年的课程研发成果，为每一位读者详细阐释如何做出高品质的项目作品并落地。

希望读者在学过本书每一部分后立即做好案例练习，

33

以便尽快领悟书中讲解的相关创意思维和创意方法，形成自己的原创项目作品，达到在实际工作中举一反三的目的。

2.2.2 认清学好软件的首要问题

无论出于何种目的或是何种原因准备学习 Illustrator 软件，首先必须清楚地知道自己想要的是什么。谁是我们的服务对象，我们要通过设计出来的视觉产品征服什么样的竞争对手，这个问题搞清楚了，才能真正帮助我们的服务对象，我们的设计成果才会有竞争力，我们的软件学习才会有价值。图 2-6 所示为 App 应用导航图标优化前后对比效果。

Before

Updated

图 2-6

同样道理，今天我们学习一款软件，首先要知道我们为什么去学习它，它到底对我们的未来有什么作用。

我们之所以使用一款软件，可能是为了发朋友圈美化效果，让家人的照片变得更漂亮，抑或是在实际工作中进行平面设计、纸媒物料设计、广告设计、品牌设计、产品设计、电商视觉设计、网页网站设计、移动端交互设计、产品开发设计等。正因为 Illustrator 是一款应用面甚广的视觉设计软件，因此具有极其宽口径的应用落地形式，这就是它的有用性，这也决定了我们学习的思路，如图 2-7 所示。

图 2-7

充分发掘并体现 Illustrator 软件的应用价值才是学习的最终目的，而不是仅仅熟练使用每一个工具。知道如何做成某一种效果，背会一大堆快捷键，在简历里写上自己"熟练使用 Illustrator"，然而却没有"然后"了，这对结果无济于事。

首先一定要知道工具和技能最终是为现实生产、生活服务的这一最基本的道理。植根于此，大家就能感受到这本书的意义：所有的命令和相关工具的学习全程都是通过实实在在的真实案例进行教学和讲解的。

全书数百个案例都将通过不同功能的应用场景和特点的深度剖析，使读者在学习理论知识的同时，掌握其在实际工作中的应用方法。时刻牢记我们是视觉的创造者，思维比工具更重要，要举一反三地应对实际生活和工作中的不同应用和不同需求，达到学以致用的目的。图 2-8、图 2-9 所示为中国移动"and 和"标识理念设计思维导图。

图 2-8

图 2-9

2.2.3 Illustrator 软件学习方法和思路

学习本书的目的植根于学习成果的实效贯通。一方面通过真实的案例了解软件的每一个工具的技术操作方法、实现方式以及专业的设计思路和设计架构；另一个重要的方面就是将需求方的设计需求亮相并落地，也就是通过一个或者一组工具技能知识点的学习，可以做成一个或一组小项目，将实实在在的技术点反映成一个个形象生动、有价值的视觉产品。最后通过不同的技术点和知识点的相互结合，融合成可以举一反三的设计思路，根据不同的需求和条件，创造性地设计出独立、原创的项目作品。在巩固技术操作方法的同时也要打开心灵，盘活创意。

图 2-11

图 2-10、图 2-11 所示为利用 Illustrator 制作的中国移动新标识视觉设计衍生品（子品牌）的色彩关系创意源点分析及标识形态创意演生关系图。图 2-12 所示为"全球各大品牌标志色彩系统分类"，可以为各行业新品牌标识设计做配色参考。

图 2-12

图 2-10

希望读者在学好每一个章节的知识点和技术点后，可以审读"十效教学法"的讲解提示。然后根据相关课件的要求，举一反三进行再创作。长此以往，一本书学下来，定能得到意想不到的额外收获。图 2-13 所示为软件技术与市场需求的联动关系。

get到的收获满满　　　　　与市场需求的契合形成一致性

图 2-13

● 学习的过程不仅是学习技术的过程，也是学习学习方法的过程。
● 十余年来的教学经验汇成一句话：最好的软件技术学习方法就是学以致用。希望读者通过不断练习，将软件工具的使用方法与现实应用需求结合起来，盘活已有的知识和技能点，并把握好工具和工具之间的关系。读者只要多看、多练、多思考，定能事半功倍，有朝一日成为设计"大神"。

第 3 章
Chapter 3

Illustrator 基本操作

　　本章将掀开 Illustrator 软件的神秘面纱。从其基本操作界面的功能布局开始讲起，结合特色"十效教学法"全程一以贯之，循序渐进，引导读者全面了解 Illustrator 软件。通过对 Illustrator"工具栏""面板""菜单栏"和各功能组件的详解，可以使读者了解各功能区的具体功用和实操技巧，熟谙各个具体功能模块在未来不同设计项目上的可实现性，做到物尽其用，充分发挥各个工具的应用价值，为创意产生和项目落地打好基础。

扫码下载本章资源

* 手机扫描下方二维码，选择"推送到我的邮箱"，输入电子邮箱地址，即可在邮箱中获取资源。

Illustrator 基本操作
配套 PPT 课件

Illustrator 基本操作
配套笔记

Illustrator 基本操作
配套标注

Illustrator 基本操作
配套素材

Illustrator 基本操作
配套作业

核心要点

- 本章通过介绍 Illustrator 软件界面布局及相关功能的基本操作，逐渐引导读者进入软件技术学习环节。
- 要从掌握软件界面操作的各种属性开始，摸索出软件设计的调性和基本原理制式，从而对图文设计和图文编辑有更好的认识。

章节难度

/////////////////////////////

★ ★ ★

学习重点

/////////////////////////////

- 了解软件界面的基本组成形式。
- 了解软件中各功能模块的使用方法和操作要领。
- 了解 Illustrator 各功能模块之间的统筹协调关系。
- 提高界面操作方法举一反三的能力。

3.1 认识 Illustrator 界面功能布局

初学者通过对 Adobe Illustrator 软件界面功能布局的学习，能快速了解和掌握软件界面布局及相应区域的基本功能，迅速去掉"零基础"的标签，消除对 Illustrator 软件专业感的恐惧；通过对各功能模块具体功能和操作步骤的系统了解，可迅速消除陌生感，进入最佳学习状态。

双击桌面上的 Adobe Illustrator 2020 图标将其打开后，可以看到全新的启动画面，如图 3-1 所示。此时，Illustrator 学习之旅正式开启。

图 3-1

软件打开后首先进入欢迎页面，如图 3-2 所示。通过"快速创建文件"模块，可以快速新建预设文件，也可以通过单击"最近使用的文件"进入 Illustrator 主界面，如图 3-3 所示。

图 3-2   图 3-3

初学者在学习软件前会有一种莫名的恐惧感，生怕学不会。学习一段时间后又发现自己好像学会了。当看见一个画面就知道如何操作实现的时候，反倒放松下来，再也不愿动手了。

所有软件技能和技术的学习都是为了实现有良好观感、可亮相落地的视觉效果，这才是最终目的，而技术、技巧和技能的学习只是过程。希望读者把落实画面设计、以结果为导向作为指导思想贯穿软件学习始终。

3.2 Illustrator "新建" 命令与参数化设置

作为一款矢量图形编辑软件，Illustrator 的参数化设置及参数化设计方法是软件的载体和核心。
通过学习 Illustrator "新建" 命令，了解参数化设置的需求和必要性，将相关参数结合实际应用需要设置准确，这是开展一切技术实操工作的前提。通过学习本节 "新建" 命令及其相关参数的设置，也有利于了解其他相关工具和命令的参数化设置方法。

3.2.1 "新建" 命令

"新建" 命令位于 Illustrator 界面左上角 "文件" 菜单中的首位，快捷键是 Ctrl+N（N: New 为新建），如图 3-4 所示。

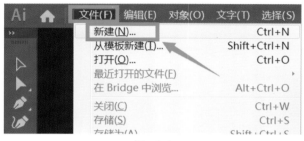

图 3-4

快捷键是 Illustrator 软件的一个非常重要的组成部分。它不仅能够大大提高设计师的操作效率，更能体现出设计师的 "专业感"。读者以后可以直接通过快捷键 Ctrl+N 打开 "新建" 对话框来执行命令。执行 "新建" 命令是一切工作的开始，在 "新建" 对话框中有复杂的参数和属性设置，需要认真牢记。

3.2.2 设置文件名

"名称" 的内容一般根据项目而定，做什么样的项目，就怎样命名即可。但一定不能不命名，因为如果不命名，系统就会默认命名为 "未命名 -1"（见图 3-5），再新建画

图 3-5

板会以 "未命名 -2" 命名，以此类推。不命名在刚开始学习时可能无妨，但随着学习和工作量的不断增加，计算机中会存储很多这样的未命名文件，这就为日后查找和调用需要的设计文件带来不便。

3.2.3 设置尺寸

新版 Illustrator 预设了很多 "时髦" 的画板尺寸，包括照片、新款移动设备等的默认尺寸等，如图 3-6、图 3-7 所示。

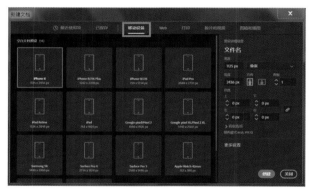

图 3-6

图 3-7

然而给定的预设尺寸不一定符合用户所需。一般在做设计准备前，需通过充分沟通和交流确认客户的需求、尊重他们的意愿，并严格按照他们的要求自定义页面的长度和宽度。软件预设的内容一般不使用，直接在界面右侧 "参数栏" 内输入实际需求的长、宽数值即可。

3.2.4　设置单位

可根据客户的需求在界面右侧"参数栏"设置宽度和高度以及相应的单位。在实际工作中一般比较常用的单位是像素、厘米或毫米，如图3-8所示。

图　3-8

它们之间的区别是：在制作互联网产品时一般以像素为单位，例如Web端的广告Banner，企业网站设计，个人网站设计，推广网站设计，活动网站设计，电商网站的产品品牌页、详情页等，移动端的Icon图标设计、UI交互界面设计，以及社会化媒体（微博、微信公众号、头条号）的营销配图设计等。

厘米和毫米一般应用于纸媒产品的印刷输出，例如名片设计、直邮广告单页设计、产品宣传册设计、书籍封面和书籍装帧设计、海报设计、展架和易拉宝设计，以及户外墙体广告设计等。使用时根据不同的需求进行选择即可。

总之，纸媒印刷品以厘米或毫米为单位，而在屏幕上显示的设计产品，都要以像素为单位，如图3-9、图3-10所示。

图　3-9

图　3-10

3.2.5　设置分辨率和出血

"光栅效果"对应的是不同的分辨率，例如"72ppi"主要用于屏幕，"150ppi""300ppi"多用于印刷或绘画，"ppi"值越高，文件输出的效果越清晰，具体可根据用户的实际需求而定。其设置界面如图3-11所示。

图　3-11

Illustrator是矢量图形绘制软件，尤其在印刷品设计方面见长。设计印刷品等纸媒物料时，还必须设置"出血"参数，它可以避免印刷品在裁切后露白边或裁切到主要内容。设置界面如图3-12所示。

图　3-12

3.2.6 设置颜色模式

颜色模式的设置中，一般比较常用的是 RGB 和 CMYK 两种模式。RGB 是制作互联网产品所使用的颜色模式，也就是当单位是像素时，用户就要选择 RGB 颜色模式。图 3-13 所示为单击界面中的"更多设置"按钮后弹出的可设置"颜色模式"的界面，图 3-14 所示为 RGB 颜色的原色（R：红；G：绿；B：蓝）。

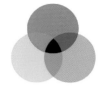

图 3-14　　　图 3-15　　　图 3-16

3.2.7 "新建"命令的其他属性设置

对于"新建"命令中的其他参数来说，一般根据实际使用需要设置即可，且注意千万不要随意更改。因为更改后当设计稿在另一台计算机设备中打开时，很可能出现不兼容的情况——无法预览或实施二次编辑。如果用户的 Illustrator 是 CS6 或者更早的版本，"新建"属性设置可能是以对话框的方式展现的，其参数基本设置方法与新版 Illustrator 类似。图 3-17 所示为较早版本的 Illustrator "新建文档"对话框。

Illustrator 新建与
出血设置

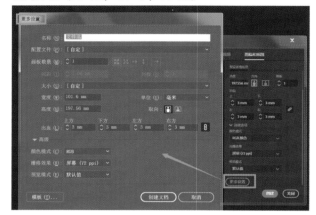

图 3-13

CMYK 颜色模式一般用于制作印刷品，所有纸媒和输出物料的设计产品都适用这种颜色模式。

CMYK 是一种四色印刷模式。图 3-15 所示的家用打印机墨盒就是四色墨盒，图 3-16 所示为 CMYK 颜色的原色（C：青；M：洋红；Y：黄；K：黑）。为避免与蓝色 Blue 的首字母重复，黑色用 King 替代 Black。

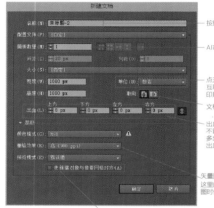

按照作品起名称

AI可以同时建立多个文档

点开有多个单位可选。
互联网单位　像素
印刷单位　毫米　厘米等

文档的横向和纵向使用选择

出血：印刷中，为了后期裁切纸张时，不留白边，所以在制作文档时，每边多出3MM；互联网作品制作，不需要出血

矢量图建立画布时，与分辨率无关
这里的分辨率是指矢量图转换为位图时使用的分辨率

此功能一般不选择，如果选择后期移动图像时会出现不能对齐

图 3-17

3.3 Illustrator 首选项设置

利用"首选项"功能可以在使用 Illustrator 软件前对软件使用偏好进行设置。

通过学习 Illustrator "首选项"设置，可以根据个人使用习惯和偏好，对软件界面显示样式及相关辅助工具的参数进行个性化设定，提高软件与计算机系统的兼容性，避免软件操作过程中出现"死机"等情况，为后续的软件操作和设计工作稳定展开做好准备。

3.3.1 打开首选项

调整好各种"新建"命令的设置参数后就结束了画板的创建，进入 Illustrator 的工作界面。在此可以打开并设置 Illustrator 软件"首选项"。图 3-18 所示为新建画板后的 Illustrator 的常规工作界面。

虽然软件的默认操作界面采用了保护视力的暗色设计，但如果设计师对该界面产生视觉疲劳，也可以自定义颜色，就像换一张手机壁纸改换心情一样。这时就要通过 Illustrator 的"首选项"功能进行界面颜色及其他功能的设置。只需按快捷键 Ctrl+K，就可以打开 Illustrator 的"首选项"对话框。

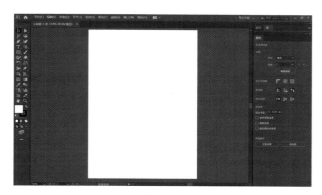

图 3-18

3.3.2 调整界面外观

打开"首选项"对话框后，可通过在左侧选择"用户界面"选项卡调整界面外观，在"亮度"设置中可以根据用户的需要选择预设的亮度方案，如图 3-19 所示。例如，单击选择"中等浅色"后，此时整体界面的亮度就会提升，并且界面图标和文字会随着界面底色变亮而由反白效果变为暗色效果，如图 3-20 所示。

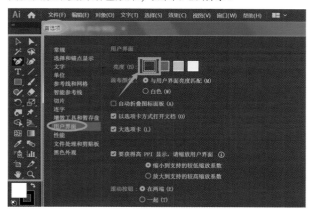

图 3-19

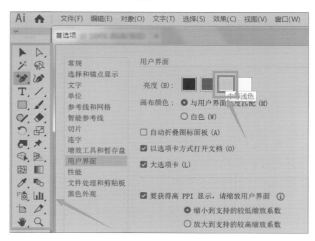

图 3-20

用户也可以通过执行"编辑→首选项→常规"命令打开"首选项"对话框，如图 3-21 所示。

图 3-21

3.3.3 设置暂存盘

如果用户的计算机 C 盘（系统盘）的分区空间不够大，还可以通过在"增效工具暂存盘"选项卡中通过单击勾选来加选计算机中的 D 盘、E 盘等盘符（如有）作为缓存盘来扩大缓存的空间，以保证操作软件时系统的流畅性，如图 3-22 所示。

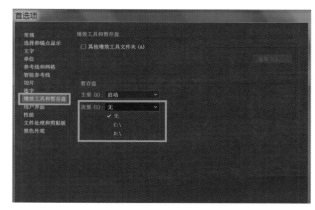

图 3-22

新版本的 Illustrator 对于软件"死机"情况做出了重大的调整更新，一般情况下会在软件"死机"后用户重启时自动保存并打开上次未存储的文件。但即使这样，也有可能丢失重要的文件，因此用户在配置软件环境时，建议先调整好 Illustrator 的内存占用情况，做到有备无患，这样操作时也就踏实了。

3.3.4 设置历史记录步数

"性能"选项卡中的"还原计数"参数默认为100步，这指的是用户从使用软件开始制作设计稿时，软件会帮助用户记录之前的100步操作，用户如因做错而反悔可通过快捷键Ctrl+Z返回之前的步骤重新操作，这是一个非常实用的功能。

通过适当提高历史记录的步数，可以为设计过程中的改错提供便利，如图3-23所示。历史记录步数最多可达200步。由于这些步数的记录，同样需要占用计算机缓存，给计算机带来运算压力和风险，所以对于初学者而言，调高步数需适可而止，没必要真的调整到200步。试想设计一件作品的时候，做到第200步才发现以前哪里做错了，是不是显得很不专业？

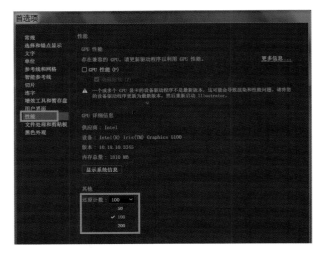

图 3-23

3.4 Illustrator 界面布局

Illustrator 的操作界面是设计师每天都要面对的工作"岗位"，熟悉软件界面布局是学好软件操作的基础。Illustrator 软件操作界面具有科学而明确的功能分区。现有界面布局的位置关系是经过软件开发工程师对设计师使用软件的用户体验和操作习惯进行了多轮优化的结果，软件界面中固定的可视化区域均为实操过程中不可或缺的组成部分。界面中的各个版块之间有着紧密的逻辑关系，协同为工作区视觉设计实现服务。

3.4.1 "菜单栏"功能和布局

让我们系统地开始认识一下 Illustrator 软件的整个界面。Illustrator 的界面由多个不同的功能区域组成。下面按界面的布局位置自上而下介绍，位于界面最顶部的一行叫作"菜单栏"，如图3-24所示。

"菜单栏"相当于整个软件的总控。一些非常重要的核心操作都需要在"菜单栏"中进行。当然，有时候用户也没必要一定要通过"菜单栏"操作。因为Illustrator 强大的快捷键功能可以替代菜单命令，例如刚刚讲到的快捷键Ctrl+K就可以替代"菜单栏"中的"编辑→首选项"命令。

所以，有时候只要记住快捷键，就无须苦记菜单命令，这样可以大大提高工作效率。因此在学习开始就要有一个心理准备：学习 Illustrator 软件的过程也是学习、背诵大量快捷键的过程。不过不用担心，我们会在每一个具体的案例中融入快捷键的方式，让读者轻松地记住每一个快捷键的使用方法。

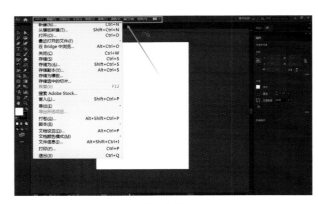

图 3-24

3.4.2 "工具栏"、"面板"和"工作区"

在 Illustrator 界面最左侧有一个竖条形的、像小箱子一样的狭长区域，叫作"工具栏"。顾名思义，这就像一个存储十八般兵器的兵器库一样，内有大量不同功能的工具供用户选用，帮助用户设计出满足各种需求的设计作品。相应地，界面靠右侧的区域，叫作"面板"。"面板"和"菜单栏"的不同之处在于："菜单栏"的位置和内容都是固定不变的；而各"面板"上的内容虽然相对固定，但其显示与否及其在软件界面中的位置是可以变化的，即根据用户的实际工作需要，"面板"可以相应地进行布局。"工作区"是 Illustrator 界面最大的区域，位于界面的中央。图 3-25 所示为"工具栏"、"面板"和"工作区"在界面中的位置。

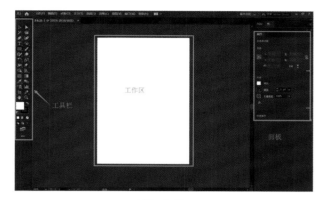

图 3-25

通过单击"工具栏"左上角的双三角按钮，可以将"工具栏"自由切换为一列或者两列显示。此时会发现工具的数量并没有发生任何改变，只是显示的列数变化了。在"工具栏"右侧，也就是操作界面的中心区域，是用户制图的"工作区"。设计师所倾注的 90% 以上的时间和精力都用于审视工作区中的内容，此时"工具栏"并没有太大的用处（"工具栏"中几乎所有常用的工具都有快捷键，读者背会快捷键后"工具栏"的显示意义就更不大了）。这相当于智能手机时代，人们关心的都是屏幕，因此手机的核心区域都留给了屏幕，而诸如音量和开关机按钮等一些辅助部件都安排在手机相对边缘化的位置。这和切换"工具栏"单双列显示异曲同工，其目的是为了给视图区域留出更多空间，方便设计师查看和斟酌画面效果。图 3-26、图 3-27 所示为"工具栏"单双列显示切换效果对比。

图 3-26　　　　图 3-27

3.4.3　界面的显示与隐藏

说到这里，再介绍一个非常简单实用的快捷键 F。在英文输入状态下按 F 键时，素材的名称标签会隐藏，增大工作区的画面显示区域。图 3-28、图 3-29 所示为在界面中按一次 F 键前后隐藏画板名称标签的效果对比。这个快捷键非常好记——F 就是英文 Full 的意思，即全屏显示。

在实际工作中需要给客户或老板看设计稿效果时，我们就可以通过按快捷键 F 进行全屏展示。不需要的时候，再按键盘左上角的 Esc 键退出或者再按一次 F 键切换即可。在界面中连续按两次 F 键会以全屏效果显示工作区的内容，如图 3-30 所示。

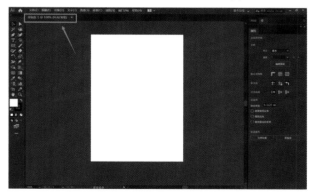

图 3-28

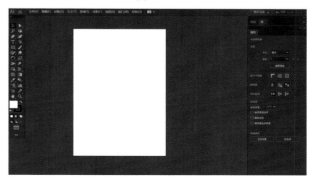

图 3-29

图 3-30

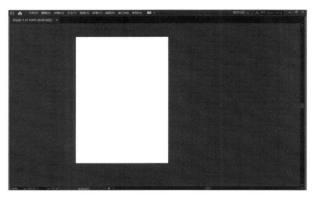

图 3-31

图 3-31 所示为在界面中按快捷键 Tab 切换显示或隐藏所有功能区域（包括"工具栏"）的效果。

如果按快捷键 Shift+Tab 则"工具栏"不受影响，只显示或隐藏其他的功能区域，如图 3-32 所示。

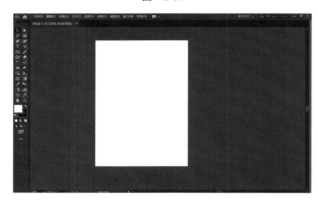

图 3-32

注意事项
吴老师有话说 ▶

- Illustrator 中的一个显著的操作特点便是快捷键，它可以大大提高软件操作者的工作效率。对于初学者来说，快捷键是需要在实操时留意背诵记忆的。
- Illustrator 的部分操作功能只有通过快捷键才能实现，因此从某种意义上说，背记快捷键与否是没有选择的——快捷键是软件操作技能的一部分。
- 使用 Illustrator 快捷键时，一定要保证处于英文输入状态（按"Ctrl+ 空格"组合键可切换中英文输入状态）。在中文输入状态下会直接输入字符，Illustrator 无法识别。

3.4.4 "面板"的功能和特点

下面介绍软件界面中最后一个功能区域——"面板"。面板区域相当于整个制图工作的"司令部"，所有的操作内容和元素都是在这里进行调度的。图 3-33 所示为软件界面右侧的面板区域。

以"属性"面板为例，任何一件设计稿究竟有什么样的属性，需要制作什么样的效果等，都要在这里进行调度和设置。

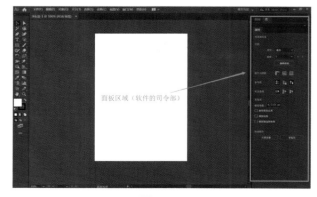

面板区域（软件的司令部）

图 3-33

通过按住鼠标左键拖曳面板顶部的选项卡，可将各个面板分离并放到界面的任何位置，如图 3-34 所示。拖曳出来的面板，单击其右上角的"关闭"按钮（即"×"号），即可将其关闭。那么关闭之后相关的"面板"找不到了，该怎么办呢？

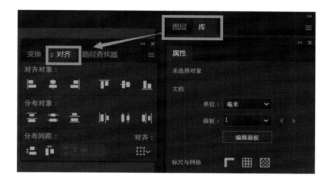

图　3-34

如果因操作不当误关了相关的面板，可以通过执行"窗口→工作区→基本功能"命令（见图 3-35），对界面的功能布局进行复位。复位后就成为 Illustrator 软件刚刚

安装时显示的界面布局了。其作用就是恢复 Illustrator 软件的基本设置，相当于手机的"恢复出厂设置"。

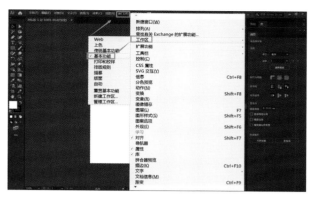

图　3-35

到这里 Illustrator 软件的界面布局就介绍完了。初学的读者切记：软件是给人用的，就算刚开始对操作一无所知也要大胆去尝试。软件并没有那么脆弱，大不了"一键复位"。只要我们的心不脆弱，大可无所顾忌，放手去干吧！

马上要开始正式学习软件实操了，吴老师想跟初学者说 3 句话。
- 天下再好的设计都是人做出来的，没有什么不可能。
- 技术是为应用服务的，掌握工具不是目的，要融会贯通。
- 不能只停留在学会阶段，学好才是目的。"做盐不咸，做醋不酸"难免会落入尴尬境地，要注重细节和结果，让结果实效落地。

3.5　文件的打开及注意事项

想成就美图就一定要利用 Illustrator 对外部素材文件进行编辑和排版布局。
既然读者已经了解了 Illustrator 软件界面的各部分组成，接下来就要开始上手实操了。比如想制作一幅图，如果有一些素材，如何在 Illustrator 中编辑素材？这就需要掌握打开文件的方法，以及打开后的各项关联操作技巧。

3.5.1　文件的打开方法

单击界面左上角的"文件"菜单项，在弹出的下拉菜单中执行"打开"命令，即可打开文件（快捷键是 Ctrl+O），如图 3-36 所示。

直接双击工作界面中心的空白工作区。也可调出"打开"对话框，直接执行"打开"命令。

文件(F)	编辑(E)	对象(O)	文字(T)	选择(S)	效果(C)	视图(V)

新建(N)...	Ctrl+N
从模板新建(T)...	Shift+Ctrl+N
打开(O)...	Ctrl+O
最近打开的文件(F)	
在 Bridge 中浏览...	Alt+Ctrl+O
关闭(C)	Ctrl+W
存储(S)	Ctrl+S
存储为(A)...	Shift+Ctrl+S
存储副本(Y)...	Alt+Ctrl+S
存储为模板...	
存储选中的切片...	
恢复(V)	F12
搜索 Adobe Stock...	
置入(L)...	Shift+Ctrl+P
导出(E)	
导出所选项目...	
打包(G)...	Alt+Shift+Ctrl+P
脚本(R)	
文档设置(D)...	Alt+Ctrl+P
文档颜色模式(M)	
文件信息(I)...	Alt+Shift+Ctrl+I
打印(P)...	Ctrl+P
退出(X)	Ctrl+Q

图　3-36

这时会弹出"打开"对话框，找到希望打开的素材文件所在位置，单击选中 1 张素材，或者通过按住鼠标左键拖曳框选多张素材，然后单击"打开"按钮将其打开，如图 3-37 所示。

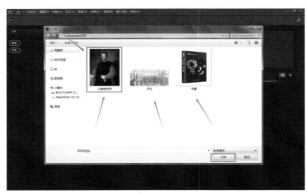

图　3-37

掌握了在 Illustrator 软件里打开文件的方法后，我们开始思考这样一个问题：当我们打开素材准备在 Illustrator 中编辑的时候，已经知道要编辑的素材是什么了，那么接下来要在"打开"对话框中依次选择素材所在的文件夹路径，一层一层地单击直到找到素材所在的位置，这会在寻找文件目录时花费很多不必要的精力和时间。既然用户已经知道想调用什么样的素材，接下来想办法直接将素材"请"进 Illustrator 里进行编辑就好了。为了避免操作过程中寻找素材目录的麻烦，用户可以直接使用鼠标拖曳的方法更快捷地在软件中打开素材。

3.5.2　快速拖曳法

拖曳法的具体操作步骤是：当希望调用某个或某些素材时，用户只需要单击这一素材，或者框选几个素材（如需要多个素材时），然后按住鼠标左键直接拖曳到计算机屏幕底端的 Illustrator 软件图标上。这时 Illustrator 工作界面会自动弹出，用户在界面"面板"后部的灰色空白区域释放鼠标左键，素材文件就被拖曳到了软件中了，无须再查找目标素材的文件根目录，如图 3-38 所示。

图　3-38

3.5.3　使用拖曳法注意事项

使用拖曳法打开文件时务必要注意，素材必须拖曳到界面"菜单栏"后方的灰色区域打开，否则在工作区释放鼠标左键打开将无法编辑图像，如图 3-39 所示。

图　3-39

之所以要坚持把鼠标拖曳到界面右上方"菜单栏"后部的灰色空白区再释放，是因为如果在工作区释放了鼠标，这时图像上就会有一个"×"标记，说明该素材是链接素材，需要用户通过单击界面右侧"属性"面板中的"嵌入"按钮将素材嵌入软件，否则如果原始素材的存储位置发生变化或原始素材丢失，Illustrator 将无法显示该素材，如图 3-40 所示。

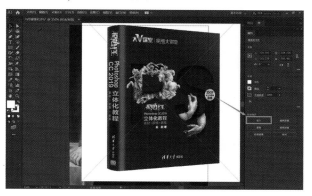

图　3-40

只有将素材拖曳到界面"菜单栏"后方的灰色区域打开，素材才能正确打开并生成新的名称标签，而非合成于如图 3-40 所示的既有素材上。

此时该素材会自动嵌入软件中，界面右侧"属性"面板中的"嵌入"按钮也自动变成"取消嵌入"按钮，无需用户手动再次嵌入，如图 3-41 所示。

图　3-41

3.6　素材的合成方法

用户在 Illustrator 中进行视觉设计，是需要通过素材与素材之间的重新拼合、排版和布局才能实现的。做设计的过程其实就是用户在画面中通过调整图形与图形、图形与图像、图像与图像之间的关系而进行排列组合的过程，所以用户必须要知道如何去合成素材。了解和掌握素材的合成方法是做好设计工作的前提和基础，同时也要规避操作误区，提高工作效率。

3.6.1　素材合成的准备

合成素材的前提是必须有两个或两个以上素材，因此用户首先要做好素材的合成准备工作。

选择两个（或多个）待合成的素材，并用拖曳法拖曳到软件中，拖曳的位置必须是软件非功能区域的空白处，如图 3-42 所示。

图　3-42

3.6.2　素材的合成

拖曳后素材的名称会以选项卡（即名称标签）的形式并排显示在工作区的顶部区域，通过选择素材的名称标签即可在软件中切换工作区显示的素材画面（素材间的切换也可通过按快捷键 Ctrl+Tab 实现），如图 3-43 所示。

图　3-43

素材合成方法：单击素材画面中心区并拖曳素材画面到另一素材的名称标签上，此时会自动切换到该标签所代表的素材，如图 3-44 所示。要注意，此时一定不要释放鼠标，因为并非拖曳到名称标签上就实现了合成。

图 3-44

将鼠标从待合成素材的名称标签上继续拖曳到该素材的图像内再释放鼠标，即可完成合成操作，如图 3-45 所示。

图 3-45

3.6.3 素材合成的检查

合成操作完成后，需通过下面两项检查方可成立。

● **工作区检查**：查看工作区中是否有已合成的素材，且该素材上是否无"×"标记，如图 3-46 所示。

图 3-46

● **"属性"面板检查**："属性"面板中是否有"取消嵌入"按钮，如有"取消嵌入"按钮则说明素材已被嵌入，素材合成成功，如图 3-47 所示。

图 3-47

3.7　文件的存储

Illustrator 的文件存储功能在软件界面中的位置和存储方式与其他软件几近相同。

对新建文件或已打开的文件进行编辑后，应在第一时间主动保存编辑结果，以免因断电或计算机"死机"而造成劳动成果付诸东流。Illustrator 提供了多个用于保存文件的命令，设计师可以选择不同的格式来存储文件，以便在不同场景下调用。

3.7.1 "存储"和"存储为"命令

设计图要及时存储，不要等到完全完成后再存储，以避免文件丢失。用户只需单击 Illustrator 界面左上角的"文件"菜单项，在弹出的下拉菜单中就会看到"存储"和"存储为"命令，它们的快捷键分别是 Ctrl+S 和 Shift+Ctrl+S。

素材未经编辑修改时，"存储"命令为灰色，不可用。"存储"命令只对已有文件新加的内容或已编辑过的素材起作用。新建画板后要想立即存储，可执行"存储为"命令。图 3-48 所示为"存储"和"存储为"命令在"文件"菜单中的位置。

图 3-48

3.7.2 文件的存储格式

执行"存储为"命令时，会弹出"存储为"对话框。打开"保存类型"下拉列表框，可以看到其中含有多种文件存储格式可供选择。

较为常用的存储格式有 AI 格式（即 Illustrator 的源文件格式）、PSD、JPEG 格式和 PNG 格式等。只要用户执行"文件→存储"或执行"文件→存储为"命令，即可存储 AI 格式文件。若要将文件存储成 PSD、JPEG 格式和PNG 格式等，需执行"文件→导出→导出为"命令，如图 3-49 ～图 3-51 所示。

图 3-49

图 3-50

图 3-51

（1）AI 格式：软件默认的存储格式，即 Illustrator 的源文件格式。

- **优点** 可保留所有 Illustrator 文件的原始信息，因此可以对已经编辑完成的文件进行再次编辑、做出改动或添加新效果。
- **缺点** 因矢量软件的原因，存储文件较小，一旦嵌入外部素材（如位图文件），则占用计算机空间较多。

（2）PSD 格式：即 Photoshop 软件的存储格式，一般用于 Illustrator 与 Photoshop 协同作业。

- **优点** 可在"图层"面板中保留图层信息，因此可以任意对已经编辑完成的文件进行再次编辑，添加新效果，如图 3-52 所示。
- **缺点** 存储文件较大，占用计算机空间较多。

（3）JPEG 格式：文件预览格式，以图片形式存在。

- **优点** 可快速预览效果，存储文件较小，节约计算机空间，方便传输与共享。
- **缺点** 不保留对象的矢量属性和图层关系，难以进行再次编辑和修改，如图 3-53 所示。

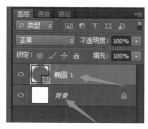

图 3-52　　　　图 3-53

 Illustrator 在实际工作场景中与 Photoshop 的结合应用越来越广泛。设计师要在学习 Illustrator 的同时掌握 Photoshop 操作技巧。

（4）PNG 格式：可以存储为背景透明的文件，方便作为素材使用，如图 3-54 所示。图 3-55、图 3-56 所示为 PNG 格式和 JPEG 格式文件在素材上的对比效果，从图中可以看出 PNG 格式文件有着背景透明的特点。

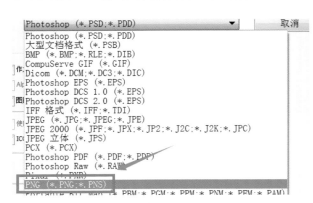

图　3-54

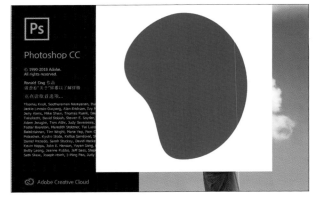

图　3-56

图　3-55

3.7.3 "存储"和"存储为"的区别和应用

● **存储** 在原有文件基础上覆盖存储，保留最后一次的存储效果。如在画板中绘制一个图形，将文件保存下来即可执行"存储"命令，如图 3-57 所示。

● **存储为**：无视原图而重新另存为一个文件，通常应用于文件改稿和修改格式。例如，在图 3-57 的基础上增加了一个小方块，可以通过执行"存储为"命令的方式另存为一个新的文件，如图 3-58 所示。

图　3-57

图　3-58

简言之，"存储"是在原有文件基础上进行重复迭代；而"存储为"是保存成一个全新的文件而形成多个文件。一般在实际使用过程中，都先存储成一个 AI 格式文件，然后随着制作过程的逐步深化，随时按快捷键 Ctrl+S 进行保存就可以了，以免因突发意外导致文件丢失。

3.7.4 Illustrator 常用存储格式属性

Illustrator 常用的文件存储格式有 AI、PSD、JPEG、PNG、TIFF、PDF、EPS 等，下面对其属性进行详细介绍。

注意事项

吴老师有话说 ▶

● 用户在使用 Illustrator 软件时因忘记存储而丢失文件造成损失的事情屡见不鲜，尤其初学者更甚。必须养成及时存储的习惯，以免因文件丢失而打击学习积极性。
● 文件的存储位置应优先选择非系统盘，以免计算机系统发生故障对文件产生影响。
● 新版本的 Illustrator 有自动存储当前已打开文件的功能，可以在重启软件时自动恢复文件，以减少因计算机断电等突发事件给用户带来的损失，但也无法保证 100% 概率完全恢复文件。因此，养成良好的文件存储习惯至关重要。

PSD

- PSD 是 Photoshop 默认的文件格式，可以保留文件中包含的所有图层、蒙版、通道、路径、未栅格化的文字、图层样式等内容。
- PSD 格式存储的文件即是 Photoshop 的源文件，用户可以在 Photoshop 中随时修改。
- PSD 是除大型文档格式（PSB）之外，支持所有 Illustrator 功能的格式。
- PSD 是高兼容性的格式，其他 Adobe 软件如 InDesign、Premiere 等都可以直接置入和兼容 PSD 格式文件。

JPEG

- JPEG 是由联合图像专家组开发的文件格式，是第一个国际图像压缩标准。JPEG 图像压缩算法能够在提供良好的压缩性能的同时，具有比较好的重建质量，被广泛应用于图像、视频处理领域。
- JPEG 采用有损压缩方式，通过有选择地扔掉数据来压缩文件大小。
- JPEG 图像可以在 Illustrator 存储文件时设置压缩级别：压缩的级别越高，得到的图像品质越低；压缩级别越低，得到的图像品质越高。
- 在大多数情况下，"最佳"品质压缩选项产生的结果与原图像几乎无分别，也是设计师最常用的图像存储压缩选择。
- JPEG 格式支持图像的 RGB、CMYK 和灰度模式，不支持 Alpha 通道。

PNG

- PNG 是一种无损压缩的位图图像格式，作为 GIF 的无专利替代产品而开发的。
- PNG 用于无损压缩和在网络上显示图像。与 GIF 不同，PNG 支持 244 位图像并产生无锯齿状的透明背景。
- PNG 是移动互联网应用（App）进行产品图标（Icon）设计时最常用的图像输出格式。

AI

- AI 是 Illustrator 默认的文件格式，可以完整地保留用户在 Illustrator 中制作的所有效果。
- AI 不仅支持 Illustrator 的所有功能，也与 Adobe 家族的其他软件有良好的兼容性，如 Photoshop、After Effects（AE）等。Adobe Bridge、Adobe Flash 等也都可以调用 AI 格式文件。
- 一般常用的非 Adobe 家族的制图软件和三维软件也都有该文件格式的接口，兼容性较好。

TIFF

- TIFF 是一种通用的文件格式，所有的绘画、图像编辑和排版程序都支持该格式。
- TIFF 格式支持具有 Alpha 通道的 CMYK、RGB、Lab、索引颜色和灰度图像，以及没有 Alpha 通道的位图模式图像。
- Illustrator 可以在 TIFF 文件中存储图层。

PDF

- PDF 是便携文档格式。它是一种跨平台、跨应用程序的通用文件格式，支持矢量数据和位图数据，具有电子文档搜索和导航功能。
- PDF 文件以 PostScript 语言图像模型为基础，无论在哪种打印机上都可保证精确的颜色和准确的打印效果，即 PDF 会忠实地再现原稿的每一个字符、颜色以及图像。
- PDF 格式支持 RGB、CMYK、索引、灰度、位图和 Lab 模式，不支持 Alpha 通道。

EPS

- EPS 兼容于 Mac 和 PC 双平台，被广泛地应用在网络文档中，在图形和排版设计的文件输出场景中广泛应用。
- EPS 格式描述矢量信息和位图信息效果较好，是一种跨平台的标准格式。

简单 3 步获得吴老师为本书读者特别准备的免费"私塾课"。
- 微信搜索"wugang821111"作者微信号。
- 留言注明"视觉封王"，添加作者为好友。
- 作者将"暗号"正确的读者邀请至"私塾课"专享群，定期向本书读者亲自传授相关主题的私塾课程，每个账号 1 次机会，不容错过。

第二篇
Illustrator 进阶技巧

Illustrator 进阶技巧篇（第 4 ~ 7 章），内容主要包括矢量图形编辑功能、透视的原理和技巧、"渐变工具"的用法等。

Illustrator 与 Photoshop 的区别

第 4 章
Chapter 4

Illustrator 与 Photoshop 同属 Adobe 家族，它们在图形、图像和文字上卓越的处理能力成为设计师关注的焦点，也成为视觉设计初学者学习软件的开端。通过对两款软件的特点及优势进行对比，可使设计师利用更适合的软件进行项目处理，并利用软件各自优势和兼容性展开分工协作，以满足设计需要。

可以说，要真正学好、用好 Illustrator，就要同时了解 Illustrator 与 Photoshop 的区别与联系，从而使工作更有效。

扫码下载本章资源

| AI 与 PS 的区别
配套 PPT 课件 | AI 与 PS 的区别
配套笔记 | AI 与 PS 的区别
配套标注 | AI 与 PS 的区别
配套素材 | AI 与 PS 的区别
配套作业 |

4.1　Illustrator 的特点

📄 在面对设计需求时，首先要分析出采用什么样的方法可以高效地达到
设计效果。不同的设计软件有不同的功能特点，充分了解 Illustrator
与 Photoshop 两款姊妹软件的区别与联系，有助于设计师在实际操作过程
中，根据不同设计需求的特点对所用软件进行合理选择，以保证工作的效
率和质量。

4.1.1　Illustrator 的矢量绘图属性

Adobe Illustrator，业内简称为 AI，它是一款被 Adobe 开发成旨在应用于标
识设计、字体设计、出版、多媒体和插画设计的软件。简言之，它的核心应用
场景就是处理以矢量图形为主要组成对象的设计项目。

Illustrator 立体化功能群组强大、用户界面体贴，已经占据了全球矢量
编辑软件中的绝大部分份额。同时，因其与早已家喻户晓的 Adobe 同族产
品 Photoshop 有良好的兼容性，这一份额还将逐步变大。图 4-1 所示为应用
Illustrator 的矢量绘图功能制作的中国国家博物馆形象标识。

图　4-1

一言以蔽之，随着国家的发展和时代的进步，社会对正规化、品牌化、标识
化的需求将与日俱增，这也催生出越来越多对 Illustrator 的矢量绘图的应用需求。

● Illustrator 的功能和工具排位是根据
用户的实际使用需求逐渐迭代和优
化的，软件开发工程师会根据用户
的使用习惯，以人为本地对迭代版
本进行相关更新优化。

● 新版本的 Illustrator 优化了对"工具栏"中各工具的编辑功能，可以帮助
设计师根据自身使用习惯个性化地配置工具的排列顺序和快捷键等。初学
者使用默认工具设置即可，因为默认的"工具栏"排布具有较好的适用性。

4.1.2　Illustrator 与 Photoshop 的软件原理

使用 Illustrator 制作出的对象是矢量的，它是以数学方式来记录图形的，矢量图有放大后不失真的特点。这一区别是 Illustrator 与 Photoshop 最根本的区别。

AI 与 PS 的区别

而 Photoshop 是位图软件，位图是由像素构成的，位图放大后会变得模糊，产生失真现象。图 4-2 所示为两款软件的桌面图标。

图　4-2

4.1.3　Illustrator 与 Photoshop 的适用范围

Illustrator 的一个突出优点是信息存储量小。该软件其矢量算法与分辨率完全独立，因此图形在尺寸的放大或缩小编辑后，图形的质量不会受到丝毫影响。与其相生的缺点是，Illustrator 用数学方程式来描述图形，运算比较复杂，且所制作出的图形色彩显得比较单调，图形

看上去比较生硬，不够柔和、逼真。Illustrator 因其强大的图形编辑优势，常被用来实现产品设计、字体设计、Logo 设计、平面设计、印刷排版等对图形精度要求较高，但对色彩真实度要求又不太敏感的设计需求。图 4-3 所示为使用 Illustrator 制作的北京 2022 冬奥会 Logo。

Photoshop 的优点则是色彩显示自然、柔和、逼真，层次丰富。缺点是图像在放大或缩小的转换过程中会产生失真现象，而且随着图像精度提高或尺寸增大，所占用的磁盘空间也急剧增大。该软件主要用于平面设计、广告设计、建筑装修设计、摄影后期、三维动画制作及网页设计等领域。图 4-4 所示为利用 Photoshop 图像编辑功能设计的《奇幻森林》电影海报。

图　4-4

图　4-3

总之，两款软件各有优势，它们的适用范围也因此受到影响。设计师在实际工作中，根据《设计任务书》对设计结果的具体要求，要灵活妥善地选择合适的软件进行创作，从而达到事半功倍的目的。

PS 与 AI 优缺点及适用范围

同时，在处理复杂画面效果时，可能会同时使用这两款软件，设计师也要根据需要，利用好它们各自的特点，

将它们结合起来使用。图 4-5、图 4-6 所示为两款软件的特点对比。

PS：是处理位图图像软件（像素），放大后失真

优势：表现颜色层次丰富

缺点：占磁盘空间大

图　4-5

AI：是处理矢量图软件，放大后不失真

优点：占磁盘空间小

缺点：所有的颜色必须手工上色，颜色表现层次不丰富

图　4-6

4.1.4　"工具栏"功能的变化

在 Photoshop 的"工具栏"中，设有处理位图的"选区类"工具。而 Illustrator 处理的对象以矢量图为主，因此 Illustrator 的"工具栏"中没有"选区类"工具。而且在它们的"工具栏"中，因两款软件调色方式不同，对象调色的工具组成也是不相同的。Photoshop 中是由"前景色""背景色"填充、"前景色""背景色"切换组成的，而 Illustrator 是由"内部填充""外部描边""单色 / 渐变 / 无填充"3 个模式组成的，如图 4-7 所示。

"工具栏"功能的变化

AI没有选区类工具

前景色
背景色
填充

工具栏中
调色方式

内部填充
外部描边

单色/渐变/
无填充模式

图　4-7

4.1.5　"自定义工具栏"的设置

在 Photoshop 的"工具栏"底部可以看见由 3 个实心点组成的"自定义工具栏"按钮，这是 Photoshop 的新增

功能，可以执行"工具栏"内容自定义等操作，如图 4-8 所示。

用鼠标按下该按钮 1~2s 后，在弹出的列表中选择"编辑工具栏"选项，即可打开"自定义工具栏"对话框，如图 4-9、图 4-10 所示。

自定义工具栏

编辑工具栏...

编辑工具栏...

图　4-8　　　　　　　图　4-9

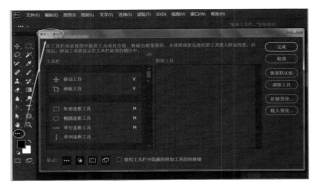

图　4-10

在"自定义工具栏"对话框中，通过对左侧"工具栏"列表框中的工具进行快捷键设置，可以对已有快捷键的工具或没有快捷键的工具重新编辑或指定快捷键。注意，自定义快捷键的设置要避免和 Photoshop、Illustrator 及计算机其他应用程序的快捷键发生冲突，如图 4-11 所示。

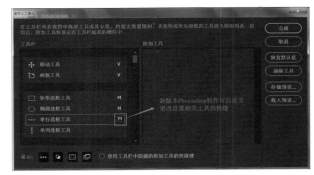

图　4-11

在"自定义工具栏"对话框中，通过拖曳左侧"工具栏"列表框中的工具组槽位可以更改其在"工具栏"中的排序，如图 4-12、图 4-13 所示。

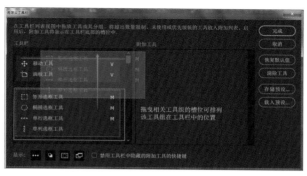

图 4-12

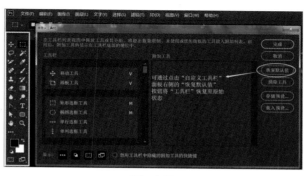

图 4-16

图 4-13

在"自定义工具栏"对话框中，底部的"显示"选项组用于显示或隐藏位于"工具栏"底部的"前景色""背景色"等快捷按钮，如图 4-14、图 4-15 所示。

图 4-14　　　　　图 4-15

在"自定义工具栏"对话框中，右侧的"恢复默认值"按钮可帮助用户将"工具栏"的设置一键复位到默认状态，如图 4-16 所示。强烈建议读者在熟练使用和已记好软件相关工具的默认位置和快捷键后再进行自定义操作。

接下来对比 Illustrator "工具栏"的功能和自定义方法。在"工具栏"界面的左上方可以看见一个小按钮。通过对其单击，可以使"工具栏"的图标呈两列展示，再次单击可以切回单列展示。用户可以根据其不同的使用习惯进行切换，如图 4-17 所示。

图 4-17

在"工具栏"最底部有"自定义工具栏"按钮，单击它可以打开 Illustrator"所有工具"界面，如图 4-18 所示。

图 4-18

在 Illustrator"所有工具"界面中，可以清晰地看到它所包含的工具均是为了满足矢量绘图而设置的，这与 Photoshop 的相关处理位图的工具有明显不同，如图 4-19 所示。再次单击该按钮，可关闭"自定义工具栏"。

注意事项

吴老师有话说 ▶

● "自定义工具栏"虽然可以对本来没有快捷键的工具进行快捷键新增设置，但同时也会导致在工具组内切换快捷键的单次循环周期变长。因此，对不常用的工具，建议初学者在定义工具快捷键时慎作修改。

● 初学者要特别注意：默认快捷键是根据工具本身的操作特点，经过软件数十年的积淀而形成的快捷键系统。初学者在初识快捷键时如果首次记忆为自定义的快捷键，将会导致在使用其他版本软件时出现不适应的情况，因为较早版本的快捷键无法自定义。

下面来看 Illustrator 的"所有工具"面板。在这个面板中，可以看到其右上角有一个"抽屉"按钮，单击它可以对"工具栏"进行管理。在"基本"模式下，可以发现"所有工具"界面中，有些工具图标是可点选的状态，

图 4-19

在这里可以通过拖曳工具图标的方法将其加入"工具栏"中，如图 4-20 所示。

如果在"抽屉"中直接选择"高级"模式，会将所有的工具添加到"工具栏"中。此时"所有工具"界面中将不会再有可点选的工具图标，如图 4-21 所示。

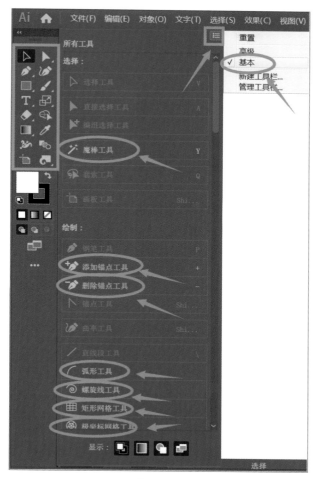

图　4-20

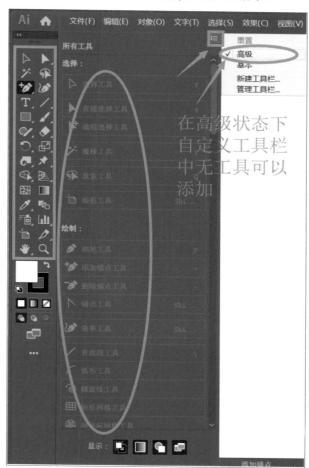

图　4-21

● "自定义工具栏"是 Adobe 开发工程师针对不同软件用户的使用习惯，根据其工作领域对工具的应用偏好而设计开发的新功能。

● 因新版本的 Illustrator 在默认状态下的"工具栏"的工具内容和排位与较早版本类似，考虑到使用不同版本的用户体验兼容性，建议初学者在牢固掌握默认"工具栏"基本设置的前提下，积累一定的软件操作经验，再根据自身的实际情况进行个性化设置。

4.2　对象生成方式的差异

Photoshop 是位图处理软件，它需要借助选区来实现位图对象的生成。Illustrator 生成的是矢量对象，它不需要借助包括选区在内的任何辅助即可直接生成对象。通过了解 Photoshop 和 Illustrator 在内容生成方式上的差异，读者可以逐步建立起对两款软件所生成的内容对象的认知，进而根据构成画面基本要素的不同选择合适的软件。

4.2.1　Photoshop 生成选区

Photoshop 需要通过先绘制选区，再在选区内填充颜色的方式来生成内容。用户需首先选择相应的选区绘制工具，再使用鼠标拖曳绘制。

● **矩形选区绘制方法：** 选择"工具栏"中的"矩形选框工具"，在画布中自左上向右下按住鼠标左键拖曳，释放鼠标结束绘制，如图 4-22 所示。

● **椭圆选区绘制方法：** 选择"工具栏"中的"椭圆选框工具"，与绘制矩形选区方法类似，在画布中自左上向右下按住鼠标左键拖曳，释放鼠标结束绘制，如图 4-23 所示。

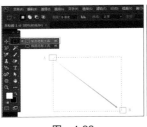 

图　4-22　　　　　图　4-23

Photoshop 绘制矩形或椭圆选区时，同时按住 Shift 键可强制绘制出正形状（正方形或正圆形），如图 4-24 所示。

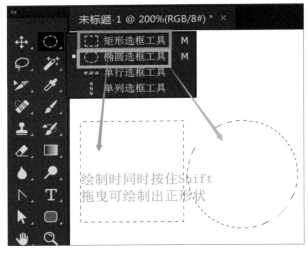

图　4-24

选区是 Photoshop 生成视觉内容的辅助性功能，它只在画布中显示，用以辅助设计师进行画面内容处理，其本身无法进行视觉输出。

同时按住 Alt 键，则拖曳出的选区会以鼠标拖曳的起始点为中心向四周展开，如图 4-25 所示。

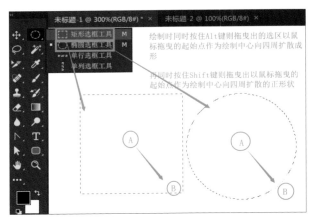

图　4-25

4.2.2　Illustrator 生成对象

Illustrator 生成对象需使用"工具栏"中的"形状工具组"。用户在"形状工具组"的图标上（默认状态为"矩形工具"图标）单击 1~2 秒，即会弹出该工具组的所有工具列表，如图 4-26 所示。

图　4-26

在"形状工具组"的工具列表右侧，有一个右三角标记的按钮，单击该按钮，该工具组的所有工具可以以浮动面板的形式显示，如图 4-27 所示。

Illustrator 用户只需通过使用"形状工具组"面板中的工具，即可根据实际需要绘制图形对象，无须像使用 Photoshop 那样先生成选区，再进行颜色填充来生成对象，从而大大地提高了工作效率。

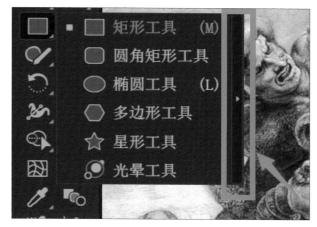

图 4-27

图 4-28 所示为在 Illustrator 界面中浮动的"形状工具组"面板。图 4-29 所示为"形状工具组"面板中的工具的使用方法。

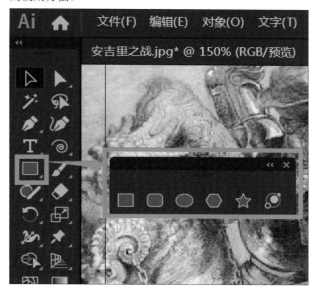

图 4-28

绘制时，按上下 左右方向键，改变圆角大小

绘制时，按上下方向键，改变边数

绘制时，按上下方向键，改变角数
绘制时，按ctrl键，按鼠标左键拖动，改变星形的尖锐度

图 4-29

4.2.3　Photoshop 填充对象

使用 Photoshop 绘制好选区后，可在选区范围内填充颜色。填充颜色前，务必要先单击界面右侧"图层"面板底部的"新建图层"按钮以新建空白图层，然后再填充颜色，如图 4-30 所示。

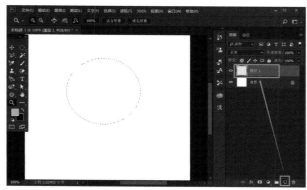

图 4-30

如果在 Photoshop 中填充颜色前没有新建图层，颜色就会直接填充到锁定的背景画布上。使用"移动工具"无法移动填充后的背景内容，对象也就无法编辑了，如图 4-31 所示。

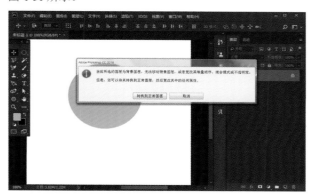

图 4-31

新建空白图层后，要在 Photoshop"工具栏"底部的"前景色 / 背景色"按钮上单击以调出"拾色器"，然后在其中调整颜色。排在前面的色块状按钮称为"前景色"，排在后面的被前景色叠压住的色块状按钮称为"背景色"。在对对象进行单色填充时，可以利用这两个按钮选择颜色，如图 4-32、图 4-33 所示。

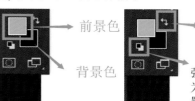

前景色

背景色

点击此按钮可对调前景色和背景色的颜色

强制将前景色重置为黑色、背景色重置为白色的按钮

图 4-32　　　　图 4-33

单击"前景色"或"背景色"按钮，可打开"拾色器"对话框，从中可以调色并填充到已绘制好的选区中，如图 4-34 所示。

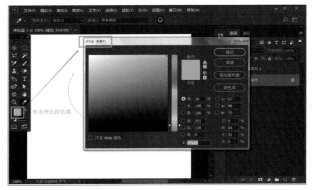

图　4-34

调好颜色后，可通过"工具栏"中的"油漆桶工具"（快捷键：G）为选区填充该颜色。操作方法是，选择"油漆桶工具"，在绘制好的选区内单击，即可将前景色填充进选区，如图 4-35 所示。

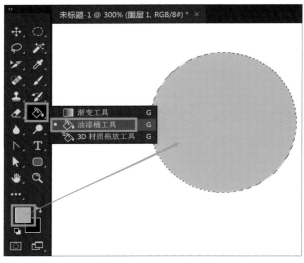

图　4-35

由于"油漆桶工具"只能填充前景色，且操作时还要先选择"油漆桶工具"再在选区内单击，操作起来比较烦琐。一般对选区填充颜色常用快捷键进行操作，免去单击鼠标的烦琐。

填充"前景色"的快捷键是 Alt+Delete；填充"背景色"的快捷键是 Ctrl+Delete，如图 4-36 所示。

4.2.4　Illustrator 填充对象

Illustrator 的"工具栏"底部没有"前景色"或"背

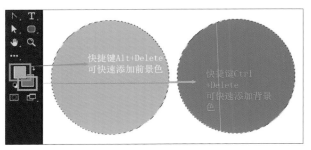

图　4-36

景色"按钮，也没有选区类工具，不能借助选区填充颜色。Illustrator 是借助"工具栏"底部的"内部填充""外部描边"及"单色/渐变/无填充"按钮进行颜色填充的，如图 4-37 所示。

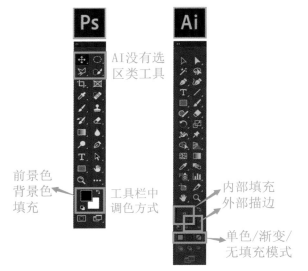

图　4-37

如果用户使用"矩形工具"在 Illustrator 中绘制了一个矩形对象，若"工具栏"底部的"内部填充""外部描边"均为"无"，即"/"状态显示，则对象无任何填充，只显示其路径和锚点，如图 4-38 所示。

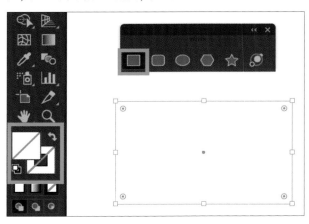

图　4-38

若用户将对象的"内部填充"设置为单色填充，则对象内可填充上颜色，如图 4-39 所示。

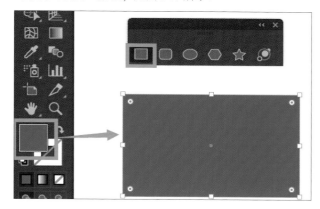

图 4-39

若用户将对象的"内部填充"设置为"无"，"外部描边"设置为单色填充，则对象显示为描边效果，如图 4-40 所示。

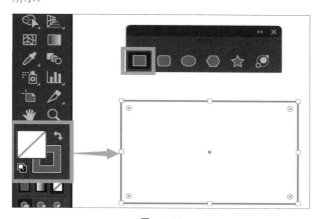

图 4-40

若用户将对象的"内部填充"和"外部描边"均设置为单色填充，则对象内部和它的描边均有颜色，如图 4-41 所示。

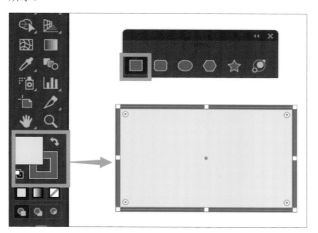

图 4-41

若用户将对象的"内部填充"设置为渐变色填充，则对象内可填充上渐变色。渐变色填充同样适用于对象的描边效果，如图 4-42、图 4-43 所示。

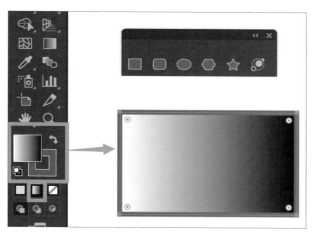

图 4-42

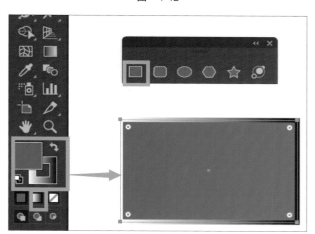

图 4-43

描边的宽度可在 Illustrator 界面右侧对象的"属性"面板中，通过调整对象的"描边"参数来实现，如图 4-44 所示。

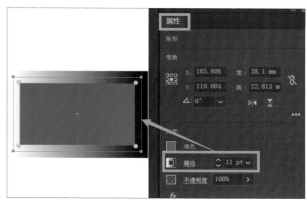

图 4-44

- Photoshop 的选区是由"选框工具组"通过鼠标拖曳而生成的，它是产生画面对象的媒介。这一媒介经过颜色填充会生成形状，从而构成视觉设计的基本要素对象。而对用户而言，所谓"设计"——英文叫做 Design，其核心在于"De"这一前缀，也就是重组。选区的这一属性就是通过其构成的形状的不断重组排列而形成设计的。

- Illustrator 基于计算机对矢量图形的视觉化计算，其在生成对象内容时"绕过"了建立选区的步骤，即用户绘制出什么样的对象形貌，对象在被填充颜色后就会显示成什么样。

- Photoshop 中对象内容的生成实际上是通过绘制选区，并将颜色填充到选区范围内的新建空白图层上而"落地"的。图层是图像"落地"的载体。创建选区后，设计师必须通过新建图层来保证填充内容的落地。

- Illustrator "绕过"了图层概念，用户在软件中绘制对象时不需要新建图层。然而，并非 Illustrator 中没有图层，图层概念是客观存在的。在面临对象的叠合需求时，图层将发挥作用。

- 在设计作品时，作品的构图和排版在 Photoshop 中都是通过"落地"在一个个图层上的图形的位移和变换而形成的。对于初学者而言，一定要认清 Photoshop 的本质和核心是基于图层操作这一基本面。而 Illustrator 不必新建图层即可"落地"对象的做法似乎与 Photoshop 存在某种"矛盾"。初学者在操作两款软件时，务必要头脑清醒，尤其不能因为习惯于使用 Illustrator 后，在使用 Photoshop 生成对象内容时忘记新建图层，这会让后续图层对象的移动难以操作。这一点要格外注意规避。

4.3　复制对象方法的差异

Photoshop 和 Illustrator 的复制对象功能可帮助设计师实现设计图的快速编辑。在设计时，只要有重复的图形、图像或文字等对象要素出现，即可通过复制对象的方法快速对相关内容进行编辑。Photoshop 和 Illustrator 有不同的复制对象的方法，用户需首先了解各自软件在复制方法上的差异，再根据设计需求选用合适的操作方法。

4.3.1　Photoshop 复制对象的方法

　　Photoshop 快速复制对象的方法有两种。

- **移动复制**　按住 Alt 键，在"移动工具"状态下按住鼠标左键拖曳所选图层的内容，即可复制对象，如图 4-45 所示。

- **原位复制**　选中绘制好对象的图层后，按快捷键 Ctrl+J，可原位复制该图层对象，如图 4-46 所示。

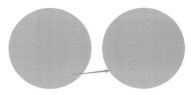

图　4-45　　　　　　　　图　4-46

4.3.2　Photoshop 复制对象注意事项

Photoshop 在使用时有一个很突出的特点——因为它是位图（Bitmap）软件，而位图是由像素组成的，拥有小图放大后失真、大图缩小后不失真的特点。

用户作图时，应尽量将原图做得稍大些，需要时再缩小进行调整。切勿小图放大，避免画质失真，图 4-47 所示为左上圆形缩小至左下后再放大成右图的失真效果。

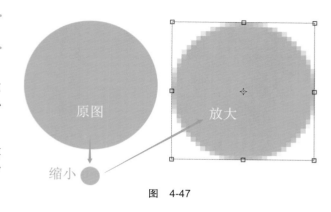

图　4-47

- Photoshop 是一款位图软件，而位图是由像素（组成图像的矩形单元）组成的，当放大位图时，可以看见构成整个图像的无数个方块，这是 Photoshop 进行图像编辑的基础。
- 假设一幅位图图像由 100 个像素组成，如果将其缩小成相当于 10 个像素组成的小图像，而此时再将其放大，因其在缩小面积时已经丢掉了 90 个像素，为了填补放大的区域差，软件会自动"稀释"放大后生成的图像，此时图像的像素个数无法支撑放大后庞大的图像面积，就产生了失真效果。
- 初学者实操时要采用正确的绘制方法：尽可能一次性绘制好所需大小的内容以减少二次编辑；或者将对象先绘制稍大些，再根据比例需要适当缩小。

4.3.3　Illustrator 复制对象的方法

Illustrator 快速复制对象的方法有三种。

- **移动复制**　按住 Alt 键，在"选择工具"状态下按住鼠标左键拖曳所选图层的内容，即可复制对象，该复制方法与 Photoshop 类似，如图 4-48 所示。

- **粘贴复制**　选中绘制好的对象后，按快捷键 Ctrl+C 先对其进行复制，再按快捷键 Ctrl+V 粘贴复制好的对象，如图 4-49 所示。

- **连续复制**　先通过移动复制的方法复制好 1 个对象后，

再连续按快捷键 Ctrl+D，可移位连续复制该对象。连续复制的对象与移动复制出的第 1 个对象的位置、距离均一致，如图 4-50 所示。

按住Alt键拖曳复制

图　4-48

选择对象
Ctrl+C复制

Ctrl+V在
画板中粘贴
已复制的对象

图 4-49

先按Alt键拖曳复制
再通过快捷键Ctrl+D连续复制

图 4-50

4.3.4　Illustrator 复制对象注意事项

　　Illustrator 在使用复制对象功能时有一个与 Photoshop 截然不同的突出特点——因为它是矢量（Vector）软件，而矢量对象是由计算机以数学方式来记录图形对象的，所以拥有对象编辑后不失真的特点。但这只适用于 Illustrator 生成的矢量对象，不适用于嵌入 Illustrator 中的位图图像。

　　用户作图时，应充分发挥 Illustrator 的这一特点，尽量在 Illustrator 中使用矢量图形作业，减少对位图的编辑，避免画质失真。

- Illustrator 是一款矢量软件，而矢量图形具有编辑后不失真的特点，规避了位图编辑的局限性，这是 Illustrator 进行图形编辑的基础。
- 初学者实操时要采用正确的方法应用两款软件：尽可能在 Illustrator 中使用矢量图形作业以减少位图在二次编辑时带来的画质失真情况；或者在必须编辑位图对象时使用 Photoshop。合理地利用 Illustrator 的长处，将 Illustrator 的弱势转嫁给在位图处理能力上更有优势的 Photoshop。

矢量图形

　　矢量图形是 Illustrator 在图形编辑中最常用的对象之一。矢量图形编辑技能是包括基础几何图形在内的后续异形编辑的重要基础。

　　矢量图形的生成和编辑是相辅相成的关系，生成矢量图形的主要作用是为后期对矢量图形的编辑做准备。Illustrator 针对不同的设计需求，开发了不同的矢量图形绘制工具。学会选用合适的工具进行矢量图形绘制和编辑操作，可以大大地提高工作效率并提升最终落地的项目质量。

扫码下载本章资源

* 手机扫描下方二维码，选择"推送到我的邮箱"，输入电子邮箱地址，即可在邮箱中获取资源

矢量图形　　　　矢量图形　　　　矢量图形　　　　矢量图形　　　　矢量图形
配套 PPT 课件　　配套笔记　　　　配套标注　　　　配套素材　　　　配套作业

5.1 形状工具组

在利用 Illustrator 处理图形对象时，首先要指定合适的形状工具。Illustrator 为用户提供了多种类型的形状工具。在实际操作过程中，需要根据不同形状工具的特点进行编辑。因此，通过什么样的方法能够生成一个新形状，并能和其他形状对象进行搭配组合，达到创作者想要的视觉意图，就是我们所要学习的内容。针对不同的需求，创作者要使用不同的工具和方法。利用"形状工具组"内相关工具的不同属性，可以帮助设计师高效率地达到设计目的。

5.1.1 矢量图形概念及属性

所谓矢量图形，就是使用直线和曲线来描述的图形，构成这些图形的元素是一些点、线、矩形、多边形、圆和弧线等，它们都是通过数学公式计算获得的，具有编辑后不失真的特点。

人们经常利用这一特点，通过使用矢量图形来解决小尺度对象放大后失真的问题。例如手写的书法作品，它的最初形态落地在纸面上，如果将其作为牌匾或招牌布置在建筑外墙或构筑物上，就需要把书法文稿先矢量化，再根据需要进行放大使用，如图 5-1~ 图 5-3 所示。

图 5-1

图 5-2

图 5-3

5.1.2 "形状工具组"的构成

"形状工具组"由 6 个形状类工具组成。在多个工具名称后面标有相应工具的快捷键。图 5-4 所示为 Illustrator"形状工具组"在"工具栏"中的位置及其工具组成。

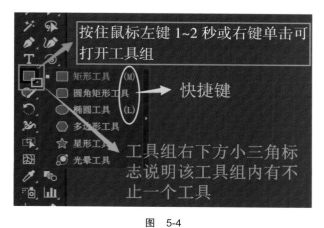

图 5-4

5.1.3 路径与形状的区别

形状是由路径组成的，路径指由锚点围合的路径线；形状则是在路径线的基础上填充颜色形成的，它们是构成矢量形状的基本单元。

因为形状是由围合的路径组成的，因此形状的编辑方法和路径的编辑方法完全一致，如图 5-5 所示。

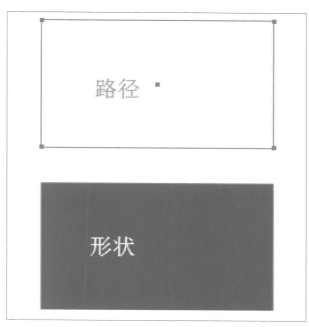

图 5-5

5.2 形状的编辑

Illustrator 为形状赋予了很多实用功能，从形状的绘制，到形状样式的编辑，再到形状中颜色的填充、形状填充后的图形要素的对齐和排列，涉及多个方面。通过学习这些内容，读者可以逐步建立起对形状概念的认知——即形状利用排布关系构建画面布局，帮助生成主体对象，构成画面基本要素。

5.2.1 绘制形状

绘制形状需首先选择相应的形状绘制工具，再使用鼠标拖曳绘制。

● **矩形形状绘制方法**：选择"形状工具组"中的"矩形工具"，在画板中自左上向右下按住鼠标左键拖曳，释放鼠标结束绘制，如图 5-6 所示。

● **椭圆形状绘制方法**：选择"形状工具组"中的"椭圆工具"，与绘制矩形形状方法类似，在画板中自左上向右下按住鼠标左键拖曳，释放鼠标结束绘制，如图 5-7 所示。

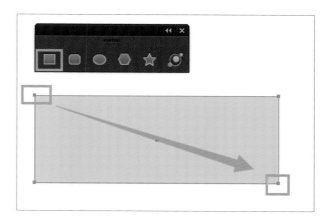

图 5-6

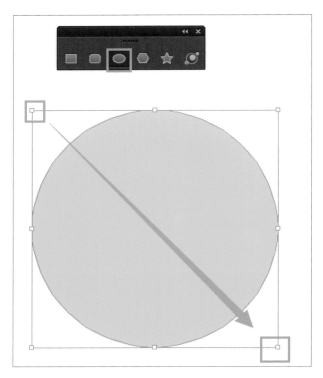

图　5-7

● **圆角矩形绘制方法**：选择"形状工具组"中的"圆角矩形工具"，与绘制矩形形状方法类似，在画板中自左上向右下按住鼠标左键拖曳。在绘制时，先绘制出形状的大小，在不释放鼠标的状态下配合方

向键确定圆角大小。键盘上的"←、→"方向键分别控制最小圆角和最大圆角，键盘上的"↑、↓"方向键分别控制圆角角度的递增和递减。绘制圆角矩形时，用户需同时配合鼠标和键盘进行操作，定型后释放鼠标结束绘制，如图 5-8、图 5-9 所示。

图　5-9

● **多边形绘制方法**：选择"形状工具组"中的"多边形工具"，在画板中按住鼠标左键拖曳，此时会以

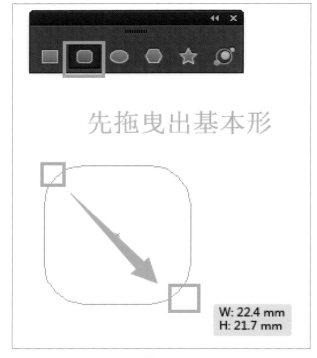

图　5-8

图　5-10

鼠标拖曳的起始点为中心向四周展开形成多边形轮廓。在绘制时，先绘制出多边形轮廓，在不释放鼠标的状态下配合方向键确定对象的边数。键盘上的"↑、↓"方向键分别控制对象边数的递增和递减（"←、→"方向键对多边形绘制无效）。绘制多边形时，用户也需同时配合鼠标和键盘进行操作，定型后释放鼠标结束绘制，如图 5-10、图 5-11 所示。

分别控制对象角数的递增和递减（"←、→"方向键对星形绘制无效）。绘制星形时，用户也需同时配合鼠标和键盘进行操作，定型后释放鼠标结束绘制，如图 5-12、图 5-13 所示。

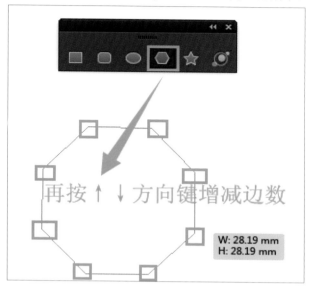

图 5-11

图 5-13

● **星形绘制方法**: 选择"形状工具组"中的"星形工具"，在画板中按住鼠标左键拖曳，此时会以鼠标拖曳的起始点为中心向四周展开形成星形轮廓。在绘制时，先绘制出星形轮廓，在不释放鼠标的状态下配合方向键确定对象的角数。键盘上的"↑、↓"方向键

● **光晕绘制方法**: 选择"形状工具组"中的"光晕工具"，在画板中按住鼠标左键拖曳，此时会以鼠标拖曳的起始点为中心向四周展开形成光晕轮廓。在

图 5-12

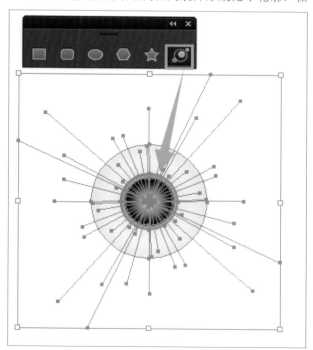

图 5-14

绘制时，先绘制出光晕轮廓，在不释放鼠标的状态下配合方向键确定光晕散射的光线数量。键盘上的"↑、↓"方向键分别控制光线数量的递增和递减（"←、→"方向键对星形绘制无效）。绘制光晕时，用户需同时配合鼠标和键盘进行操作，定型后释放鼠标完成光晕绘制后，再在画板空白处单击，并拖曳鼠标至需要生成光斑的位置释放，形成最终效果，如图 5-14~ 图 5-17 所示。

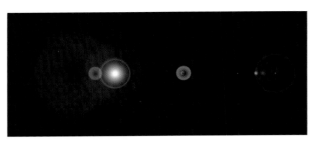

图　5-17

5.2.2　绘制形状的技巧

绘制矩形、圆角矩形或椭圆形时，同时按住 Shift 键可强制绘制出正形状（正方形、正圆角矩形或正圆形），如图 5-18 所示。

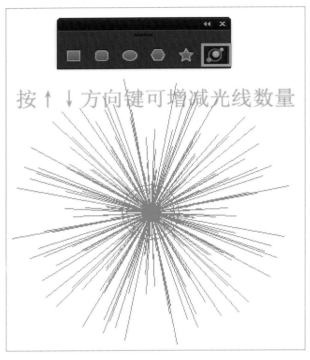

图　5-15

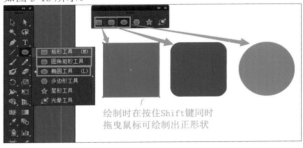

图　5-18

同时按住 Alt 键，则拖曳出的形状会以鼠标拖曳的起始点为中心向四周展开，如图 5-19 所示。

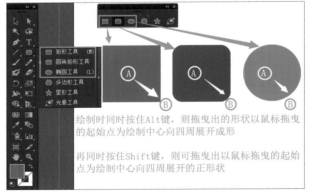

图　5-19

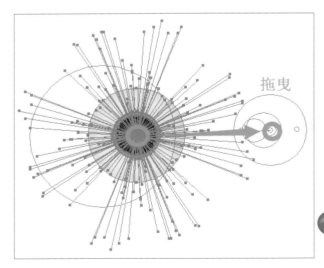

图　5-16

Illustrator 的"光晕工具"生成的光晕是矢量形状，效果不够真实，一般不常用。对类似光效的需求可以借助 Photoshop 进行光效处理。

5.2.3 路径与形状的绘制方法

以矩形的绘制为例,当用户使用"矩形工具"在 Illustrator 中绘制一个矩形时,若"工具栏"底部的"内部填充""外部描边"均为"无",即"/"状态显示,则对象无任何填充,只显示其路径和锚点,此时路径绘制完成,如图 5-20 所示。

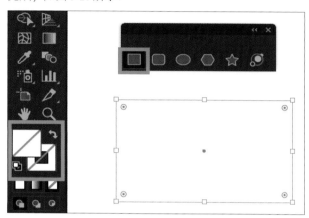

图 5-20

若用户将对象的"内部填充"设置为单色填充,则对象内即可填充上颜色,此时就形成了矢量形状,如图 5-21 所示。

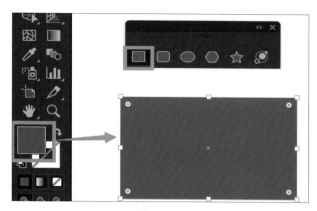

图 5-21

总之,在 Illustrator 中,路径是没有填充的形状,形状是被颜色填充了的路径。形状是以路径为基础的,后续的章节中会详细介绍它们在处理实际工作需求时的不同用途。

5.3 "矩形工具"应用

形状工具在 Illustrator 中可以用来生成矢量图形,也可以通过基础几何图形的拼合排列组合成复合图形,更好地服务于需求,从而达到设计要求。在了解形状工具的基本功能后,下面通过对几组案例的实际操作,系统了解形状工具生成矢量形状、复制对象、移动对齐和旋转变换等相关功能的综合应用方法。

5.3.1 创建自定义对标画板

下面通过制作一个 Logo 案例来了解"矩形工具"的实际用途。以该对标案例参考图为例(案例课件素材包可以在本书附送的资源文件中下载获得),如图 5-22 所示。

异和科技
Yihe Science

图 5-22

该案例画板为长方形,首先按快捷键 Ctrl+N 新建一个 A4 尺寸(297mm×210mm)的白色画板,具体参数设置如图 5-23 所示。

图 5-23

单击"创建"按钮,即可在 Illustrator 工作区中新建一个长方形画板,如图 5-24 所示。

图　5-24

5.3.2　画面技术分析

首先对画面的内容进行技术分析。该 Logo 形象实际上是通过几个长方形排列组成的,因此在实际操作时要用到"矩形工具"及相关知识点。

同时,该对标稿更多的细节在对象的左下部分。因为灰色矩形是 Logo 的一部分,红色色块等元素都是这一基本架构的附着物,因此制作时要先制作灰色部分。

继而通过分析得到了制作该案例的顺序:把灰色框架的具体位置绘制好→将其他附属的内容当作细节添加到画面中,如图 5-25 所示。

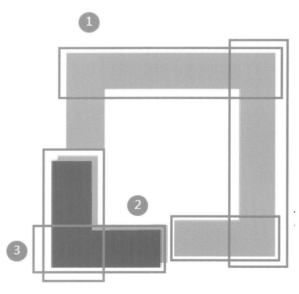

图　5-25

5.3.3　素材嵌入方法

通过拖曳法将对标的素材拖曳到 Illustrator 工作区的画板中,如图 5-26 所示。

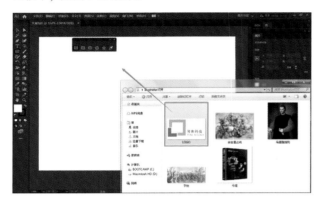

图　5-26

此时画板上的素材上会有一个"×"标记,说明该素材是来自外部的链接素材,需要通过单击界面右侧"属性"面板中的"嵌入"按钮将素材嵌入软件,否则如果原始素材的存储位置发生变化或原始素材丢失,Illustrator 将无法显示该素材。

素材的链接与嵌入

同时,素材上的"×"标记也在视觉上影响用户进行直观的对标操作,所以素材进入 Illustrator 工作区后执行嵌入操作通常是必需的,如图 5-27 所示。

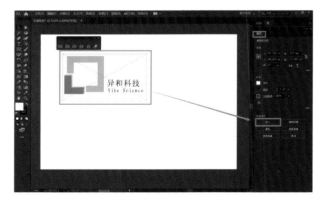

图　5-27

当用户通过单击"嵌入"按钮将对标素材嵌入软件后,界面右侧"属性"面板中的"嵌入"按钮也自动变成"取消嵌入"按钮,此时画板上的素材上"×"标记消失,如图 5-28 所示。

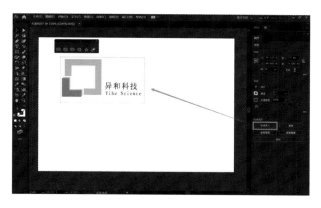

图 5-28

5.3.4 素材的锁定与解锁

选中素材对象，通过"菜单栏"执行"对象→锁定→所选对象"命令，可将素材对象锁定在画板上（快捷键 Ctrl+2），此时画板上的图形周围蓝框消失，说明对象已被锁定。通过"菜单栏"执行"对象→全部解锁"命令可将画板上的所有对象解锁（快捷键 Alt+Ctrl+2）。

之所以在执行对标操作前锁定参考对象，是因为锁定后的参考素材不可移动或编辑，初学者在对标操作时，不会因为在原素材上绘制描摹或在参考图上对生成图形做比例参照时挪动参考图，影响对标效果，如图 5-29 所示。

图 5-29

当用户将对标素材锁定到画板后，即可在画板的空白位置进行与参考图等比例的对标操作了，如图 5-30 所示。

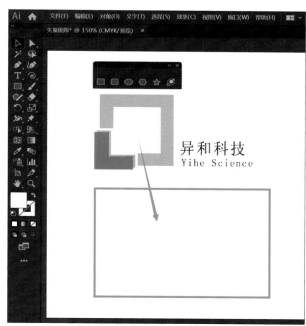

图 5-30

5.3.5 基础结构拓形方法

（1）选择工具：单击"形状工具组"按钮，选择"矩形工具"，如图 5-31 所示。

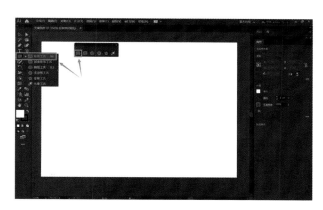

图 5-31

（2）绘制基础形状：按住鼠标左键在画板中自左上向右下拖曳，生成成 1 个矩形对象，形成了构成 Logo 的 1 个基本组件，如图 5-32 所示。

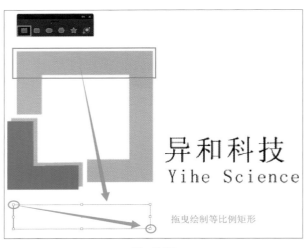

图 5-32

这里需要注意的是：在画板中绘制任何对象，都要与参考图进行比对，尽可能地保持比例关系一致。因为视觉作品在设计稿阶段生成的任何内容都与作品的最终效果有直接关系。

Illustrator 实际上是处理图形和图形之间关系的软件——画面的内容要想达到成品的预期要依赖于图形本身的质量。希望初学者在生成对象操作前不要忘记临摹的初心，以便为实现精准对标提供可能。

5.3.6 颜色填充方法

在 Illustrator 的"工具栏"底部是专门为矢量图形进行颜色设置的区域。其颜色设置是由"内部填充""外部描边""单色 / 渐变 / 无填充"模式组成的。

内部填充和描边填充模式

排在左上方的实心正方形图标为"内部填充"按钮，排在右下方的空心正方形图标为"描边"按钮，通过单击 2 个色块左下角的黑白图标，可以迅速地使"内部填充"设成白色，"描边"设成黑色，其快捷键是 D。

（1）填充颜色到矢量图形：单击"内部填充"按钮，使"内部填充"按钮压叠在"描边"按钮之上，可对已选中的图形对象进行内部颜色的填充编辑。再使用快捷键 i 切换到"吸管工具"，在对标素材的灰色区域上单击，即可将素材上的灰色吸取到所选择的图形上，实现对该图形的颜色填充，如图 5-33 所示。

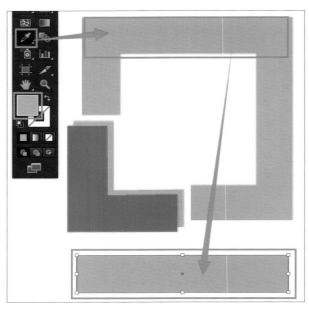

图 5-33

（2）生成新图形对象：用同样的方法可以绘制纵向的较小矩形，开始构建 Logo 的"4 梁八柱"，如图 5-34 所示。

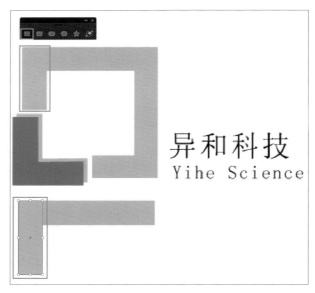

图 5-34

5.3.7 对象复制方法

移位复制：使用"选择工具"（快捷键 V），按住 Alt 键的同时按住鼠标左键将左面的矩形拖曳到右侧以生成右侧对象。因为两个矩形高度一致，可以在移位时借助绿色的"智能参考线"使它们高度自动对齐，如图 5-35 所示。

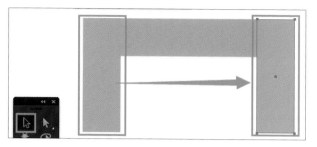

图 5-35

Illustrator 的"选择工具"即是 Photoshop 的"直接选择工具"（快捷键 A），在两个软件中其功能基本一致，Illustrator 没有 Photoshop 那样专门的"选择工具"，在 Illustrator 中，只能使用"选择工具"来移动对象位置或进行移位复制，如图 5-36 所示。

1. 选择对象：框选（按左键在画布空白处，拖拽）和点选（按 shift 键）
取消选择对象：鼠标在画布空白处单击
2. 移动对象，按 Alt 键拖拽，可以复制对象，ctrl+D 重复复制

图 5-36

5.3.8 自动对齐对象

"智能参考线"是指用来自动对齐对象的辅助线。执行"视图→智能参考线"命令（快捷键 Ctrl+U），即可通过勾选调用该功能(Illustrator 默认即为勾选状态)，如图 5-37 所示，它可以在对象移位时辅助用户快速对齐对象。

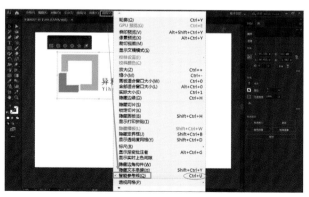

图 5-37

5.3.9 细节构形方法

将右侧矩形对象复制好后，使用"选择工具"选择右侧矩形对象并拖曳该矩形底部路径上的控制点，使之与参考素材的矩形长度一致，如图 5-38、图 5-39 所示。

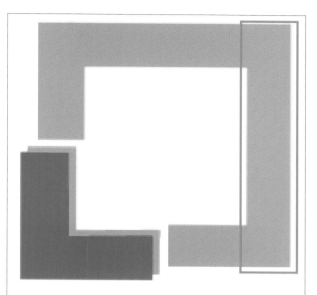

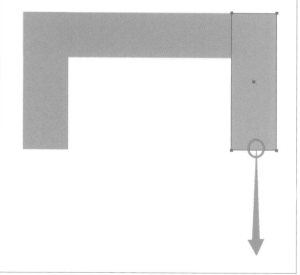

图 5-38

使用"选择工具"，以复制右侧矩形的方式按住 Alt 键，通过移位复制的方式复制出另外 3 个矩形，即可完成对标稿的基础结构，如图 5-40 所示。

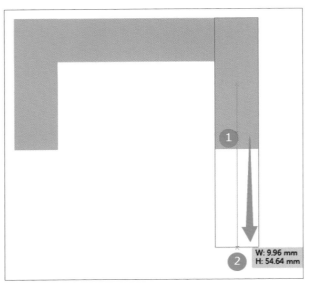

图　5-39

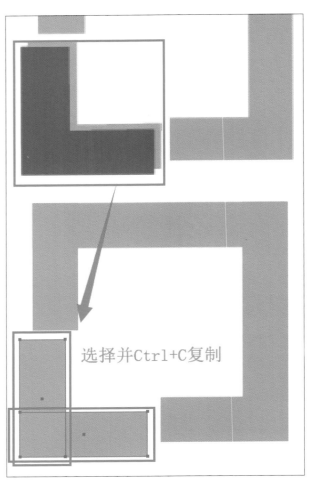

选择并Ctrl+C复制

图　5-41

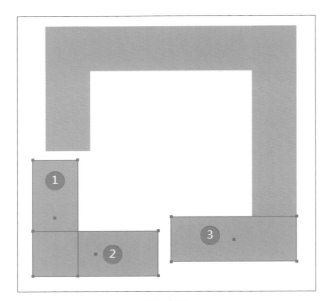

图　5-40

通过分析参考图可知，参考图中左下角的红色"L"形结构与设计稿中通过2个矩形对象形成的灰色"L"形完全一致，可通过快捷键复制的方法完成该部分的构形，如图5-41所示。

使用快捷键Ctrl+V将"L"形结构粘贴到设计稿中合适的位置，并使用"吸管工具"从参考图中红色区域吸取颜色到设计稿中的"L"形结构上，完成使用"矩形工具"制作的Logo，如图5-42所示。

Ctrl+V粘贴"L"形对象使用"吸管工具"从参考图中吸取红色到设计稿中，完成绘制

图　5-42

通过这一案例，我们了解了使用"矩形工具"生成矢量图形完成案例对标的实际操作方法，同时了解了 Illustrator 特有的颜色填充方法。

基本图形生成后，利用不同图形关系通过"选择工具"进行复制、对齐等操作，可以组合成全新的复合图形。读者要在未来的项目实际操作中多加练习，举一反三。

从实际操作第一个对标案例开始，不少人就希望能把相关的技术操作方法和诀窍都学会、都练熟，然而从初学者成长为优秀设计师依然似乎是少数人的事。这里分享一下成为优秀设计师在实际操作时要格外注意的几点。

● 摸熟软件原理制式：学习的过程也是探索学习方法的过程，通过实际操作，一定要边操作边体会设计软件的特点，从而达到举一反三的目的。

● 熟悉构图方法：所有设计稿的产生都是从无到有的过程，"无中生有"实际上是通过对象不断地重组搭配形成的——搭配得好就是好的设计。

● 注重美学落地：时刻铭记无论技术掌握得多么熟练，设计作品都是为结果服务的。好的设计必须要有好的结果，初学者在实际操作时千万不能有会了技术就可以了的想法，满足用户审美需求才能形成最终的成交价值。

5.4 "椭圆工具"的应用

"椭圆工具"在 Illustrator 中可以用来生成椭圆和正圆的矢量图形，也可以通过对其拼合排列组合成复合图形，甚至完成创意效果。在了解形状工具的基本功能后，下面通过对一组利用"椭圆工具"实现的案例的实际操作，系统介绍该工具生成矢量形状、复制对象、移动对齐和旋转变换等相关功能的综合应用方法。

5.4.1 "椭圆工具"的对标准备

下面通过制作一个《米奇》案例来了解"椭圆工具"的实际用途。以该对标案例参考图为例（案例课件素材包可以在本书附送的资源文件中下载获得，后面各章节课件皆同），如图 5-43 所示。

图 5-43

首先按快捷键 Ctrl+N 新建一个 A4 尺寸（297mm×210mm）的白色画板，具体参数设置如图 5-44 所示。

图 5-44

5.4.2 画面的整体与局部分析

首先对画面的内容进行技术分析。该卡通形象的结构是通过几个正圆形排列组成的，因此在实际操作时要用到"椭圆工具"及相关知识点。

同时，该对标稿更多的细节在对象的面部区域。因为耳朵是头的一部分，眼睛、鼻子和嘴等元素都是面部的附着物，因此制作时要先制作头部。继而通过分析得到了制作该案例的顺序：把头部的具体位置绘制好→将其他头部附属的内容当作细节添加到画面中，如图 5-45 所示。

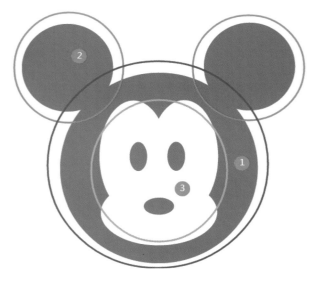

图　5-45

5.4.3　卡通基础结构拓形方法

（1）选择工具：在 "形状工具组"中选择"椭圆工具"（快捷键 L），如图 5-46 所示。

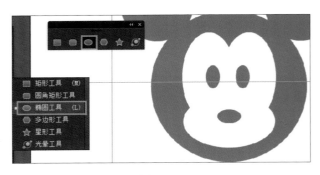

图　5-46

（2）按住 Shift 键，同时按住鼠标左键在画板中自左上向右下拖曳，形成一个正圆形矢量图形，用来创建米奇形象的头部，如图 5-47 所示。

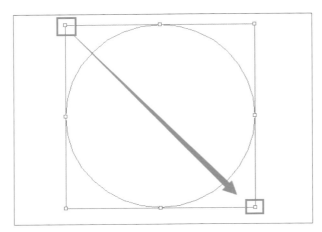

图　5-47

5.4.4　面部颜色的填充

（1）填充颜色到卡通面部：单击"内部填充"按钮，使"内部填充"按钮压叠在"描边"按钮之上，再使用快捷键 i 切换到"吸管工具"，在对标素材的蓝色区域上单击，即可将素材上的蓝色吸取到所选择的图形上，实现对该图形的颜色填充，如图 5-48 所示。

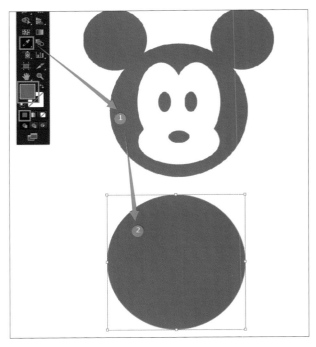

图　5-48

（2）生成新图形对象：用同样的方法可以绘制较小的正圆，形成米奇形象的一只耳朵，如图 5-49 所示。

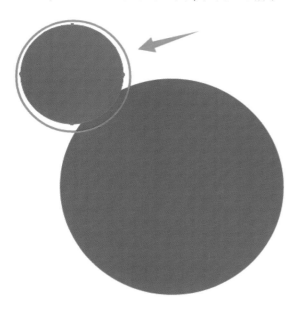

图　5-49

（3）移位复制：使用"选择工具"（快捷键 V），按住 Alt 键的同时按住鼠标左键将左面的耳朵拖曳到右侧以生成右耳对象。因为耳朵高度应该保持一致，可以利用绿色的"智能参考线"使它们高度自动对齐，如图 5-50 所示。

图　5-50

5.4.5　细节修饰方法

将角色的头和耳朵绘制好，即已完成了对标稿的基础结构。接下来我们通过分析对标案例中五官的具体位置以安排落地细节信息。如图 5-51 所示，可以发现面部是由 3 个白色的椭圆形大底叠合在一起组成的对称形象，其制作原理同头部整体构形类似。

图　5-51

（1）生成眼睛：使用"椭圆工具"绘制椭圆（椭圆形绘制无须按住 Shift 键）。再使用快捷键 i 切换到"吸管工具"，在对标素材的白色区域上单击，即可将素材上的白色吸取到所选择的图形上，实现对该图形的颜色填充，生成白色的椭圆形眼睛，如图 5-52 所示。

图　5-52

使用"选择工具"，以复制耳朵的方式按住 Alt 键移位复制出另一个白色的椭圆，作为另一只眼睛；然后将其中一个白色的椭圆再按住 Alt 键进行复制，生成角色嘴巴所需形状，如图 5-53、图 5-54 所示。

图　5-53　　　　　　　　图　5-54

（2）旋转对象：使用"选择工具"选择白色椭圆，当白色椭圆四周出现"自由变换框"时，将鼠标指针放

置在"自由变换框"4 角控制点的任意一处外部，待指针变为旋转箭头时，执行 90°旋转，将椭圆形旋转形成平躺状态，形成米奇形象的嘴，如图 5-55 所示。旋转时按住 Shift 键，可以 45°为基准强制旋转角度。再使用同样方法绘制 3 个蓝色椭圆，完成卡通形象的眼睛和嘴的制作，进而完成利用"椭圆工具"对标的卡通形象制作，如图 5-56 所示。

图　5-55　　　　　　　　图　5-56

5.5　图形约束固定大小应用

设计师不仅可以通过鼠标拖曳的方法自由绘制图形，也可以通过参数化设置的方法绘制高精度的图形，从而可以更加有效地利用"选择工具"的对齐功能，来实现特殊图形的创建。

5.5.1　固定尺寸需求分析

下面通过绘制《心形》案例来学习图形约束固定大小的技术操作方法。

首先，通过分析可以看到，一个心形是由 2 个正圆形和 1 个正方形共同构成的，如图 5-57 所示。那么想绘制好这样的一个复合图形，实际上就是要使正圆形的直径和正方形的边长相等。有了这样的分析，下一步即可着手进行绘制。

图　5-57

5.5.2　图形的固定大小设置

选择"椭圆工具"，在画板上单击，出现"椭圆"参数设置对话框，将"宽度"和"高度"参数设置成 30mm×30mm，如图 5-58 所示。

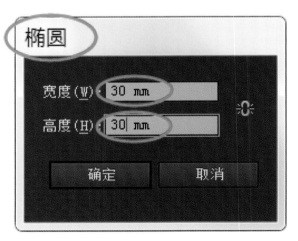

图　5-58

5.5.3 生成固定大小的图形

设置好参数后，单击"确定"按钮，此时即可在画板中生成30mm×30mm固定大小的正圆对象，如图5-59所示。

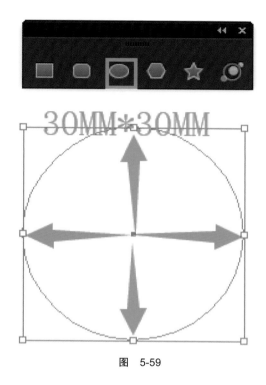

图 5-59

双击"工具栏"底部的"内部填充"按钮打开"拾色器"对话框，将颜色调整成红色，单击"确定"按钮，完成图形的颜色填充，如图5-60所示。

图 5-60

以同样方法绘制固定大小的矩形——选择"矩形工具"，在画板上单击，出现"矩形"参数设置框，将"宽度"和"高度"参数设置成30mm×30mm，然后用与正圆形同样的方法将其填充成红色，如图5-61、图5-62所示。

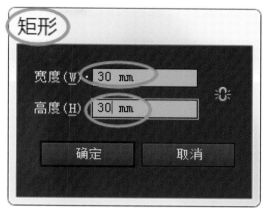

图 5-61

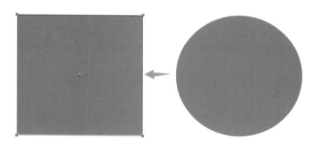

图 5-62

使用"选择工具"将正圆形与正方形进行拼合，使正圆形的直径中线位置贴住正方形的边缘。可利用"智能参考线"自动对齐正圆形和正方形，使正圆形露出完整的半圆，如图5-63所示。

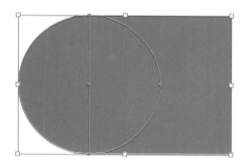

图 5-63

在"选择工具"状态下按住 Alt 键拖曳正圆形进行复制，将另一个正圆形按图5-64所示进行对齐。

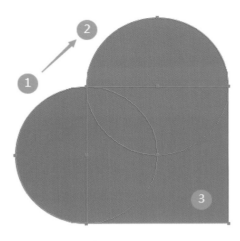

图 5-64

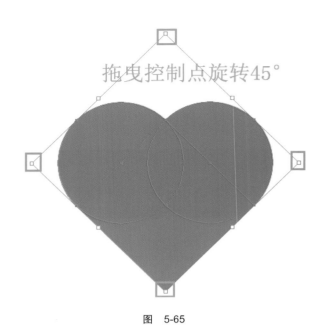

拖曳控制点旋转45°

图 5-65

使用"选择工具",从画板空白位置向图形对象拖曳框选 3 个对象,将其全部选择,并拖曳四周任意一个控制点将其旋转 45°,完成心形的制作,如图 5-65 所示。

5.6 对象的自动对齐

使用"形状工具组"内的工具创建图形,并进行颜色填充后,可以生成对象;而在 Illustrator 中,对象要通过各种组合排列才能形成画面的构图关系。对齐是对象排列组合形成基本构图关系的方法之一。在处理多对象对齐时,可以通过自动对齐功能来提高工作效率。

5.6.1 自动对齐需求分析

通过《电视机》案例,综合应用矢量图形进行案例制作。首先准备好电视机屏幕素材,如图 5-66、图 5-67 所示。

图 5-67

图 5-66

新建一个以"电视机"命名的 300mm×200mm 的画板,具体参数设置如图 5-68 所示。

使用"选择工具"将电视机屏幕素材拖曳并嵌入新建的画板中,不要锁定对象,如图 5-69 所示。

图 5-68

图 5-69

绘制较大矩形，并填充浅蓝色。使用快捷键 Shift+Ctrl+[将该矩形置于底层，并使用快捷键 Ctrl+2 对其锁定，形成浅蓝色背景，如图 5-70 所示。

图 5-70

5.6.2 生成自动对齐的对象

选择"矩形工具"，以电视机屏幕素材边缘为参照绘制一个稍大的矩形矢量图形。将该矩形填充黑色，完成电视机屏幕主体的绘制，此时该黑色矩形完全覆盖住屏幕素材，如图 5-71 所示。

图 5-71

在黑色矩形对象上，通过右键单击该对象可调整电视机屏幕素材和黑色矩形的叠压关系，执行"排列→后移一层"命令（快捷键 Ctrl+[）使电视机屏幕素材置于黑色矩形上方，如图 5-72、图 5-73 所示。

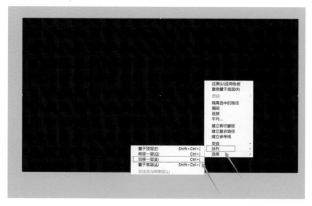

图 5-72

将素材合成到画板中，方法有以下两种：
- 一种方法将素材图在 Illustrator 中打开，然后按住鼠标左键拖曳。首先拖曳到画板名称标签（选项卡）上，再继续拖曳到画板内，释放鼠标实现合成。
- 另一种方法是使用快捷键。按快捷键 Ctrl+A 全选素材图，然后按快捷键 Ctrl+C 对其进行复制，接着单击画板名称标签（选项卡）进入画板，按快捷键 Ctrl+V 将素材粘贴到画板上，也可以实现合成。

随着计算机硬件的发展，越来越多的设计师乐于使用大屏设备进行设计工作。如果使用拖曳合成素材的方法，设计师将不得不在显示屏上拖曳很长一段距离，而使用快捷键复制粘贴的方法就省事多了。

图　5-73

使用"矩形工具"分别绘制电视机的支架和底座，填充成黑色，，如图 5-74 所示。使用"选择工具"将电视机的支架和底座向上移动并紧密贴合在电视机外框上，如图 5-75 所示。

图　5-74

图　5-75

5.6.3　自动对齐的方法

使用"选择工具"选择画面中包括显示屏素材的所有对象，此时已将除浅蓝色背景对象之外的所有对象全选（浅蓝色背景对象因已锁定，无法选择），如图 5-76 所示。

图　5-76

单击右侧"属性栏"中"对齐"面板中的"水平居中对齐"按钮，此时电视机的支架和底座会自动居中对齐（用户界面中如果没有"对齐"面板，可以在 Illustrator 顶部的"窗口"菜单中找到并勾选打开）。

至此，利用对象自动对齐功能实现的《电视机》案例制作完成，如图 5-77 所示。

图　5-77

对象的自动对齐要掌握以下 3 个核心要点：
- 对齐只能发生在 2 个或 2 个以上对象上，并且它们未被锁定。
- 拟对齐的对象必须处于被选中状态，方可使对齐生效。
- "对齐"功能组除了案例中的"水平居中对齐"外，还有很多对齐形式可应用在不同场景中，读者平时可多看设计图思考不同的对齐方式。

通过案例掌握"水平居中对齐"的操作方法后，可以自行绘制几个对象，参考案例中的方法，尝试其他对齐方式的应用效果。

吴老师教你举一要反三 应用实操●灵活变通

88

5.7 "圆角矩形工具"的应用

形状工具在 Illustrator 中可以用来生成矢量图形，也可以通过基础几何图形的拼合排列组合成复合图形，其中不乏一些快捷方法，帮助用户提高工作效率。在了解形状工具的基本功能后，下面通过一组案例的实际操作，系统了解利用"圆角矩形工具"制作图标的方法。

5.7.1 对标稿的嵌入方法

接下来，通过案例来了解 Illustrator "圆角矩形工具"的基本应用方法。读者可根据步骤演示实际操作一遍。

首先，将需要对标（临摹）的图标拖曳到画板中。通过观察"属性"面板，可以发现，首次拖曳到画板中的素材，是以"链接的文件"展示的，这样的文件上有蓝色的"×"标记及外框。需要单击"属性"面板"快速操作"选项中的"嵌入"按钮，将素材嵌入画板，避免文件丢失无法显示，如图 5-78 所示。

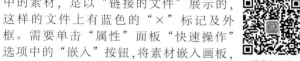

圆角矩形的
倒角方法

图 5-78

完成"嵌入"后，在"属性"面板中可以看到该图标已经变为了"图形"属性。此时文件素材即可跟随工作文件进行复制和移动而不会丢失了。文件嵌入会占据软件较大的内存，用户如果不想它作为图形嵌入 Illustrator，可以单击"快速操作"中的"取消嵌入"进行逆操作以还原嵌入，如图 5-79 所示。

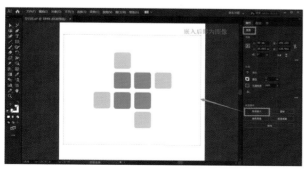

图 5-79

5.7.2 对标稿的锁定与解锁

完成以上操作后，该素材还会显示蓝色外框，但框内的"×"标记会消失。此时为了方便临摹，需要对标稿保持不会被移动的锁定状态，可以通过执行"对象→锁定→所有对象"命令，来锁定被临摹素材的位置、形状、大小等属性，如图 5-80 所示。

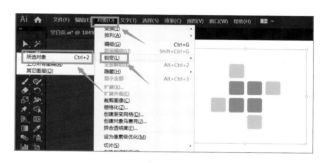

图 5-80

想将被临摹的图标再次进行编辑可以通过执行"对象→全部解锁"命令实现，也可以通过使用快捷键 Alt+Ctrl+2 来实现，如图 5-81 所示。

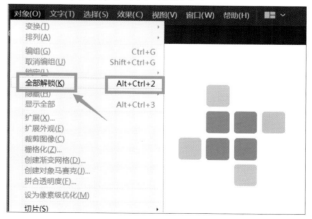

图 5-81

通过分析可知，该图标是由圆角矩形组成的。此时找到"工具栏"中的"形状工具组"并左键长按调出子菜单，单击选择"圆角矩形工具"，如图 5-82 所示。

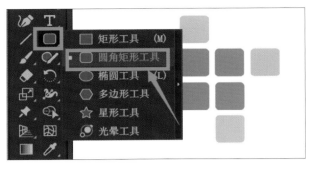

图　5-82

5.7.3　设计稿的构形方法

接着，在画板上通过拖曳鼠标绘制出圆角矩形。在绘制时，先绘制出形状的大小，再配合方向键确定圆角大小，最后释放鼠标定型，如图 5-83 所示。

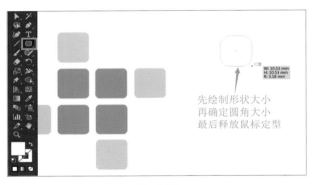

先绘制形状大小
再确定圆角大小
最后释放鼠标定型

图　5-83

绘制完成后，在"属性"面板中给圆角矩形一个色值，使其在画板中易于识别，如图 5-84 所示。

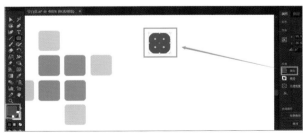

图　5-84

使用"选择工具"，按住 Alt 键并单击圆角矩形向右拖曳，可对其进行移位复制，如图 5-85 所示。

根据本案例实际情况，可以先制作 4×4 排列的圆角矩形矩阵，再删减多余图形对象完成制作。此时可以继续拖曳复制，或者按快捷键 Ctrl+D 快速复制出 4 个圆角

矩形，如图 5-86 所示。

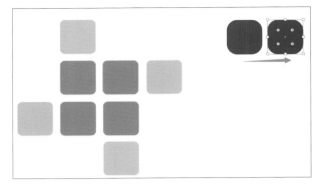

图　5-85

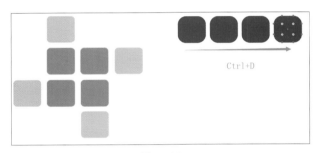

Ctrl+D

图　5-86

使用"选择工具"框选住全部 4 个圆角矩形，按同样的复制方法，向下复制 1 排，复制时注意间距，如图 5-87 所示。复制 1 排后可通过快捷键 Ctrl+D 完成 4 列圆角矩形的复制，并调整圆角矩形之间的间距与位置，使其与原图保持一致，如图 5-88 所示。

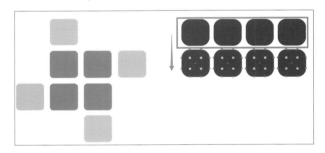

图　5-87

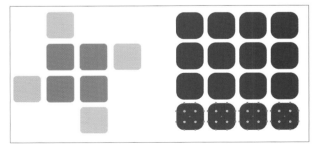

图　5-88

与临摹的参考图标相比，多出了 8 个圆角矩形对象，如图 5-89 所示。需要按住 Shift 键，使用"选择工具"将多出的圆角矩形连续框选后，按 Delete 键删除，即可完成图标基本形的绘制，如图 5-90 所示。

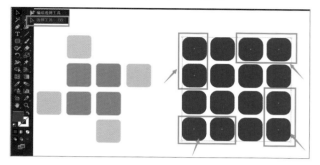

图 5-89

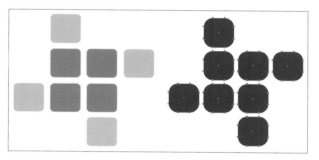

图 5-90

5.7.4 设计稿的配色方法

完成图形基本框架的组建后，再进行颜色部分的制作，这是使用 Illustrator 制图的基本步骤。即先构形，再配色。本案中，素材中间 4 个圆角矩形同为橙色，周边圆角矩形为灰色。此时需要单击"工具栏"中的"选择工具"，将中间的 4 个圆角矩形框选，如图 5-91 所示。

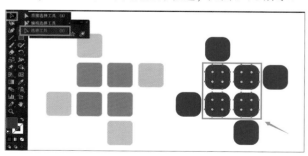

图 5-91

然后单击"工具栏"中的"吸管工具"，或使用快捷键 i 切换至"吸管工具"，并在素材橙色部分通过单击取色让 4 个圆角矩形变为橙色，如图 5-92 所示。接着处理周围的圆角矩形，使用"选择工具"并按住 Shift 键依次单击周围的 4 个圆角矩形完成选择，如图 5-93 所示。

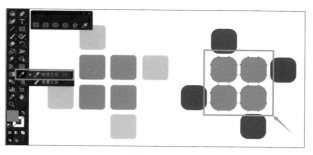

图 5-92

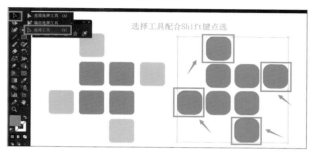

图 5-93

此时用同样的方式选择"吸管工具"吸取素材中灰色部分的颜色完成颜色的提取，如图 5-94 所示。

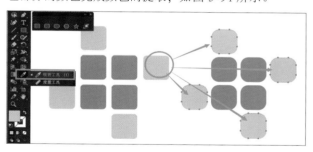

图 5-94

5.7.5 设计稿的编组方法

将所有圆角矩形框选，右键单击蓝色框内的区域，选择"编组"命令，或使用快捷键 Ctrl+G 进行编组操作，完成利用"圆角矩形工具"对标的图标制作，如图 5-95 所示。

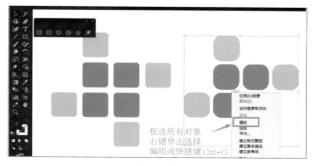

图 5-95

5.7.6　设计稿的二次编辑

在完成设计后，如果需要对图形的颜色进行二次编辑，可以在设计稿上右键单击，选择"取消编组"命令，或使用快捷键 Shift+Ctrl+G 进行取消编组操作，如图 5-96 所示。

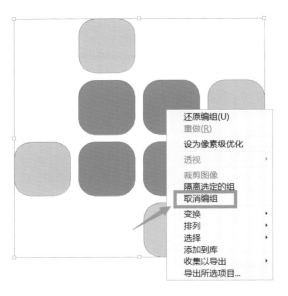

图　5-96

单击填充有颜色的圆角矩形，调整"工具栏"底部的调色组件，包括"内部填充"和"描边"的属性，"单色填充""渐变填充""无填充"模式等，这些功能在设计师与项目需求方进行项目对接后进行优化改稿时是很常用的，如图 5-97、图 5-98 所示。

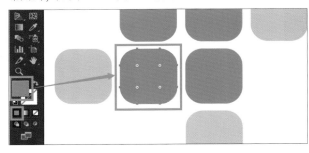

图　5-97

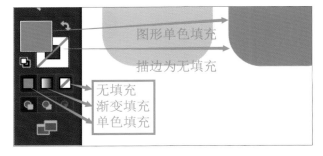

图　5-98

5.8　矢量图形综合应用

利用矢量图形相关工具不仅可以创建不同的图形对象，还可以通过设置其各种属性产生需要的特殊效果。矢量图形因其自身特点，可以通过颜色填充、效果添加等方式创造出更多生动的视觉效果。学习时要准确掌握矢量图形综合应用的操作方法，避免混淆。

5.8.1　对象的基础拓形

下面利用矢量图形的高级应用属性制作一个相对复杂的综合案例——《手机》，如图 5-99 所示。

以"手机案例"命名，新建一个与对标画面同样尺寸的画板，如图 5-100 所示。将《手机》素材置于画板内，并绘制与画板一样大小的矩形，吸取该素材背景色为矩形填充浅蓝色。使用快捷键 Shift+Ctrl+[将该矩形置于底层，并使用快捷键 Ctrl+2 将其锁定，形成浅蓝色背景，如图 5-101 所示。

选择参考素材并按 Delete 键将其删除，把手机屏幕素材嵌入新建的画板中，如图 5-102 所示。

图　5-99

图 5-100

图 5-101

图 5-102

嵌入素材后若发现素材的画面尺寸相对画板过大，可使用"选择工具"选择素材，此时素材四周显示蓝色的"自由变换界定框"，将光标放置在"自由变换界定框"的任一角点外，同时按住 Shift 键和 Alt 键对素材进行等比例缩小，使素材缩小到合适大小，如图 5-103 所示。

5.8.2 对象元素的排列

选择"圆角矩形工具"，以手机屏幕素材边缘为参照绘制一个稍大的圆角矩形矢量图形，该圆角矩形需留出

图 5-103

手机顶部和底部区域位置，形成手机外框大小的圆角矩形矢量图形。将该圆角矩形填充白色，完成手机主体的绘制，此时该白色矩形完全覆盖住屏幕素材，如图 5-104 所示。

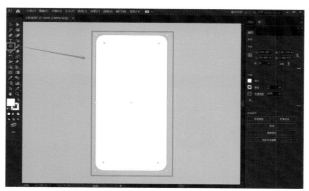

图 5-104

在白色矩形对象上，通过右键单击该对象可调换手机屏幕素材和白色矩形的位置，执行"排列→后移一层"命令(快捷键 Ctrl+[)使手机屏幕素材置于上方，如图 5-105 所示。

图 5-105

5.8.3　垂直居中分布对象

使用"矩形工具"，参考对标稿中手机按钮的大小绘制一个小矩形，并填充成白色，如图 5-106 所示。

图　5-106

对该矩形进行移位复制。复制 2 次，得到 2 个矩形拷贝。此时得到 3 个小矩形按钮，如图 5-107 所示。

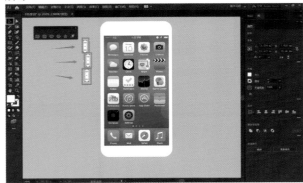

图　5-107

使用"选择工具"拖曳调整矩形间距。移动时，应当保证该矩形与顶部矩形间可以留有一定的空隙，如图 5-108 所示。

图　5-108

将 3 个矩形对象全部选中，使用"选择工具"，在右侧属性栏中单击"垂直居中分布"按钮，对 3 个对象进行位置的自动平均分布。此时 3 个矩形以间距相等的方式自动排列，形成手机侧边按钮，如图 5-109 所示。

图　5-109

5.8.4　编组对象

选择 3 个矩形，使用快捷键 Ctrl+G 对所选的 3 个矩形按钮进行编组，如图 5-110 所示。

图　5-110

使用"选择工具"，在画面中将对象组的位置向右移动，使其靠置在手机外框上，如图 5-111、图 5-112 所示。

图　5-111

图 5-112

使用"圆角矩形工具"绘制出手机听筒的胶囊形矢量图形（所谓"胶囊形"，是指矩形的 4 角经倒角后形成了两端呈半圆形状的特殊圆角矩形）。

拖曳绘制的同时，可以按键盘上的→方向键使圆角矩形圆角最大，即可生成胶囊形图形，如图 5-113 所示。

图 5-113

胶囊形矢量图形绘制完成后，将其填充成浅灰色，完成手机听筒的制作，如图 5-114 所示。

图 5-114

5.8.5 水平居中对齐对象

按住 Shift 键，同时选中刚刚绘制好的胶囊形和手机白色外框对象，在"选择工具"状态下，单击"属性栏"中的"水平居中对齐"按钮，将手机听筒与机身居中对齐，如图 5-115 所示。

图 5-115

使用"椭圆工具"并按住 Shift 键绘制正圆形，填充成灰色，用以生成手机的光源传感器形状，如图 5-116 所示。

图 5-116

5.8.6 垂直居中对齐对象

使用"选择工具"，将光源传感器和手机听筒对象同时选中，在"属性栏"中单击"垂直居中对齐"按钮将其对齐，完成手机顶部细节的布局，如图 5-117 所示。

图 5-117

按住 Alt 键的同时配合鼠标滚轮放大显示画面，按住空格键的同时按住鼠标左键在画面中拖曳，调出临时"抓手工具"，将画面滑动到手机底部的放大视图。

使用"椭圆工具"，按住 Shift 键绘制一个正圆形矢量

图形并填充成灰色，如图 5-118 所示。

使用快捷键 Shift+X，将"内部填充"与"描边"进行互换，使正圆形变成描边效果，如图 5-119 所示。

图　5-118

图　5-119

制作画面细节时，需要将画面局部放大。放大显示画面细节的操作十分常用，快捷操作的方法如下。

● 使用"工具栏"中的"放大镜工具"在画面中单击可直接放大显示画面，同时配合 Alt 键单击可缩小显示画面。

● 按快捷键 Ctrl++/- 以放大或缩小显示画面。

● 按住 Alt 键，同时配合鼠标滚轮前后转动，也可以放大或缩小显示画面。

5.8.7　投影效果

圆形矢量图形描边设置好后，同时选择该圆环和手机白色外框，将其与手机白色外框进行"水平居中对齐"操作，使手机的主按键与手机外形居中对齐，如图 5-120 所示。

接下来可以为手机添加投影。手机的投影是由手机投射出来的，所以手机投影的形状是基于手机白色外框的圆角矩形而形成的，如图 5-121 所示。

图　5-120

图　5-121

选择手机白色外框，执行"效果→风格化→投影"命令，注意，在 Illustrator"效果"菜单中，共有 2 个"风格化"选项，要选择第一个"风格化"才能找到"投影"命令，如图 5-122 所示。

图　5-122

5.8.8　投影参数设置方法

在打开的"投影"窗口中，可以设置手机投影的相关参数。

预设的参数中，"模式""不透明度""模糊""颜色"参数一般可不做更改，因为它是 Illustrator 开发工程师为用户预设的最能模仿投影效果的预设参数，用户只需要根据实际需要调整"X 位移"和"Y 位移"参数即可。

"X 位移"指投影效果的水平方向位移，"Y 位移"指投影效果的垂直方向位移，如图 5-123 所示。

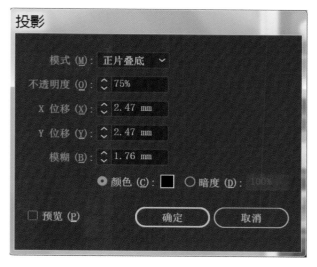

图　5-123

设置"投影"效果的相关参数前，要勾选"投影"窗口左下角的"预览"选项，以便在软件工作区实时查看参数设置的效果是否理想。如果满意，单击"确定"按钮即可为设计稿生成投影，完成该综合案例的制作，如图 5-124 所示。

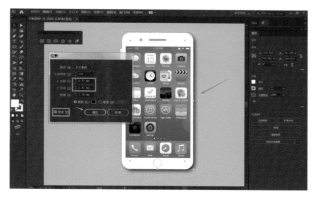

图　5-124

"投影"是 Illustrator 处理矢量对象效果的重要功能，其工作原理是令矢量对象生成内外衔接部分虚化的视觉效果，利用渐变的形式，从而生成自然衔接的效果。因此，投影效果的实现一定要基于矢量对象而存在。在练习时要格外注意如下两点：

● 投影效果实现原理："模糊"值越大，虚化范围越宽，也就是颜色递变的柔和度越高；"模糊"值越小，虚化范围越窄。要根据实际需要进行设置。

● 投影功能实践技巧：对于广大初学者而言，刚开始练习时可以参考 Illustrator 默认的参数值，再通过在默认参数值上进行微调设置，摸清投影参数与实际效果之间的关系，这是练习投影参数设置的一个好技巧。

如果创作中需要有投影存在，就要特别注意它和产生投影的主体之间的关系——相对于主体，投影永远是作为"陪体"而存在的。此时生成投影的最大价值就是突出主体。要使投影效果做好陪衬，不能喧宾夺主。

5.8.9 矢量图形应用拓展

了解了基于 Illustrator 自带的基础矢量图形的应用方法后，读者可以根据自身实际情况，利用业余时间，多观察生活中利用类似技能成型的实际案例，并动手操练，熟能生巧。图 5-125~图 5-127 所示为相关拓展应用举例，读者可尝试利用 Illustrator 相关工具进行制作，有任何问题欢迎随时与作者交流探讨。

预编辑区与
输出选择

图　5-126

图　5-125

图　5-127

对于 Illustrator 这样一款主要针对矢量图进行编辑的设计软件来说，它在生成图形、改变图形状态、调整图形颜色等方面有着不可替代的作用。因此，了解并掌握矢量图形的应用，也就了解和掌握了 Illustrator 制图和设计的根本。矢量图形的应用在图形处理中是一个综合和复杂的过程，需要掌握如下要点：

- 参考不同的素材、实现不同的效果，要合理使用相应的矢量图形绘制工具。工具和技巧的使用一定是以视觉设计结果为前提的，学习时要首先熟练掌握不同矢量图形工具的特点，才能在熟练的基础上巧妙应用。
- 所有图形化的视觉内容，都是通过矢量图形加上颜色填充来实现效果的——矢量图形是实现效果的前提，填充是实现效果的表现；在实际操作时一定要先调整好矢量图形的设置，再进行颜色填充。
- 初学者在开始使用矢量图形工具调整效果时，可能经常因为参数设置的差异而使画面的效果与预期大相径庭，此时要特别注意，任何设计都是以好的最终表现为目的的，出现效果不理想时，必须果断使用快捷键 Ctrl+Z 退回到上一步，重新进行参数设置，以最终的视觉效果满意为准。
- 读者在阅读本书的同时，要注意多观察成型的优秀设计项目的技术表现方式，琢磨体会好的项目应用了什么样的技术处理方式实现的效果，要把图形类工具应用与后面所学到的其他技术内容结合考量，综合运用。

本章主要快捷键一览表

快捷键	功能	使用备注
Ctrl+ 空格	中英文输入法切换	
Ctrl+ O	打开	
Ctrl+ N	新建画板	字母 "O"，非数字 "0"
Ctrl+ S	存储	覆盖存储
Shift+Ctrl+ S	存储为	新建另外的存储
Ctrl+ 2	锁定当前对象	对象处于被选择状态
Alt+Ctrl+Delete	全部解锁	针对已锁定对象
X	切换颜色填充 / 描边	
Ctrl+Z	重做，退回上一步	
Ctrl+ D	连续移位复制	
Shift+X	切换填充 / 描边的颜色	
I(i)	吸管工具	吸取素材颜色到对象
Ctrl+ +/-	放大 / 缩小画板显示	等同于 Alt+ 鼠标滚轮
Ctrl+C	复制对象	对象处于被选择状态
Ctrl+V	粘贴对象	先复制对象才能生效
Shift+F7	对齐面板	针对选中的对象对齐
V	选择工具	用于选择和移动对象
M	矩形工具	绘制矩形
Ctrl+G	编组	针对选中的对象有效
Shift+Ctrl+G	取消编组	针对已编组的对象有效

第6章
Chapter 6

渐　变

　　渐变在视觉设计中应用广泛，我们看到的各式五彩斑斓的设计效果、颜色的自然衔接以及过渡色彩的艺术化处理，都是通过 Illustrator 的渐变功能实现的。渐变功能可以灵活地处理两种或者两种以上颜色的过渡变化；通过参数设置的方法可以调整变化的角度、方向以及渐变颜色过渡范围的大小。

　　通过本章的学习，读者可以全面地了解并掌握渐变的应用场景及渐变面板的各种功能和参数设置方法，能够运用渐变功能满足实际项目的设计需要。

扫码下载本章资源

* 手机扫描下方二维码，选择"推送到我的邮箱"，输入电子邮箱地址，即可在邮箱中获取资源

渐　变
配套PPT课件　　渐　变
配套笔记　　渐　变
配套标注　　渐　变
配套素材　　渐　变
配套作业

核心要点

//////////////////////////////////

- Illustrator 的渐变功能是一种通过用户主观调色形成颜色填充的功能，要全面了解和掌握该功能各种渐变模式的应用方法。
- 在系统了解渐变功能应用方法的基础上，结合具体案例进行实际操作，达到学以致用的目的。
- 掌握渐变功能和之前章节已经学习过的其他功能的综合应用方法。

章节难度

//////////////////////////////////

★ ★ ★ ★

学习重点

//////////////////////////////////

- 熟练掌握"渐变"面板的用法，全面了解调整色彩、吸取颜色和渐变类型等各种功能并能结合案例系统应用。
- 依据渐变填充的生成原理，结合实际项目需要，采用合适的渐变参数设置方法，并结合软件的其他功能实现渐变效果。

6.1 渐变功能的应用场景

使用渐变功能在填充颜色时，可以将颜色从一种颜色过渡到另一种颜色，或产生由浅到深、由深到浅的变化。因此，渐变功能的应用实际上是处理两种或者两种以上颜色的填充。渐变功能可以创建多种颜色间的逐渐混合和过渡，增加画面对象内容的丰富性。渐变生成的对象往往因其色彩绚丽、内容多样而被设计师广泛应用于特效制作中，使画面效果在保有朴实的真实感的基础上更富有变化。

6.1.1 渐变应用需求分析

渐变功能是 Illustrator 中一个常用的功能。要先充分了解渐变效果的特点，才能根据它的特点，全面、系统地通过结合渐变功能的工作原理，在实际工作中更好地应用，图 6-1 所示为利用 Illustrator 的渐变功能制作的图标。

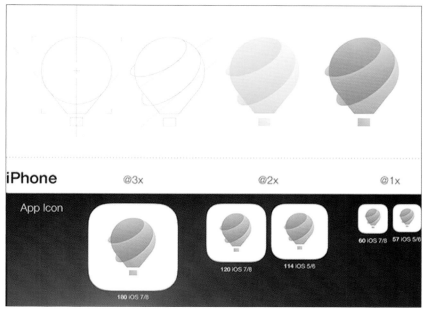

图 6-1

首先分析一下渐变效果的特点。

- **模拟放射状扇面结构**：渐变可以从光源点开始，向对象表面进行发散过渡，呈现出放射状的结构特征。由点到面的放射形状是渐变效果的造型特点之一。

- **生成散射状羽化效果**：为模拟立体对象表面的散射和折射效果，渐变效果并没有明显的平直边缘，而是有模糊的羽化效果。渐变颜色边缘的羽化效果是渐变的又一特点。

● **形成耗散状递减特征** 渐变效果从光源点向对象表面过渡的过程中，受模拟光源位置的影响，光线的明度会越来越淡、越来越弱。从有到无的光线强度递减效果可以提高对象拟物效果的真实性。

据此，我们可以抓住这 3 个特点，根据渐变生成的拟物效果，使用 Illustrator 呈现 Logo 等设计对象的丰富视觉，如图 6-2 所示。

图 6-2

6.1.2 渐变应用对标

下面通过制作一个 Logo 案例来了解渐变功能的实际用途。以该对标案例参考图为例（案例课件素材包可以在本书附送的资源文件中下载获得），如图 6-3 所示。

图 6-3

6.1.3 渐变应用技术分析

首先对参考图的内容进行技术分析。在构形方面，该 Logo 形象实际上是通过几个正方形排列组成的，因此在实际操作时要用到"矩形工具"及相关知识点。

渐变工具提取
颜色的方法

同时，在配色方面，除了冷色调的整体配色之外，该对标稿更多的细节在对象的最右部分。因为右侧渐变矩形是 Logo 的一部分，也是整个 Logo 的亮点所在，因此制作时要使用到 Illustrator 的渐变填充功能。

继而通过分析得到了制作该案例的顺序：把矩形框架的具体元素构形绘制好→对各单色矩形进行着色填充→制作最右侧矩形的渐变效果，如图 6-4 所示。

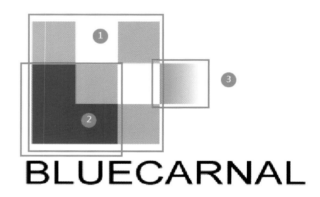

图 6-4

同时，在本案制作时，还要充分考虑视觉审美的统一性。即最右侧渐变矩形的颜色与整个 Logo 的色彩呼应关系。在处理蓝色→白色渐变矩形设色时，要与其他单色矩形结合考量，该吸取的吸取颜色，该生成的生成颜色，要根据实际需要灵活把握。

6.2 渐变属性应用

渐变因为关系到多色填充，其属性比单色填充要复杂得多。学习时，要全面理解渐变功能属性中的渐变类型的计算原理和使用方法。渐变属性的应用与设计师的调色和配色经验也有一定的关系，学习时要首先理解原理，并通过案例的实际操作熟悉运用。

6.2.1 渐变应用基础构形

新建画板，通过拖曳法将对标的素材拖曳到 Illustrator 工作区的画板中并进行嵌入和锁定，具体操作方法可参照第 5 章相关案例，这里不再赘述，如图 6-5 所示。

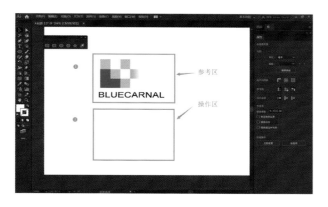

图 6-5

根据本案例实际情况，可以先制作 3×4 排列的矩形矩阵，再删减多余矩形对象完成基础构形，如图 6-6 所示。

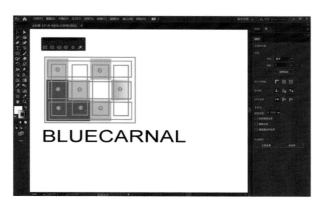

图 6-6

使用"矩形工具"，按住 Shift 键，参照参考素材中的一个正方形对象生成设计稿轮廓，如图 6-7 所示。

图 6-7

然后单击"工具栏"中的"吸管工具"，或使用快捷键 i 切换至"吸管工具"，并在素材浅蓝色部分通过单击取色，使绘制的正方形填充浅蓝色，如图 6-8 所示。

图 6-8

使用"选择工具"选择正方形对象，按 Alt 键向右对其进行水平拖曳，移动复制出一个同样的正方形。复制时要使两个正方形位置贴靠在一起。

随后通过按快捷键 Ctrl+D 进行连续复制，完成 3 个正方形的复制，使其位置关系与原图形保持一致，如图 6-9 所示。

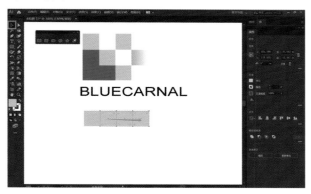

图 6-9

使用"选择工具"框选住全部 4 个正方形，按同样的复制方法，向下复制两排，复制时注意间距，形成 3×4 排列的矩形矩阵，如图 6-10 所示。

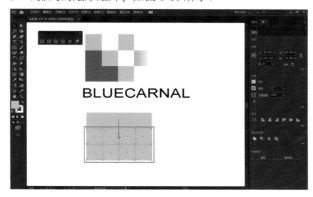

图 6-10

与临摹的参考图标相比，设计稿中多出了 4 个正方形。需要按住 Shift 键，使用"选择工具"将多出的正方形依次单击选择后，按 Delete 键删除，即可完成对标稿的基础构形，如图 6-11、图 6-12 所示。

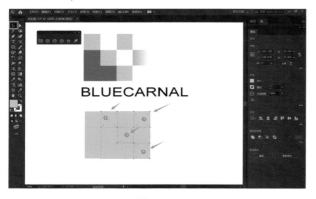

图 6-11

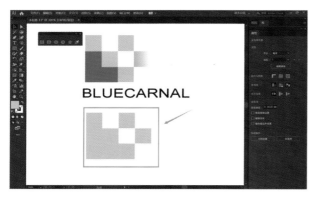

图 6-12

6.2.2 渐变应用基础设色

按住 Shift 键，使用"选择工具"将 Logo 左下角的 3 个正方形依次单击选择后，按快捷键 i 切换至"吸管工具"，并在素材深蓝色部分通过单击取色，将 3 个正方形填充为深蓝色，此时完成对标稿的基础设色，如图 6-13 所示。

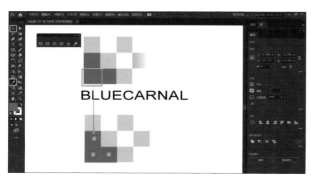

图 6-13

6.2.3 "渐变"面板

在 Illustrator 中，想要对某一矢量对象添加渐变效果，首先要使用"选择工具"选择该对象，并单击"工具栏"底部的"渐变"按钮。

"渐变"按钮与"颜色"（即单色填充）按钮和"无"（即无任何填充）按钮位置并列，共同控制被选择的矢量对象的颜色状态。它们的快捷键从左到右的顺序依次为"颜色"（单色）：<、"渐变"：>、"无"：/。

单击"渐变"按钮后，将打开"渐变"面板，从中可以对渐变填充的属性进行各种调整，如图 6-14、图 6-15 所示。

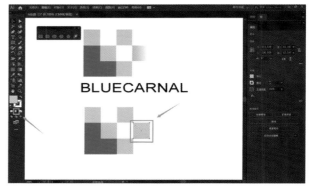

图 6-14

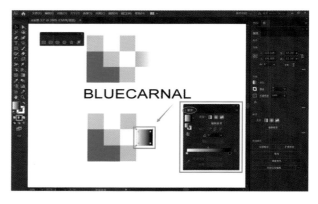

图 6-15

6.2.4 渐变的 3 种类型

在"渐变"面板的上部是 3 种渐变类型图标——"线性渐变""径向渐变""自定义形状渐变"，它们可以以"渐变"面板中设置的颜色为基础，通过参数设置生成不同的渐变效果，如图 6-16 所示。

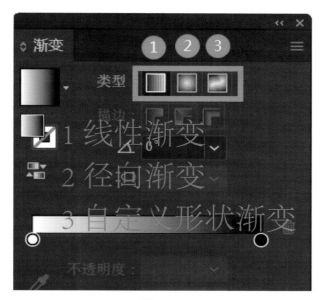

图 6-16

在工作实践中，"线性渐变"和"径向渐变"两种渐变类型使用频率最多，因为"线性渐变"和"径向渐变"生成的渐变效果更容易在现实生活中的设计制图和美术表现中优化画面色彩关系。"自定义形状渐变"为新版Illustrator 新增功能，具体功能和用法在本书第 1 章软件新功能介绍部分已作详细说明，这里不再赘述。图 6-17、

图 6-17

图 6-18 所示为使用"线性渐变"和"径向渐变"生成的渐变效果。

图 6-18

"渐变"面板中的"反向渐变"按钮是用来快速互换渐变颜色的，"渐变滑块"则是用户自定义参与渐变的颜色及效果的，如图 6-19 所示。

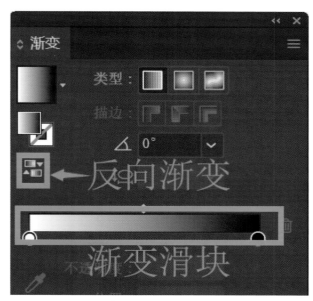

图 6-19

- "渐变"面板的作用是通过颜色的调整和过渡生成多样化视觉效果。
- 渐变和单色填充的最大不同点在于，渐变的颜色在设色前需要设计师手工调色和配色。调色和配色对于设计师是一个永恒的命题，因为很多潮流色、行业色、品牌色、产品色、广告色等都是通过色彩本身体现视觉调性的，因此在学习 Illustrator 渐变功能时，首先要掌握渐变色彩生成原理，同时要多看一些好的设计作品，将自己的"色彩感觉"磨炼好。

6.2.5 "渐变"面板的应用

下面结合案例了解渐变面板的应用。本案实际需求为，对 Logo 最右侧正方形对象添加浅蓝色→白色的线性渐变效果，而当对象进入"渐变"效果编辑模式后，Illustrator 为对象默认添加了白色→黑色的线性渐变效果。用户需要通过"渐变"面板为渐变效果重新设色，如图 6-20 所示。

图　6-20

在"渐变"面板下方的"渐变滑块"区域，选择左侧控制矩形对象白色渐变效果的"色标"后，单击"工具栏"

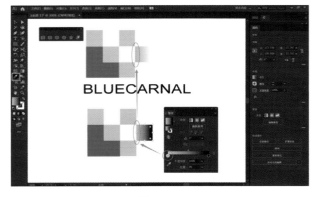

图　6-21

中的"吸管工具"，将鼠标移动至参考图对应的浅蓝色位置上，按住 Shift 键，单击要吸取的浅蓝色，此时该"色标"提取到参考图的颜色，正方形对象的左侧白色变为浅蓝色，如图 6-21 所示。

完成该操作后，再选择"渐变面板"中右侧的"色标"，使用"吸管工具"吸取白色，将原来的黑色"色标"替换成相应的对标颜色，完成该正方形对象渐变色的编辑，从而完成了该案例的对标，如图 6-22 所示。

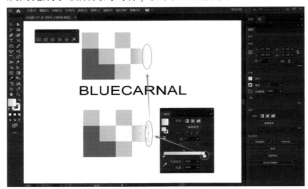

图　6-22

6.2.6 "渐变"面板应用注意事项

使用"吸管工具"吸取素材颜色替换"渐变"面板的"色标"颜色时，必须同时按住 Shift 键。

如果用户选择某一"色标"后，忘记按 Shift 键直接从素材上吸取颜色，则被赋予颜色的对象图形由"渐变"填充跳转为"单色"填充，渐变效果消失，如图 6-23 所示。

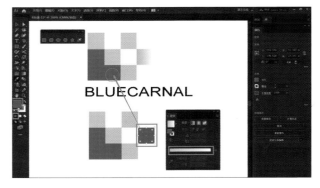

图　6-23

设置渐变色时要同时考虑渐变色的过渡效果。在实际需要的渐变色为非匀称渐变时，如渐变效果蓝色多一些，白色少一些，则可通过拖曳"渐变滑块"上方中部黑色菱形滑块的位置来均衡两种颜色过渡效果的比例，用户可通过多次拖曳尝试达到满意效果。

透　视

　　利用透视原理，结合 Illustrator 的相关功能，用户可以根据需要对象的造型进行二次编辑。掌握透视法并能结合实际应用，对对象进行深度加工实现透视效果是一项必备技能。

　　矢量对象的编辑方式丰富多样，包括缩放、旋转、倾斜和对称等，也可以通过拖曳锚点进行对象的个性化编辑，用户可以根据实际工作需要灵活变通地对其进行创造性应用。

　　本章将以透视的实际应用为出发点，紧密结合案例需要，配合前面章节所学内容，以点带面地介绍相关功能的实际操作技巧。

扫码下载本章资源

＊手机扫描下方二维码，选择"推送到我的邮箱"，输入电子邮箱地址，即可在邮箱中获取资源。

透视
配套 PPT 课件

透视
配套笔记

透视
配套标注

透视
配套素材

透视
配套作业

7.1 透视原理

学会制作透视效果是学习 Illustrator 的一个重要方面，合格的设计师要能够快速地利用软件相关功能实现对象的变形效果和透视效果。在学习时，要通过对具体工具功能和操作步骤的系统了解，结合案例的实际情况，处理和解决好对象建立后的光感关系，特别是透视关系的实际问题，将透视的要旨学到深处。

7.1.1 透视的概念及应用场景

透视法是设计师必备的知识技能，也是非常常用的设计效果表现手法。在生活中最常见的透视法是两点透视。

所谓两点透视，是指在对象竖立面与水平面（大地平面）垂直的条件下，基于近大远小的原理，发生透视关系的面的轮廓线均在画面中发生斜交，于是在画面的左右两端形成了两个灭点（消失点），这两个灭点都在视平线（即视角所在的高度）上，这样形成的透视效果称为两点透视。其视觉化呈现称为两点透视图。

两点透视图因其表现对象的立体效果较为明显，是工业图纸中轴测图的主要表现形式。又因两点透视是针对对象立面发生的近大远小的透视，两点透视图中往往在展现这一透视效果的同时，两立面正好对向透视图的观者，组成一定的夹角，故又称为成角透视，如图 7-1 所示。

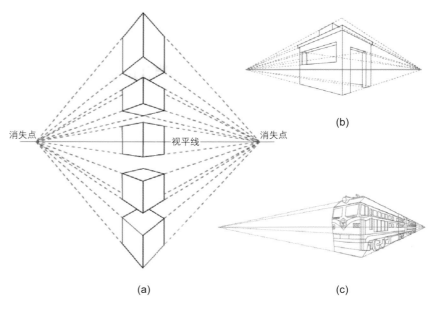

消失点　　　　视平线　　　　消失点

(a)　　　　　　　　(b)　　　　　　　　(c)

图　7-1

利用两点透视能够突出物体结构特征这一特点，这一透视法被广泛应用在各个领域。只要物体本身有明显的立面围合的结构特征，一般都会以两点透视来表现，如图 7-2、图 7-3 所示。

图 7-2

图 7-3

7.1.2 透视法的设计应用

通过 Illustrator 提供的相关矢量对象编辑类工具来编辑对象的形态，可以实现设计稿的透视效果。

利用透视法来制作矢量透视效果图是一种很常用的方法。下面通过一个 Logo 案例，学习如何将基础矢量对象通过透视法并结合之前所学其他方面的软件操作技能，将

近大远小的空间透视原理应用到对象上，实现透视效果，如图 7-4 所示。

图 7-4

7.1.3 对象立面生成方法

操作之前对案例的结构进行分析。首先，Logo 本身在设计上考虑了企业名称中字母"C"和字母"F"的应用，并结合了钢铁造型的特点，以一个透视的立方体方式呈现。

两点透视法

为增加立体感，突出钢铁的体块特征，在光影作用下，可以看到立方体的 3 个面分别形成亮面、灰面和暗面。不同亮度的面使得 Logo 整体有强烈的体积感和立体感。这些由受光和阴影打造出来的对比效果，是由每个面所填充的颜色来决定的。值得注意的是，每个面上矩形的明暗变化只是细节表象，真正把每个面的颜色填充合理，体现出光感，才能使 Logo 有立体感。

通过拖曳法将对标的参考图拖曳到 Illustrator 工作区的画板中并进行嵌入和锁定，如图 7-5 所示。

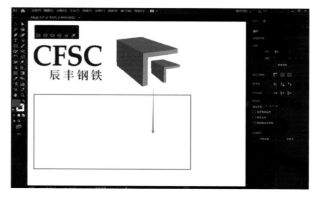

图 7-5

使用"矩形工具"，参照参考素材中左立面的形状对象绘制一个矩形对象。

使用快捷键 i 切换至"吸管工具"，并在素材深蓝色部分通过单击取色，使绘制的对象变为深蓝色，如图 7-6 所示。

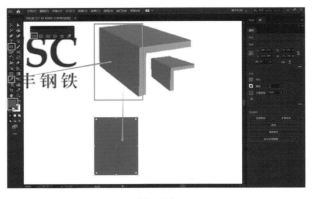

图 7-6

7.1.4 透视应用基础构形

利用同样方法，使用"矩形工具"，参照参考素材生

成另外两个面的形状对象，并使用快捷键 i 切换至"吸管工具"，对它们分别进行设色，如图 7-7 所示。

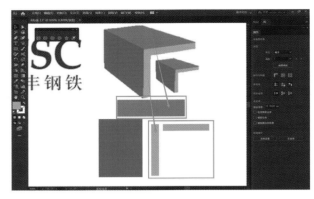

图 7-7

7.2　透视应用

利用 Illustrator 提供的"直接选择工具"，可以制作出理想的透视立面的效果。

有了 Illustrator "直接选择工具"，设计师可以根据项目案例的特点，制作出有透视效果的图形对象。此外，"直接选择工具"还广泛应用于产品包装效果图设计、图书装帧效果图设计、会展陈列设计等带有透视效果的场景中，是平面设计进行立体化展示不可或缺的实用工具。

7.2.1 透视需求分析

设计师若希望将平面化的矩形做出透视效果，要首先分析参考素材的构形成因。

以本案深蓝色立面为例，图形左右两个垂直的边依然保持垂直，左侧两个角点的位置高于右侧两个角点的位置，4 个角点位置共同组成了一个菱形，如图 7-8 所示。

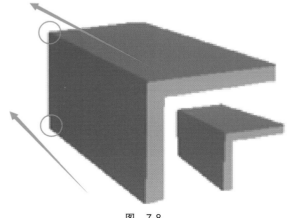

图 7-8

基于此，要对刚刚绘制的矩形对象进行造型上的编辑，使其与参考素材造型一致。因为矩形是由两对相互平行的直边围合形成的，只要将其左侧两个角点的位置向上移动，即可改变矩形结构，从而形成所需的菱形对象，如图 7-9 所示。

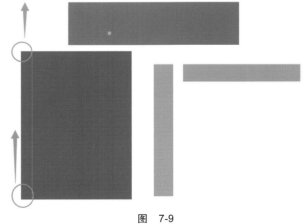

图 7-9

7.2.2 "直接选择工具"的使用方法

"直接选择工具"是针对矢量对象锚点的编辑工具，

通过移动和编辑锚点使对象结构发生变化，从而达到编辑矢量形状，产生透视效果的目的。选择"工具栏"中的"直接选择工具"，或使用快捷键 a 切换至"直接选择工具"，框选住矩形左侧两个锚点，此时，锚点变为蓝色实心正方形，说明已被选择。右侧两个未被选择的锚点以空心正方形显示，如图 7-10 所示。

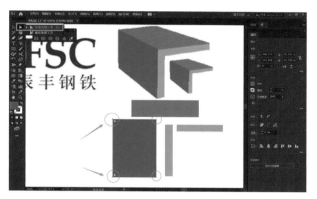

图 7-10

使用"直接选择工具"向上拖曳两个锚点，形成菱形，如图 7-11 所示。

图 7-11

7.2.3 近大远小规律应用

人通过肉眼观察事物，会出现近大远小的现象，即离观测者较近的物体，看起来有较大的视觉成像，反之，较远的物体成像效果较小，这就是近大远小的规律。制作透

"透视"的应用效果有赖于对象各锚点与透视规律的准确吻合。这就要求设计师在进行透视效果制作时要放大画布细节，进行精准操作，切不可贪图方便而"囫囵吞枣"。

视效果，也要遵从近大远小这一规律。本案中，Logo 左立面垂直于水平线的右侧边离我们较近，因此该边的视觉效果就要略长一些。而左侧边离我们较远，其视觉效果就要略短一些，如图 7-12 所示。

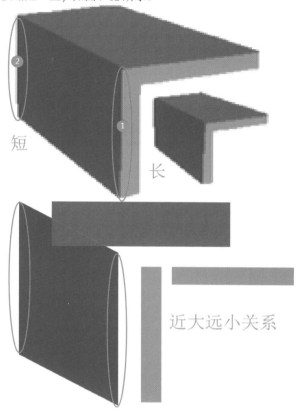

图 7-12

为达到这一效果，可以选择"工具栏"中的"直接选择工具"，或使用快捷键 a 切换至"直接选择工具"，框选住矩形左下角的锚点，然后按↑方向键对该锚点进行垂直上移，从而使图形对象较远边变短，形成参考素材中的透视效果，如图 7-13 所示。

图 7-13

接下来可以用同样的方法制作 Logo 其他围合面的透视效果。使用"直接选择工具"选择顶面矩形左下角的锚点，将其拖曳到深蓝色立面右上角锚点上，使两个锚点相交。

此时，Illustrator 的自动对齐功能将使该锚点自动吸附在所对位的目标锚点上，如图 7-14 所示。

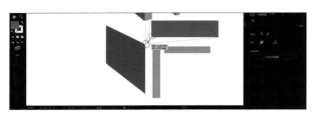

图 7-14

使用同样方法，选择并将顶面矩形左上角的锚点，拖曳到深蓝色立面左上角锚点上，使两个锚点相交。拖曳该对象其他两个锚点到与参考素材相对应的位置，拖曳定位时要遵循近大远小的原则，确保锚点定位准确，如图 7-15 所示。

图 7-15

使用"选择工具"，将浅蓝色竖向矩形利用拖曳移位的方法，使其左边与深蓝色对象右边相贴靠，确保其左上、左下两锚点位置与深蓝色对象右上、右下两锚点位置相交，如图 7-16 所示。

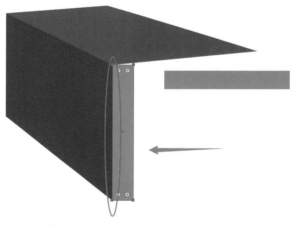

图 7-16

使用"工具栏"中的"直接选择工具"，选择浅蓝色竖向矩形右下角的锚点，然后按↑方向键对该锚点进行垂直上移，使该图形对象底边与顶面对应边方向一致，形成近大远小的透视效果，如图 7-17 所示。

最后，使用"选择工具"，将浅蓝色横向矩形利用拖曳移位的方法，使其左上角锚点位置与深蓝色矩形右上角锚点位置，同时与浅蓝色竖向矩形右上角锚点 3 个锚点位置相交，如图 7-18 所示。

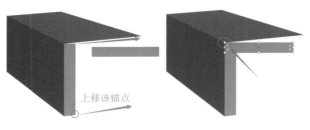

图 7-17 　　　　　　　图 7-18

用编辑顶面锚点位置的方法拖曳浅蓝色横向矩形其余 3 个锚点的位置，使其与参考素材中该部分的效果相一致，如图 7-19 所示。

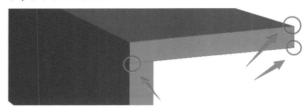

图 7-19

使用"选择工具"，框选编辑好的三个立面对象，使用快捷键 Ctrl+G 对其进行编组，再按 Alt 键向右拖曳对其进行移位复制，如图 7-20 所示。

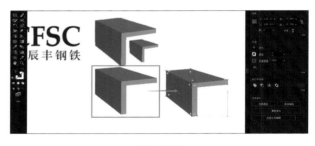

图 7-20

使用"选择工具"选择复制的对象组，同时按 Shift 键和 Alt 键对其进行等比例缩小，并拖曳到设计稿中相应的位置，完成带有透视效果的案例制作，如图 7-21 所示。

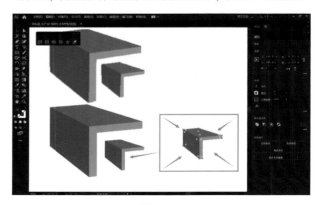

图 7-21

第三篇
Illustrator 高级应用

Illustrator 高级应用篇（第 8 ~ 11 章），主要讲解了 Illustrator 最核心且用途广泛的"钢笔工具"使用方法和技巧、"画笔工具"的用法及"文字工具"等内容。

钢笔工具

　　"钢笔工具"主要用于高精度图形编辑和矢量图形绘制。工作中如果对绘制的图形有较高的精度要求，就要使用"钢笔工具"编辑路径线并使其围合成所需形状。

　　"钢笔工具"是矢量输出工具，不仅可以勾画平滑的曲线，而且无论缩放还是变形都能保持高度清晰的效果。"钢笔工具"编辑出来的路径由路径线和锚点构成。本章全面、系统地讲解路径线的编辑及锚点控制手柄调整等"钢笔工具"高级功能的应用方法。

扫码下载本章资源

★ 手机扫描下方二维码，选择"推送到我的邮箱"，输入电子邮箱地址，即可在邮箱中获取资源。

钢笔工具　　　钢笔工具　　　钢笔工具　　　钢笔工具　　　钢笔工具
配套 PPT 课件　配套笔记　　　配套标注　　　配套素材　　　配套作业

本章提要

核心要点

- "钢笔工具"是用户通过主观行为编辑路径的工具，是主观性编辑工具。
- 了解"钢笔工具组"内各个工具的特性，理解并掌握不同钢笔类工具之间的配合用法。
- 在实际项目操作中合理利用相关工具进行对象的高精度图形编辑。

章节难度

★ ★ ★ ★ ★

学习重点

- 对"钢笔工具组"内的各个工具的操作和实现原理的理解。
- 掌握使用"钢笔工具"针对目标素材中特定区域进行的细节效果修整方法。
- 将"钢笔工具"应用的技术能力在实际操作的基础上举一反三，结合案例熟练使用"钢笔工具"进行创作。

8.1 "钢笔工具"及"钢笔工具组"

在 Illustrator 中处理高精度图形编辑时，首先要分析拟编辑对象的边界形态。想要实现高精度图形的预期编辑效果，就要使用"钢笔工具"来完成。广义上的"钢笔工具"，在 Illustrator 中是指"钢笔工具组"内的各个工具。在实际操作过程中，设计师需要根据不同钢笔类工具的特点对对象进行编辑，形成需要的效果。

8.1.1 "钢笔工具"及锚点概念

"钢笔工具"是 Illustrator 中非常实用但又难以上手操作的工具。利用这一工具，用户可以在由多个锚点围合的路径所组成的形状上，快速地进行高精度图形的编辑或复杂图形的编辑。在实际商业环境中，"钢笔工具"对于图形、文字的组合和再编辑应用来说，有着十分重要的作用。因其操作过程完全依赖于设计师主观独立完成，故其成为 Illustrator 软件学习的难点。

钢笔工具与
整形工具应用

使用"钢笔工具"可以绘制路径线。路径线是生成矢量图形、进行高精度图形编辑的必备要素。同时，路径线也有生成图形边界、绘制复杂图形的作用。

"钢笔工具"的使用方法如下：

- 单击生成锚点，可绘制直线路径线。
- 单击且不释放鼠标继续拖曳（此时将随同锚点生成控制手柄），可绘制曲线路径线，如图 8-1 所示。

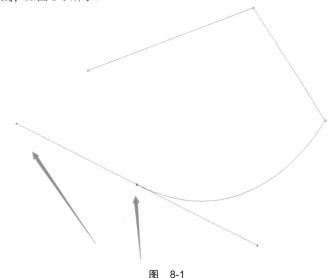

图 8-1

8.1.2 钢笔工具组

"钢笔工具"在"工具栏"中是以"钢笔工具组"的方式存在的，如图 8-2 所示。在这个工具组中，最常用的就是"钢笔工具"，其快捷键是 P（P：Pen，即钢笔）。

图 8-2

8.1.4 "添加锚点工具"的使用方法

"添加锚点工具"是为既有的路径添加锚点的工具。只要在路径上单击,即可添加锚点,一条路径可重复添加多个锚点,如图8-4所示。

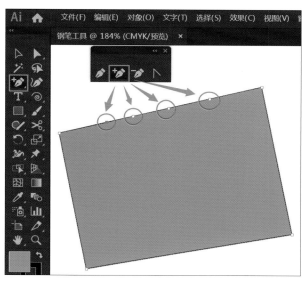

图 8-4

8.1.3 "钢笔工具"的使用方法

"钢笔工具"是通过连续单击形成定位锚点的方式生成路径的,路径闭合并填充可生成矢量图形,如图8-3所示。

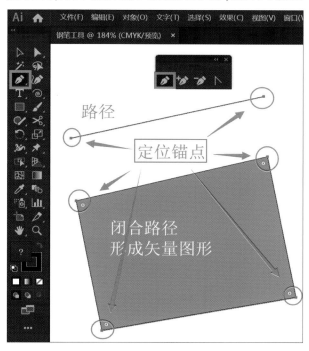

图 8-3

8.1.5 "删除锚点工具"的使用方法

"删除锚点工具"和"添加锚点工具"的操作方法是相对应的。只要在路径已有的锚点上单击,即可删除锚点,一条路径可以根据实际需要重复删除多个锚点,如图8-5所示。

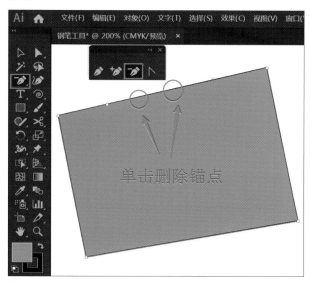

图 8-5

8.1.6 "锚点工具"的使用方法

利用"锚点工具"单击直线路径上的锚点并拖曳，可在该锚点上拖曳出控制手柄。此时，直线路径变为曲线路径，图形的角点也因此变为平滑边缘，如图8-6、图8-7所示。

使用"锚点工具"单击曲线路径上的锚点，可删除该锚点的控制手柄。此时，曲线路径变为直线路径，图形的平滑边缘也因此变为角点，如图8-8、图8-9所示。

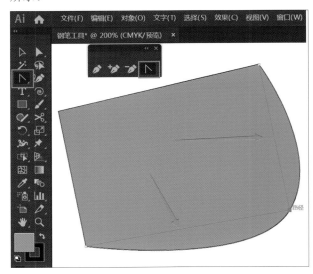

图　8-8

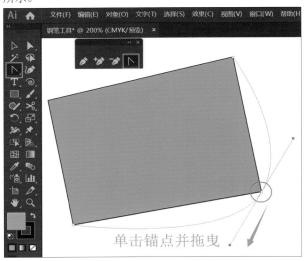

图　8-6

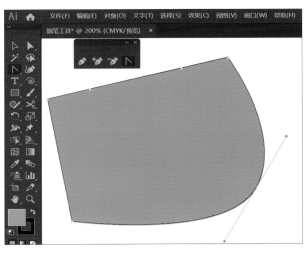

图　8-7

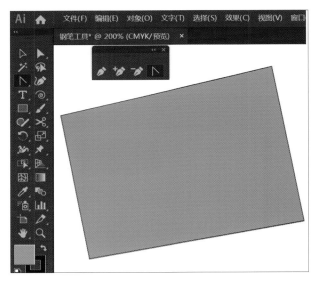

图　8-9

8.2　路径的生成及应用

针对路径，Illustrator赋予了很多实用功能，涵盖路径线的绘制、路径线的编辑、路径中锚点的生成，以及控制手柄的调整等多个方面。通过本节的讲解，读者可以建立起对路径的初步认知——路径通过控制锚点及控制手柄的形态来构建路径线的围合形态，形成图形结构，实现对图形对象的高精度编辑。

8.2.1 路径概念及手柄

路径是由锚点、路径线、控制手柄和手柄控制点共同组成的，各组成部分及其功能如图 8-10 所示。

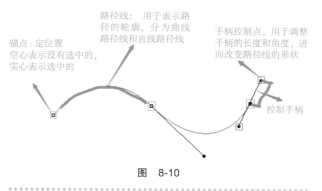

路径线：用于表示路径的轮廓，分为曲线路径线和直线路径线

手柄控制点，用于调整手柄的长度和角度，进而改变路径线的形状

锚点：定位置空心表示没有选中的，实心表示选中的

控制手柄

图 8-10

8.2.2 路径的存储格式

路径的作用是辅助用户进行高精度图形编辑及绘制几何图形。路径本身无法输出。

虽然在画板中绘制路径时会自动生成该路径，但如果不通过"工具栏"底部的"描边"功能对其进行描边，它在输出时依然不可见，如图 8-11、图 8-12 所示。

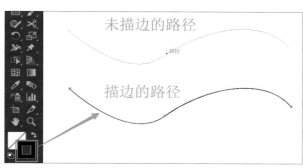

未描边的路径

路径

描边的路径

图 8-11

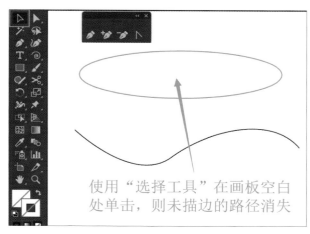

使用"选择工具"在画板空白处单击，则未描边的路径消失

图 8-12

存储时，可以将已经描边的路径和绘制好之后没有描边的路径存储为 *.AI 格式，看一下是否可以存储这两种形式的路径，如图 8-13 所示。

图 8-13

打开存储好的 *.AI 文件，可以清楚地看到两种形式的路径都被完好地保存下来，如图 8-14 所示。这说明 *.AI 格式是存储路径时比较妥善的一种格式。让我们再看一下有没有其他的相对存储体积较小的路径保存格式。

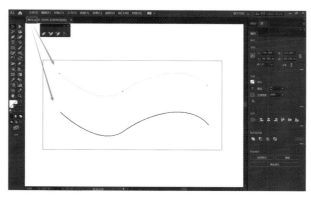

图 8-14

下面将绘制好的两条路径存储为预览常用的 *.JPEG 格式，如图 8-15 所示。

图 8-15

打开 *.JPEG 格式文件后可以看到，已经被描边的路径依然存在，未被描边的路径则不见了。这也验证了路径本身无法输出，在 Illustrator 中只是一种辅助性内容，需要靠描边来呈现，如图 8-16 所示。

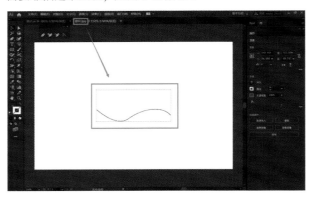

图 8-16

8.2.3 路径的隐藏和呈现

当使用"钢笔工具"准备绘制一段路径时，为了防止路径的附带颜色填充或描边等视觉信息干扰观察，可以将"工具栏"底部的"单色填充"和"描边"功能设置成"无"，使路径线之外的干扰信息不可见，如图 8-17、图 8-18 所示。

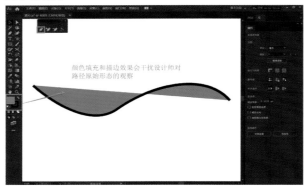

图 8-17

图 8-18

在 Illustrator 工作区的画板空白处单击，使路径处于未被选择状态，此时画板中的路径因为没有填充和描边颜色会被隐藏起来，如图 8-19 所示。

图 8-19

当绘制一段路径后，如果在画板中找不到该路径了，可以通过使用快捷键 Ctrl+A 全选画板中的信息，被隐藏的路径即可在画板中恢复显示，如图 8-20 所示。

图 8-20

吴老师说 大实话

● 在使用高精度图形编辑的方法制作商业案例时，设计师一般选择使用"钢笔工具"。这是因为所有对制作效果有精度要求的商业案例，都需要设计师对画面效果的精确度有保障，这也正是"钢笔工具"的作用所在。

● 使用"钢笔工具"，借助路径和锚点进行编辑时，所有的路径及锚点的位置和角度都是通过设计师主观创建出来的，因此对设计师操作的熟练度有很高的依赖。在实际工作中，"钢笔工具"应用非常广泛，是学习 Illustrator 时必须重点掌握的部分。

8.3 "钢笔工具"构形步骤及方法

"钢笔工具"可帮助设计师实现设计稿的高精度构形,只要对象有明确的边缘,即可进行高精度图形的编辑实现。"钢笔工具"构形有多种方法,用户要先对拟编辑对象进行结构分析,再通过合适的方法来实现。

8.3.1 构形对象分析

利用矢量对象构形,可以朴素地理解为如何处理好编辑对象边缘的直线与曲线路径线之间的关系。它是一个将矢量对象由基本形变化到复合形的过程。

图 8-21 所示为一个蝴蝶造型的电商品牌 Logo,设计人员在制作这个案例前,首先要分析它的形体组成。该 Logo 的主视觉是由蝴蝶的翅膀组成的,而每个翅膀都是由心形作为基础形,再经过造型加工后形成流线形态。两个这样的复合形体经过组合排布,配以触须装饰,形成了惟妙惟肖的蝴蝶形态。

图 8-22

图 8-21

通过对画面内容进行分析,读者很快可以发现,与前几章的案例相比,无法通过在 Illustrator "形状工具组"中找到直接合适的基本形来实现对该案例的构形。需要采用全新的方式解决基础形体的实现问题,再在此基础上拓展形体的细节。

这里可以给出制作该案例的顺序:把构成蝴蝶翅膀的心形绘制好→对心形的造型进行优化→完成另一个心形翅膀的搭配→制作蝴蝶弯曲的触须→调整触须和翅膀之间的比例关系→颜色填充→完成,如图 8-22 所示。

8.3.2 对象基础构形方法

新建画板,通过拖曳法将对标的素材拖曳到 Illustrator 工作区的画板中并进行嵌入和锁定,如图 8-23 所示。

图 8-23

使用"椭圆工具",按住 Shift 键拖曳绘制正圆形,选择"工具栏"中的"吸管工具",在素材绿色部分通过单击取色,使绘制的正圆形填充成对标案例的颜色,如图 8-24 所示。

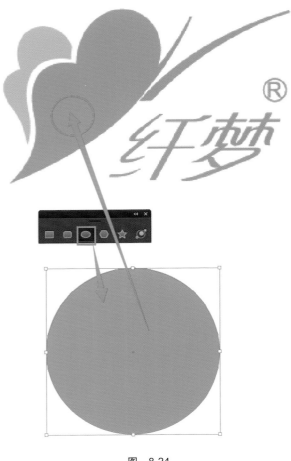

图 8-24

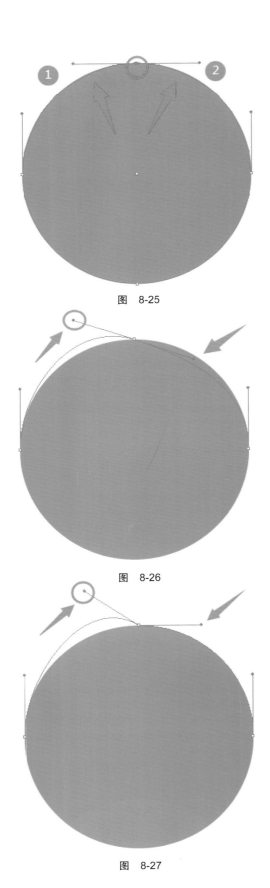

图 8-25

图 8-26

图 8-27

使用"直接选择工具"选择正圆形顶部的锚点，此时可见该锚点左右两侧分别有两个控制手柄，如图 8-25 所示。

使用"直接选择工具"向上拖曳其中一个手柄控制点，可见两个手柄呈一条直线同时发生位移，如图 8-26 所示。

按快捷键 Ctrl+Z 退回到对象的原始状态后，按住 Alt 键，再次使用"直接选择工具"向上拖曳其中一个手柄控制点，此时两个手柄以锚点位置为界发生折断，如图 8-27 所示。

技术雕点　构形前一定要先进行对象分析，尤其是曲线部分的形体结构，避免因曲线不流畅而出现边缘"卡顿"的情况。操作时，务必合理布局锚点位置以保障对象边缘效果流畅。

释放 Alt 键，使用"直接选择工具"向上拖曳右侧手柄控制点，保持两个手柄方向和长度对称，使之形成"V"字形，如图 8-28 所示。

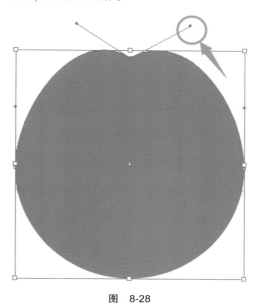

图　8-28

使用"直接选择工具"选择正圆形底部的锚点，并利用同样方法拖曳该锚点的手柄控制点，使其形成"V"字形，如图 8-29 所示。

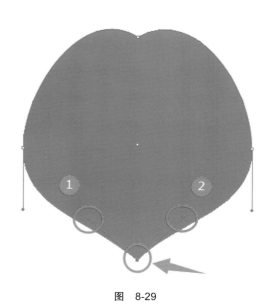

图　8-29

使用"直接选择工具"框选住对象左右两侧的两个锚点，此时锚点变为蓝色实心正方形，说明其已被选择，如图 8-30 所示。

图　8-30

按↑方向键对已选择的锚点进行垂直上移到合适位置，从而完成了正圆形 4 个默认锚点的形态编辑，此时正圆对象变为心形，如图 8-31 所示。

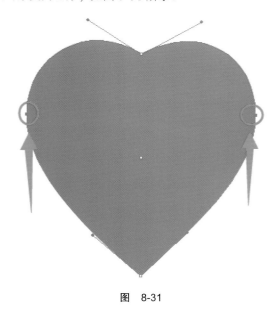

图　8-31

8.3.3　对象拓形方法

通过分析参考素材可见，心形要想编辑成蝴蝶翅膀的形状，其底部尖角需左移，心形顶部左侧"肩膀"需调低，右侧"肩膀"需调高，且左侧"肩膀"整体面积应小于右侧"肩膀"面积，如图 8-32 所示。

123

图　8-32

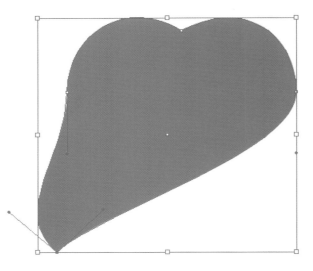

图　8-34

通过分析参考素材可见，素材中蝴蝶翅膀底部尖角
整体向左下方呈流线型甩尾效果，而设计稿的底部尖角
上锚点的控制手柄呈朝上的"V"字形，需要进一步调
整两个手柄的控制点，使其指向与参考素材一致，如
图 8-35 所示。

使用"直接选择工具"选择心形底部的锚点，将其
向左水平拖曳，如图 8-33、图 8-34 所示。

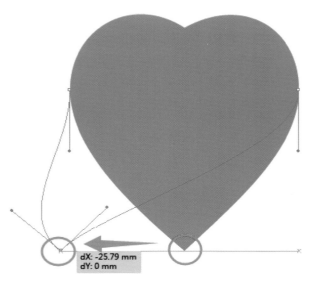

dX: -25.79 mm
dY: 0 mm

图　8-33

图　8-35

使用"直接选择工具"，依据参考素材方向分别向
右上和右侧拖曳两侧手柄控制点，使对象左下方呈流线
型甩尾效果，如图 8-36 所示。

图 8-36

参考素材中，左侧"肩膀"明显小于右侧，在设计稿构形时，就要通过合理调度对象上关键锚点的位置，使其达到有效分割造型各局部比例关系的目的。

图 8-37

本案中，要想使左侧"肩膀"变小，就要将两个"肩膀"中间的锚点左移，使形体的左侧区域被挤压，同时释放更多空间给右侧区域，如图 8-37 所示。

使用"直接选择工具"，向左拖曳两个"肩膀"中间的锚点到合理的位置，如图 8-38 所示。

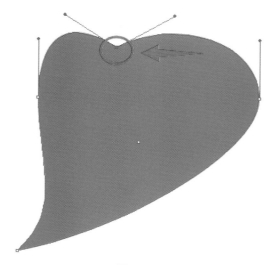

图 8-38

使用"直接选择工具"，调整顶部锚点手柄控制点位置，使其向左侧平压造型的左侧"肩膀"顶部，同时将造型左侧锚点的位置调低，使其趋近于参考素材的造型特征，如图 8-39 所示。

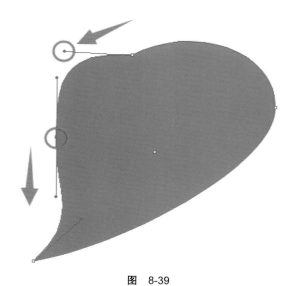

图 8-39

使用同样方法将右侧"肩膀"两侧锚点的手柄控制点位置调高，使右侧"肩膀"整体凸起，如图 8-40 所示。

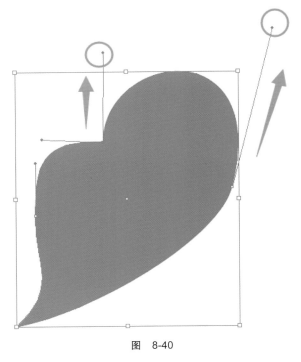

图 8-40

通过使用"直接选择工具"进一步对造型的锚点位置和手柄控制点方向、长度进行微调，使造型达到参考素材效果，如图 8-41 所示。

图 8-41

- 之所以要把造型的锚点位置和手柄控制点方向、长度微调好，是为了使接续的工作更加方便，因为另一只翅膀的造型是以该造型为基础的。如果基础造型就问题重重，则会最终影响整个设计稿的质量。
- 编辑曲线路径线时，要格外注意出现 S 形弧的路径线交汇时，确保 S 形弧交汇处的曲线自然、流畅，切勿出现凸点等不连续的路径交接情况。曲线路径线之间的交汇也应尽可能平直流畅。因此，一条 C 形弧编辑好后，编辑连续的 C 形弧时必须在弧线的角度和方向上考虑临近弧线的角度和方向。只有将它们都耐心地调整到位，才能呈现出理想的效果，如图 8-41 所示。

使用"选择工具"并按住 Alt 键向左拖曳，移动复制该造型，如图 8-42 所示。

使用"选择工具"，按住 Shift 键和 Alt 键对复制的对象进行等比例缩小，使其大小与参考素材中较小翅膀一致。并拖曳该对象四周任意一个控制点对其进行旋转操作，使其角度与参考素材中较小翅膀一致，如图 8-43、

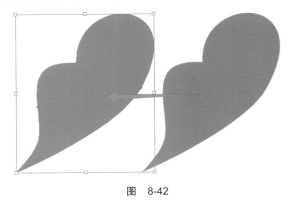

图 8-42

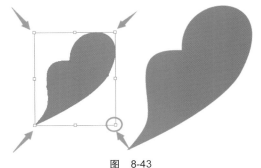

图 8-43

图 8-44 所示。

图 8-44

图 8-46

8.3.4 "钢笔工具"定位点选取

通过分析参考素材可见，参考素材中较小的翅膀与较大翅膀相叠的部分有一个明显的转角，同时该对象的右下部边缘凹入了形体内部，如图 8-45 所示。

通过与参考素材对比，可以看到参考素材中较小的翅膀的右下部边缘凹入形体形成了很圆的曲线，而我们的设计稿相对应位置的曲线边缘效果却相对平直。

如果单纯通过调整该条路径线两端的锚点位置或控制手柄位置，可能达不到深凹的效果，甚至还可能触碰到其他路径的形态。

解决这一类问题时，可以通过为路径添加锚点的方法在路径上增加定位点来解决。定位点就像驿站，起到为路径走向变化"搭桥"的作用。使用"钢笔工具"或"添加锚点工具"在路径的合适位置上单击，即可添加锚点，如图 8-47 所示。

图 8-45

使用"直接选择工具"，参照参考素材的造型选择对象右侧锚点，并按 Alt 键拖曳其底部的手柄控制点至左侧，使对象右下部边缘凹入形体，如图 8-46 所示。

图 8-47

127

使用"直接选择工具"，选择新添加的锚点，并参照参考素材的造型向左拖曳其位置，使路径深凹于对象中，如图 8-48 所示。

图 8-48

使用"选择工具"，将较小的翅膀对象向右拖曳，使其与较大的翅膀对象相拼合。结合参考素材的实际效果，确认或微调设计稿的造型，使两个对象之间的槽口间距一致且边缘平滑，如图 8-49 所示。

图 8-49

调整好造型后，使用快捷键 i 切换到"吸管工具"，在对标素材的浅绿色区域单击，为造型设色，如图 8-50 所示。

图 8-50

8.3.5 "钢笔工具"操作误区

接下来制作蝴蝶的触须。触须的结构相当于在矩形的基本形基础上进行弯曲，因此可以先绘制矩形，因矩形只在 4 个角点上有锚点，可以在矩形的两个长边的中部位置添加锚点，然后移动这两个新加的锚点位置使矩形变弯曲，从而实现触须效果，如图 8-51 所示。

图 8-51

绘制好合适大小的矩形后，使用"钢笔工具"或"添加锚点工具"在矩形的两个长边的中部位置单击，为矩形添加锚点，如图 8-52 所示。

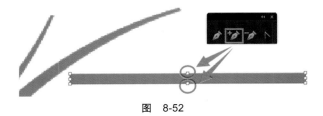

图 8-52

使用"直接选择工具",框选新添加的两个锚点向上拖曳,此时矩形对象被折断,并未生成预期的弯曲效果,如图8-53所示。

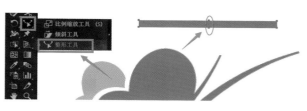

图 8-54

使用"直接选择工具",框选新添加的两个锚点向上拖曳,此时矩形对象变为弯曲的异形对象,如图8-55所示。

图 8-53

为什么在蝴蝶的翅膀对象上添加锚点就可以构建出弯曲的路径,而同样的方式用在新建的矩形对象上就不奏效了呢?

事实上,在使用"钢笔工具"或"添加锚点工具"在蝴蝶翅膀上添加锚点时,被添加锚点的路径本身就是曲线路径,只有在曲线路径上添加锚点,才会生成自带控制手柄的锚点。

而对于触须的绘制,因为新建的矩形对象的4条边都是由平直的路径围合而成的,对其添加的锚点自然不会自带控制手柄。而只有控制手柄才能带动有曲率的路径,因此在对新锚点拖曳移位时,它就不能带动其附近的路径弯曲,最终形成了如图8-53所示的折角造型。

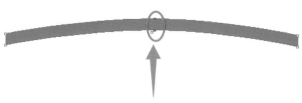

图 8-55

使用"直接选择工具",选择对象左下和右下两个锚点,分别向右和向上移动,使其成为参考素材中触须的流线型效果,如图8-56所示。

8.3.6 "整形工具"定位点选取

为解决这一问题,Illustrator在其"工具栏"中开发了"整形工具",通过使用"整形工具",用户可以用与"钢笔工具"或"添加锚点工具"对路径添加锚点相同的方法,通过在路径上单击,为矩形添加锚点。此时生成的新锚点将自带控制手柄,如图8-54所示。

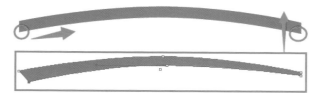

图 8-56

8.3.7 "镜像工具"应用方法

使用"选择工具"选择制作好的触须对象,双击"工具栏"中的"镜像工具"图标,此时会出现"镜像"对话框,设置"轴"的方向为"水平",同时勾选"预览"查看效

使用"钢笔工具"编辑对象要谨记以下3点原则:

- 拟编辑对象必须有相对平直且明晰的边缘,使用"钢笔工具"或"添加锚点工具"添加锚点发生定位错误时,可用快捷键Ctrl+Z退回上一步或使用"删除锚点工具"删除定位不合适的锚点并重新添加,不要得过且过,要遵照对标稿的效果,见贤思齐。
- 矢量图形有放大不失真的特点,在利用"钢笔工具"编辑对象时要力求精细,如果设计效果经不起放大后的推敲,则失去了"钢笔工具"编辑的意义。
- 拟编辑对象必须先进行放大显示,才可以使用"钢笔工具",这是因为"钢笔工具"是通过其生成的路径线和锚点、控制手柄这类的辅助内容实现的。设计内容放大或缩小时,路径、锚点和控制手柄的显示大小不会相应发生任何变化,因此画面细节内容的编辑必须依靠对拟编辑对象的放大显示才能实现,否则同样失去了"钢笔工具"编辑的意义。

果，此时画板中的对象将会以水平方向为轴进行镜像翻转，若镜像后效果满意，则可单击"复制"按钮以复制镜像结果。注意不要单击"确定"按钮，那样画板上将不会保留镜像前的原始对象，如图 8-57、图 8-58 所示。

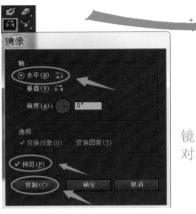

镜像后生成另一只对称的触须

图　8-57

图　8-58

使用"选择工具"选择两个触须对象，分别对其进行适度的旋转和缩放，将其移动到合适的位置，使其与参考素材中触须相应的角度和布局一致，如图 8-59 所示。

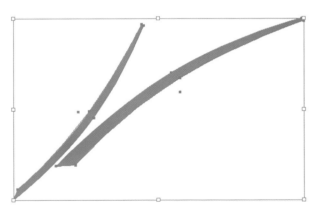

图　8-59

在 Illustrator 中，"选择工具"是无法直接编辑路径线的，编辑路径线必须使用"直接选择工具"。

将两个触须对象与两个翅膀对象进行组合，将其移动到合适的位置后，与参考素材进行对比，如有问题应及时调整，如图 8-60 所示。

图　8-60

至此，本章对"钢笔工具组"的相关工具的应用方法就介绍完了。"钢笔工具"是重要的高精度图形编辑工具，鉴于其属于主动类工具，需要设计师自主定位相关锚点的精确位置及路径曲率等，想得到高水准的设计作品与设计师平时大量的实操练习是分不开的。

读者需要特别注意对锚点定位及路径拖曳等方面的技巧训练，尤其是对有曲线边界对象构形方法的掌握。这些可利用有一定难度的对标素材进行训练，如图 8-61 所示。

图　8-61

"钢笔工具组"中的系列钢笔类工具虽然可以通过辅助路径线进行二次编辑帮助用户优化设计稿效果，但使用这些工具进行编辑时需要工具间的频繁切换，这也会大大增加用户的工作强度，所以在使用"钢笔工具"构形时要认真，尽可能精准到位以减少二次编辑。

从使用"钢笔工具"编辑第一个案例时，不少初学者就希望能把钢笔的操作方法和诀窍学会、练熟，然而拥有纯熟的应用技能似乎依然是少数人的事。这里和大家分享一下成为优秀设计师在图形编辑时要格外注意的几点。

- 钢笔编辑的原理：钢笔的核心原理就是利用"钢笔工具"编辑路径线，通过编辑精确路径围合成需要编辑内容的形状，从而实现高精度效果。
- 路径绘制的技巧：直线路径线绘制遵循"两点一线"原则；曲线路径线绘制要通过恰当拖曳定位锚点形成控制手柄，拖曳的角度和方向准确性要多加练习。

本章主要快捷键一览表

快捷键	功能	使用备注
P	钢笔工具	绘制路径 / 编辑路径
O	镜像	字母"O"，非数字"0"
+/-	添加 / 删除锚点工具	用于添加 / 删除锚点
A	直接选择工具	用于编辑路径 / 锚点
Ctrl+ +/-	放大 / 缩小画板显示	用于细节制作
Alt+ 鼠标滚轮	放大 / 缩小画板显示	用于细节制作
空格	放大显示下的画板平移	用于细节制作
F	隐藏画板名称标签	按两次全屏显示画板
Tab	隐藏 / 显示所有面板及工具栏	用于增加编辑区面积
Shift+Tab	隐藏 / 显示所有面板	用于增加编辑区面积
Ctrl+Tab	切换打开的视图窗口	用于对标参考素材
Alt+Tab	切换显示 AI 及其他软件	用于设计师查找素材

第9章
Chapter 9

画　笔

　　"画笔工具"因其应用场景的多元化而备受用户青睐，越来越多的插画、漫画、游戏美术，以及时下流行的幼教宣传品等都依赖于使用"画笔工具"来实现产品化落地和创意宣传设计。

　　"画笔工具"可以通过设计师对其属性的自定义，来调整输出的轨迹形态和内容样式。本章将结合实际案例对"画笔工具"的使用方法、操作技巧，以及相关的属性设置方法进行系统讲解。

扫码下载本章资源

＊手机扫描下方二维码，选择"推送到我的邮箱"，输入电子邮箱地址，即可在邮箱中获取资源。

画笔
配套 PPT 课件

画笔
配套笔记

画笔
配套标注

画笔
配套素材

画笔
配套作业

9.1 "画笔工具组"的属性

利用"画笔工具组"内的"画笔工具"和"斑点画笔工具"的不同特点进行画面效果处理，在创意插画、游戏原画、手绘创作、工业设计、平面广告和电商视觉等创意作品中非常常见。可以说，"画笔工具"是 Illustrator 软件诸功能中的"重器"。画笔类工具应用场景多元化，在具体操作上有多种属性可供设计师根据需要进行配置。相关参数和属性的设置是掌握好其用法的重点和难点，也是决定画面效果与质量的关键。

9.1.1 "画笔工具"的属性

"画笔工具"位于"工具栏"的"画笔工具组"中，该工具组中最常用的是"画笔工具"。"画笔工具"按钮的图标是毛笔状，毛笔的英文名称叫 Brush，"画笔工具"的快捷键 B 就因此而得名。下面通过深入学习"画笔工具"来研究其属性，从而了解整个工具组。选择"画笔工具"，在 Illustrator 创建的画板上进行绘制，会根据用户拖曳的轨迹形成线段，如图 9-1 所示。

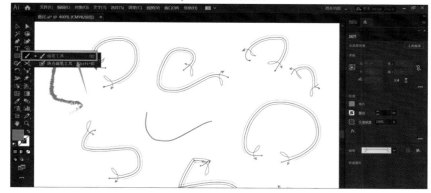

图 9-1

使用"直接选择工具"框选这些轨迹，会看到"画笔工具"绘制的线段的实际形态是路径，Illustrator 的"画笔工具"即是通过路径描边的方式在画板上实现留痕的，如图 9-2 所示。

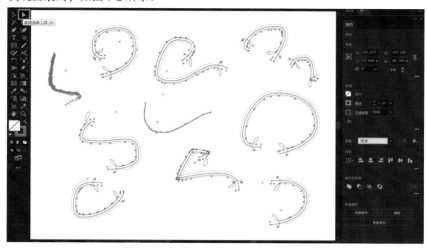

图 9-2

9.1.2 "斑点画笔工具"的属性

"斑点画笔工具"按钮的图标是在毛笔状的基础上有一块颜色，单击"斑点画笔工具"按钮后，鼠标指针呈圆形的笔头状，其快捷键是 Shift+B。通过中括号键（[ ]）可快速变更绘制轨迹的粗细，如图 9-3 所示。

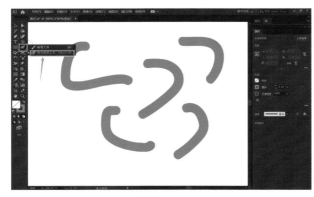

图　9-3

使用快捷键 Ctrl+A 全选这些轨迹，会看到"斑点画笔工具"绘制的内容的实际形态是单色填充，Illustrator 的"斑点画笔工具"即是通过矢量对象填充单色的方式在画板上留痕的，如图 9-4 所示。

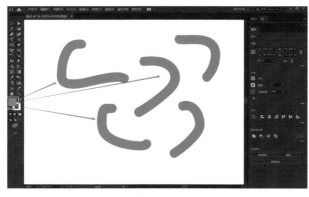

图　9-4

9.1.3 画笔属性设置

对于"画笔工具"绘制的内容，用户可通过执行"窗口→画笔"命令，打开"画笔"面板（快捷键是 F5），编辑画笔绘制的轨迹的属性和效果。单击属性栏中的"画笔样式"按钮，可以设置不同的画笔类型，如图 9-5、图 9-6 所示。

画笔工具的
使用方法

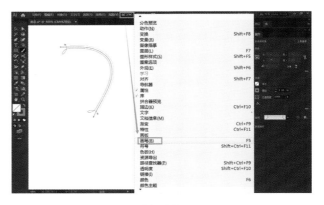

图　9-5

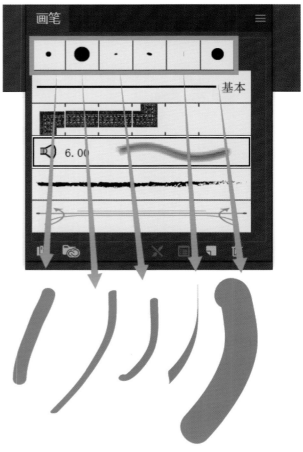

图　9-6

对于"画笔工具"绘制的矢量轨迹，用户可通过单击"画笔样式"列表中的缩览图，根据画面风格的实际需要编辑画笔绘制的轨迹的效果，如图 9-7~ 图 9-11 所示。

画笔工具的插画
绘制技巧

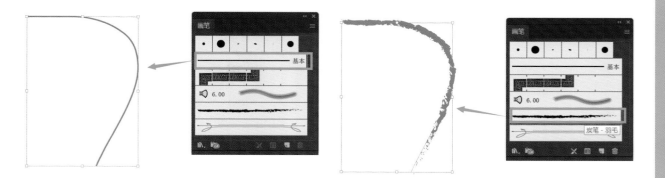

图 9-7 图 9-10

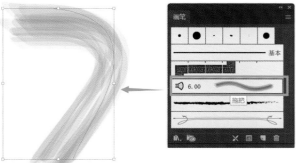

图 9-8

对于"斑点画笔工具"绘制的内容，用户通过单击"画笔样式"列表中的缩览图，可以看见其绘制的轨迹与"画笔工具"绘制效果的差异性，如图 9-12 所示。

图 9-11

图 9-9 图 9-12

9.2 画笔属性的预设

"画笔"属性是 Illustrator 针对"画笔工具组"开发的一个功能强大的参数预设模块。"画笔工具"和"斑点画笔工具"绘制的效果有赖于画笔属性形态的预定义，想要通过"画笔"属性设置使绘制出的形态满足设计师的预期，就需要了解如何对画笔的属性进行设置和调整。

9.2.1 画笔库的应用

单击"画笔"面板右上角的"抽屉"按钮，选择"打开画笔库"菜单，可见 Illustrator 为用户预设了多种实用的画笔类型，用户可根据实际需要选择，如图 9-13 所示。

图 9-15

9.2.2 路径与画笔风格应用

我们知道"画笔工具"绘制的内容是描边的路径轨迹，那么如果使用"钢笔工具"直接绘制路径，配合"画笔"属性设置，是否也能实现画笔效果呢？

使用"钢笔工具"通过单击生成锚点的方式，利用两点一线的原理绘制直线路径，并利用"选择工具"对其进行复制，如图 9-16 所示。

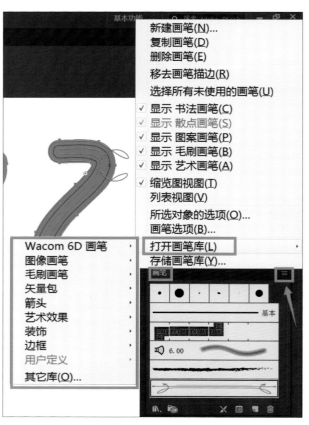

图 9-13

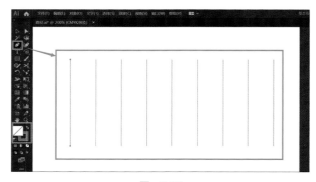

图 9-16

单击"画笔"面板右上角的"抽屉"按钮，执行"打开画笔库→矢量包→手绘画笔矢量包"命令，此时会在"画笔"面板里追加手绘画笔的笔刷，用户通过对画板中钢笔工具绘制的直线路径分别添加不同笔刷，也可将这些路径变为画笔效果，如图 9-17、图 9-18 所示。

若用户选择了"毛刷画笔→毛刷画笔库"菜单，则会打开"毛刷画笔库"面板，通过选择不同的毛刷画笔的笔刷效果来改变画笔绘制的轨迹形态，如图 9-14、图 9-15 所示。

图 9-14

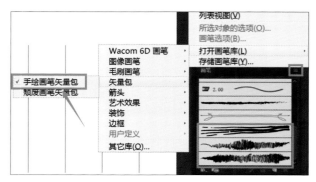

图 9-17

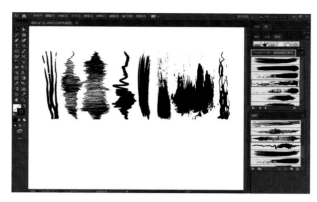

图 9-18

9.2.3 新建画笔方法

使用"星形工具"在画板中拖曳绘制一个星形对象，单击"画笔"面板右上角的"抽屉"按钮选择"新建画笔"命令，或单击"画笔"面板右下角的"新建画笔"按钮，可将画板中的矢量对象新建成为画笔，如图 9-19、图 9-20所示。

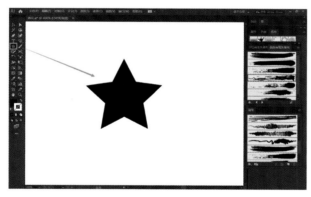

图 9-19

单击"新建画笔"按钮后，会出现"新建画笔"属性设置面板。选择"图案画笔"选项，单击"确定"按钮，可出现"图案画笔选项"设置面板，在这里可进行画笔"名称"和相关画笔效果参数设置，单击"确定"按钮即可完成新画笔的创建，并在"画笔"面板中以缩览图的形式追加该画笔样式。

使用"画笔工具"，单击"画笔"面板中新建画笔的缩览图可选择该笔刷，再在画板上进行绘制，即可绘制出新笔刷的效果，如图 9-21~ 图 9-23 所示。

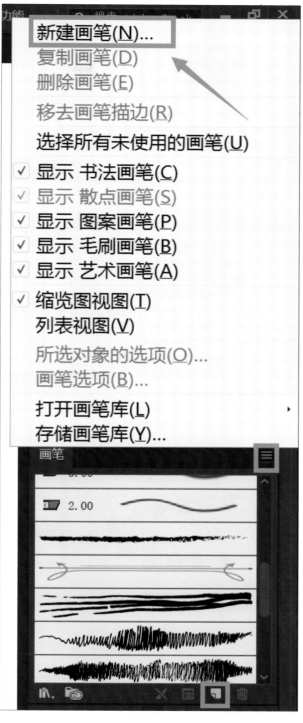

图 9-20

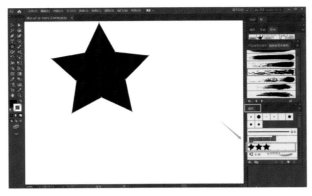

图 9-21

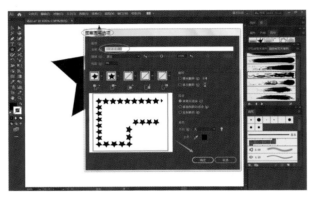

图 9-22

图 9-23

9.2.4　Illustrator 早期版本的画笔使用

　　在较早的 Illustrator 版本中（如 Illustrator CS6），"画笔工具"和"斑点画笔工具"并不在"工具栏"的一个工具组内，它们是两个独立的工具，但其各自功能与新版本 Illustrator 的两个工具相仿，图 9-24 所示为 Illustrator CS6 版本中"画笔工具"和"斑点画笔工具"在"工具栏"中的位置及其分别绘制出的轨迹。

图 9-24

　　在游戏原画或商业插画设计中，设计师主要依赖画笔类工具进行手绘实现，而在手绘过程中必须根据画面效果需要不断地调整画笔的属性设置，为保障创作过程的连续性，设计师往往直接使用快捷键来调整作业时画笔的大小。同时为了保证单幅画面效果的统一性，一件作品在创作过程中一般不会频繁更换笔刷形态。

描边与填充

矢量对象的描边与填充功能可以帮助设计师快速地实现基础单元内容的大面积着色，是一种高效实用的功能。描边与填充的合理应用也可以大大提升画面的品质感和视觉张力。

通过对本章内容的学习，读者可以快速了解描边与填充在项目应用中的方法。本章全面讲解描边与填充的技巧和操作诀窍，以及针对不同画面效果所使用的描边与填充的方法。

扫码下载本章资源

* 手机扫描下方二维码，选择"推送到我的邮箱"，输入电子邮箱地址，即可在邮箱中获取资源

描边与填充   描边与填充   描边与填充   描边与填充   描边与填充
配套 PPT 课件   配套笔记   配套标注   配套素材   配套作业

10.1　描边与填充的应用场景

> 描边是 Illustrator 中的一个快速增效功能，它通过对路径的参数化描边效果，可以使路径变得色彩绚丽、内容多样。描边的应用可以使矢量对象在保有可编辑属性的基础上更富视觉变化。

10.1.1　描边的应用需求

在学习描边的应用之前，首先要了解设计师为什么而描边。

前面的章节已经系统地讲到了，Illustrator 所操控的矢量对象是由路径围合形成的，而这里所谓的描边，描的对象正是构成这些矢量对象的路径。即是说，描边是建立在路径基础上的装饰和扩充。哪里有路径，哪里就构成了描边的场景。

如图 10-1、图 10-2 所示，可以看到这两个 Logo 的参考素材是由若干个线性框架结构组成的。所谓框架结构，是指对象主要依赖类似于描边的效果支撑画面关系，而非依赖矢量对象内的填充。当可以通过对描边的参数设置形成这样的效果时，就可以用描边的方法取代绘制图形再填充的传统方法，以便在实际工作场景中提高效率。

图　10-1　　　　　　　　　　　　　　图　10-2

想要快速批量形成这样的框架效果，就有必要找到其生成规律，描边在Logo 设计中的应用需求便出现了。

10.1.2　描边的应用原理

事实上，刚才提到的全部由线框结构组成的 Logo 只是相对极端的个案，实际商业设计中可能会是由线框和体块结合展现的。然而了解这种线性的构形形式却是有意义的，我们将在接下来的案例里详细剖析它的实际应用方法。

在学习及应用描边时可以与之前章节学习的矢量对象编辑的内容比较起来理解。图形是通过填充颜色落地的视觉形象，而描边则是对其轮廓结构的再现。

如图 10-1 所示的 Logo 效果，稍作分析就能得出一个结论：它是以矩形（正方形）为基本单位进行分解重构而生成的。可以简单地将其理解为一个单体（即矢量对象）的重组结构，只要完成一个单体的构架，然后对这一构架进行分解并重新组合，再通过 Illustrator 将必要的元素旋转移位就可以实现了。

10.1.3 制作描边单元

该设计稿主要由正方形构架构成，并在此基础上以中心十字分割的方式将其分割成四等份，其中右上角部分做了旋转和换色效果，如图 10-3 所示。

描边计算为内部填充

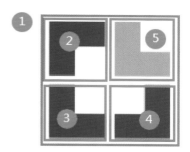

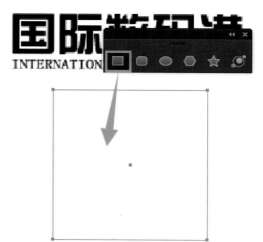

图 10-3

在 Illustrator 的画板中使用"矩形工具"，按住 Shift 键，参照参考素材比例绘制正方形对象生成设计稿轮廓，如图 10-4 所示。

图 10-4

执行"窗口→描边"命令或使用快捷键 Ctrl+F10 打开"描边"面板，如图 10-5 所示。使用便携式笔记本计算机的用户在使用快捷键 F1~F12 时，因为键盘中的 F10 键可能兼容了其他便携式功能，操作快捷键时需同时按住键盘左下方的功能键（Fn 键）才能生效。

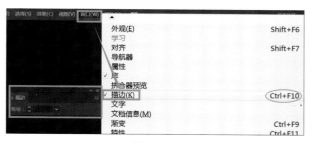

图 10-5

单击"描边"面板右侧"抽屉"按钮打开"显示选项"菜单，单击"显示选项"，可全部展开"描边"面板，如图 10-6 和图 10-7 所示。

图 10-6

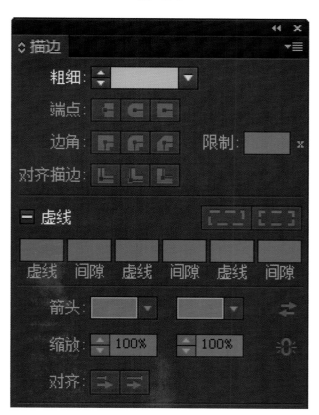

图 10-7

10.2 描边的应用方法

打开"描边"面板后，接下来就是将其效果应用在对象中。描边的应用不仅关系到矢量图形描边后的视觉化展现，更是设计效果的检验方法。通过描边的应用，可以从画面的最终效果检验出描边的参数设置是否合理，以便及时进行微调和改进。

10.2.1 描边的参数设置

选择绘制好的矩形对象，单击"工具栏"中的"吸管工具"，或使用快捷键 i 切换至"吸管工具"，按住 Shift 键在素材蓝色部分通过单击取色，使绘制的正方形变为蓝色描边效果，"描边"面板中描边"粗细"默认为"1pt"（pt 即描边宽度单位点 point 的缩写），如图 10-8 所示。

图 10-8

为了使绘制好的矩形对象描边效果与参考 Logo 一致，可将"描边"面板中描边"粗细"设置为"16pt"。描边

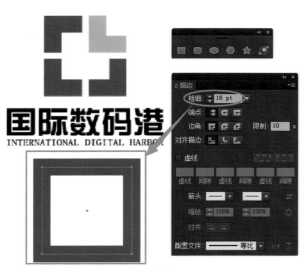

图 10-9

宽度的参数设置与在 Illustrator 中新建的画板尺寸有关。

想达到同样视觉效果，画板尺寸越大，参数设置就要越大，读者在实际操作练习和工作时都要以画面效果的实际情况为准，不要记背参数，如图 10-9 所示。

10.2.2 描边的注意事项

为了给对象赋予描边效果，用户在单击"工具栏"中的"吸管工具"吸取素材颜色时，必须同时按住 Shift 键，再在素材上单击取色，对象才能获取描边效果。

如用户吸取颜色时忘记按住 Shift 键，则对象上的效果会自动吸取成单色填充，如图 10-10 所示。

图 10-10

10.2.3 对象的分割

通过对参考素材的分析，可见该 Logo 是在正方形框架的基础上，以每个边的中点作为切割点，将正方形框架分为 4 部分，再各自移位，形成等距间隙，排列组合而成的，如图 10-11 所示。

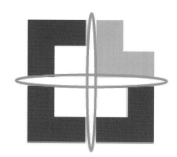

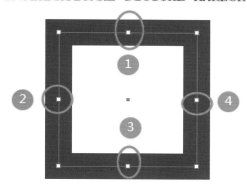

图 10-11

执行"窗口→路径查找器"命令或使用快捷键 Shift+Ctrl+9 打开"路径查找器"面板。

使用便携式笔记本计算机的用户要使用快捷键 Fn+Shift+Ctrl+9 才能生效，如图 10-12 所示。

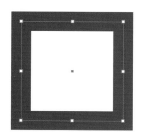

图 10-12

使用"钢笔工具"或"直线段工具"绘制一条水平的路径，两个工具绘制方法的区别如下：

● **"钢笔工具"绘制** 要先在画板上单击，生成一个锚点，再按住 Shift 键，此时可保证下一个锚点生成的位置与第一个锚点高度一致（或垂直），再在右侧较远的位置单击，生成另一个锚点，从而两个锚点间连接成一条水平路径。

● **"直线段工具"绘制** 要先按住 Shift 键，再在画板上从左向右直接拖曳，即可生成水平路径，如图 10-13 所示。

图 10-13

在正方形对象上，与其各边中心点相切，分别绘制水平和垂直的路径，确保两条路径长度大于正方形对象。

绘制路径时，为了保证与对象对位准确，要利用 Illustrator 绿色的自动参考线做参照，如图 10-14 所示。

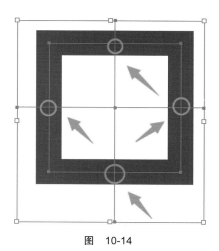

图 10-14

使用"选择工具"同时框选正方形对象和两条路径线，单击"路径查找器"面板中的"分割"按钮，对选中的对象进行分割。

"路径查找器"面板中的任何功能的正确启用必须以选中对象为前提，如图 10-15 所示。

143

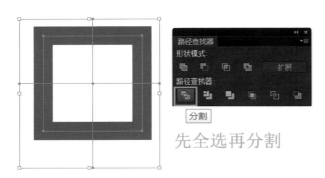

先全选再分割

图　10-15

单击"路径查找器"面板中的"分割"按钮后，对象被分割成"田"字形路径，如图 10-16 所示。

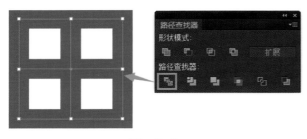

图　10-16

在被"分割"计算后的对象上右键单击，选择"取消编组"命令，或按快捷键 Shift+Ctrl+G 对对象取消编组。

"路径查找器"面板中的任何功能在启用后都自动转为编组状态，必须先取消编组对象才能继续编辑，如图 10-17 所示。

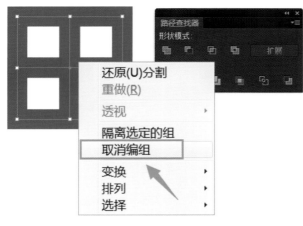

图　10-17

取消编组后，使用"选择工具"，从画板空白位置向图形对象拖曳框选底部两个"口"字形路径，并按↓方

向键对其进行移位，使其与上部两个"口"字形路径分离，如图 10-18 所示。

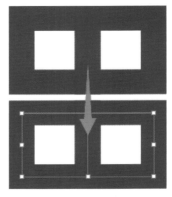

图　10-18

使用"选择工具"，框选左侧两个"口"字形路径，并按←方向键对其进行移位，使其与右侧两个"口"字形路径分离，如图 10-19 所示。

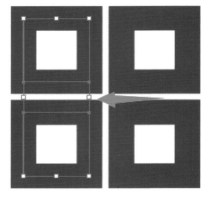

图　10-19

使用"直接选择工具"，在如图 10-20 所示位置框选择对象。

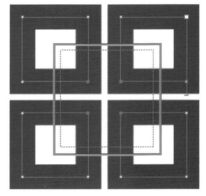

图　10-20

按 Delete 键删除"直接选择工具"所选的内容，如图 10-21 所示。

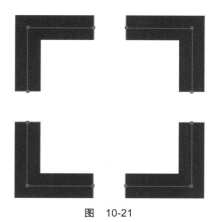

图　10-21

10.2.4　对象的细节调整

使用"选择工具"，分别框选 4 个"L"形路径，使用键盘方向键调整它们的间距到合理位置。

利用"选择工具"对对象右上角的"L"形路径进行旋转，使其开口朝向与参考图的 Logo 一致，旋转时可配合按 Shift 键强制角度以保证效果，如图 10-22 所示。

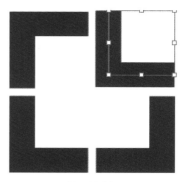

图　10-22

使用"选择工具"选择右上角的"L"形路径，同时按住 Shift 键，单击"工具栏"中的"吸管工具"吸取素材中的橙色，使其配色效果与参考的 Logo 一致，至此完成了使用路径描边制作的 Logo，如图 10-23 所示。

10.2.5　设计思路优化

通过对本章节内容的学习，我们了解了通过构建路径描边的方式快速生成 Logo 造型的方法，这与第 5 章

图　10-23

通过绘制较多矩形对象再进行对象内部单色填充的方法相比（见图 10-24），不仅大大提高了工作效率，而且避免了因绘制若干矩形对象大小不一致，影响作品质量的问题。希望读者掌握本章的知识点后，可以动手利用本章的制作方法重新制作第 5 章的案例，亲自感受效率与质量兼具的美好体验。

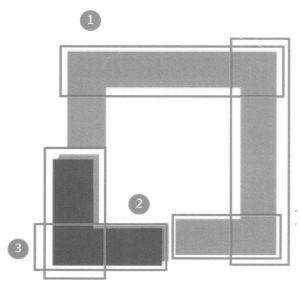

图　10-24

145

10.3 描边的拓展应用

描边可以与矩形矢量对象应用在一起，也可以与其他矢量对象，如椭圆形、圆角矩形，甚至是直线段结合应用，通过对不同对象的拓展应用，可以进一步了解不同对象的结构特征。通过描边在实际案例中的应用，也可以从画面的最终效果检验出描边的参数设置是否合理，以便满足最终效果的需要。

10.3.1 描边的框架分析

该设计稿主要由正圆形构架构成，并在此基础上创建一个较小的同心圆角矩形，再通过两个垂直的竖线将两形体连接起来，如图 10-25 所示。

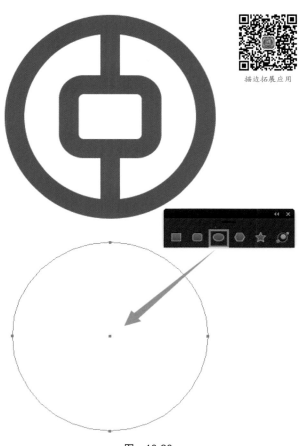

描边拓展应用

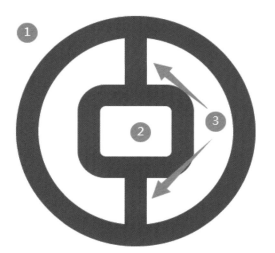

图 10-25

10.3.2 描边单元基础构形

在 Illustrator 画板中使用"椭圆工具"，按住 Shift 键，参照参考素材比例绘制正圆形对象生成设计稿轮廓，如图 10-26 所示。

图 10-26

执行"窗口→描边"命令或使用快捷键 Ctrl+F10 打开"描边"面板，选择绘制好的正圆路径，单击"工具栏"中的"吸管工具"，或使用快捷键 i 切换至"吸管工具"，按住 Shift 键在素材红色部分通过单击取色，使绘制的正圆形变为红色描边效果。

为了使绘制好的正圆形对象描边效果与参考 Logo 一致，将"描边"面板中描边"粗细"默认的"1pt"，设置为"14pt"，如图 10-27 所示。

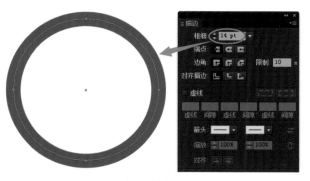

图 10-27

使用"圆角矩形工具"，将鼠标放在正圆形的中心点上，按住 Alt 键，绘制与正圆形同心的圆角矩形，绘制时参照参考素材的比例，并添加合适的描边效果，如图 10-28 所示。

使用"直线段工具"，先按住 Shift 键，再在画板上从上向下拖曳，绘制两条垂直路径。绘制时参照参考素材的位置和长度，并添加与正圆形和圆角矩形同样宽度的描边效果，如图 10-29 所示。

图　10-28

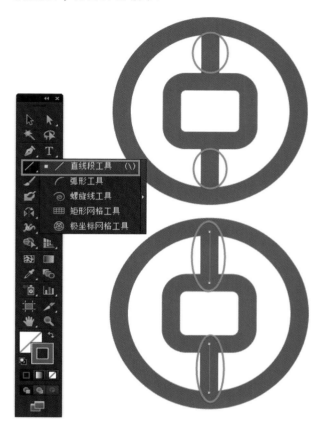

图　10-29

通过本案的学习，读者在掌握采用矢量对象路径上描边的方式制作 Logo 的同时，还要清楚地知道，很多设计项目采用矢量对象内填充颜色的方法是难以实现的，要在日后的设计实践中先分析对象形态，再采用合适的制作方法。

第11章
Chapter 11

文字工具及应用

　　Illustrator 中"文字工具组"的功能不仅关系到文字的输入，还涉及文字的排版方法、应用规范和应用场景等多个方面。本章将结合"文字工具组"内相关工具的功能特点，通过实际案例的具体操作，使读者掌握"文字工具组"内各工具结合应用的方法。本章旨在引导读者熟悉"文字工具组"的用法，在实际应用中举一反三。

扫码下载本章资源

＊手机扫描下方二维码，选择"推送到我的邮箱"，输入电子邮箱地址，即可在邮箱中获取资源。

文字工具及应用　　文字工具及应用　　文字工具及应用　　文字工具及应用　　文字工具及应用
配套 PPT 课件　　配套笔记　　　　配套标注　　　　配套素材　　　　配套作业

🏛 核心要点

/////////////////////////////

- 本章将全面介绍文字类工具的应用方法。
- 从掌握"文字工具组"内各工具基本功能出发,结合各相关工具操作方法和之前所学其他方面的软件操作技能,系统地解决实际问题。

🎖 章节难度

/////////////////////////////

⭐ ⭐ ⭐

💎 学习重点

/////////////////////////////

- 了解文字及"文字工具组"的特点。
- 掌握"文字工具组"各个工具的使用方法及应用场景。
- 了解新版 Illustrator"文字工具组"的新功能。
- 全面掌握"文字工具组"的使用方法,并能结合实际案例举一反三地进行应用。

11.1 文字及"文字工具组"

"文字工具"是 Illustrator 中重要而特殊的工具,它不仅可以帮助设计师在画板上输入字符,更能通过相关属性参数的设置,生成不同的文字样式。通过文字及"文字工具组"操作方法的学习,了解"文字工具"实际应用技巧,有助于提高设计师完成原创项目的综合能力。

11.1.1 "文字工具组"介绍

"文字工具"是"文字工具组"的代表性工具,它的快捷键是 T (T: Text,即文案)。新版 Illustrator"工具栏"中的"文字工具组"由"文字工具""区域文字工具""路径文字工具""直排文字工具""直排区域文字工具""路径直排文字工具""修饰文字工具"7 部分构成,如图 11-1 所示。

当使用该工具组内的"文字工具"时,只需在画板上单击即可输入字符,中文版 Illustrator 默认字符是"滚滚长江东逝水",用户可以根据实际需要输入或粘贴指定的文案,如图 11-2 所示。

图 11-1   图 11-2

如果要输入的文字数量较少,可以使用"文字工具"在画板上直接单击输入或粘贴文字。如果文字数量较多或成段落,可以像使用"矩形工具"拖曳绘制矩形一样,先拖曳出文本框后再输入或粘贴文字,如图 11-3 所示。

如果通过拖曳文本框的方式编辑段落文字,文字内容会自动排列在文本框内。用户可以像拖曳矩形对象界定框一样来调整文本框的大小,以重组段落文字在画板上的排列形式,如图 11-4 所示。

图 11-3   图 11-4

"文字工具"的"属性"面板内容比较丰富，关于文字的字体、字号，文字的对齐方式、颜色选项以及相关参数设置应有尽有。用户可以通过执行"窗口→属性"命令打开"属性"面板，如图11-5所示。接下来将以案例实操的形式对该工具的使用方法进行详细讲解。

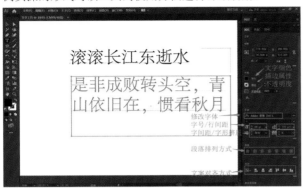

图 11-5

11.1.2 "文字工具"和"直排文字工具"

在一般应用场景下，使用默认的"文字工具"即可。当需要文字竖向排列时，需要使用"直排文字工具"操作，只需在"文字工具组"内选择"直排文字工具"即可输入竖向排列的文字，竖向段落文字使用方法与"文字工具"输入段落文字方法相同，如图11-6所示。

文字工具和直排文字工具

图 11-6

11.1.3 "区域文字工具"应用方法

"区域文字工具"的使用方法和"文字工具"基本类似。不同之处在于，在画板上使用"区域文字工具"输入文字前，要先有区域文字可以贴合的路径，区域文字会以路径为边界，排列在路径所圈定的范围内。

区域文字工具和直排区域文字工具

例如，使用"多边形工具"在画板上绘制一个六边形路径，再选择"区域文字工具"在该路径上单击并输入或粘贴文字，文字就会自动排列到以该六边形为界的路径范围内，如图11-7、图11-8所示。

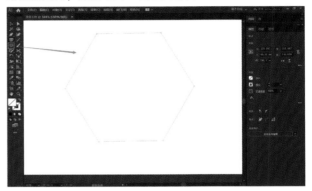

图 11-7

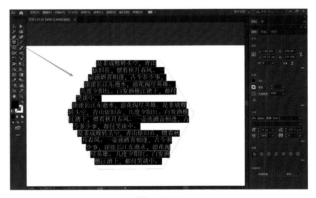

图 11-8

任何画面的视觉信息都是由图形、图像、文字组成的。其中文字在画面中的应用非常重要。文字的应用要做到以下几点：

● 文案的识读性：即设计师无论输出什么样的文案信息，都要保证在画面中的可读性和易读性，这是文字应用的前提条件。

● 字体的匹配性：文字不仅要可识读，还要选择合适的字体。字体的选择要与画面想表达的内容以及文案信息本身要表现的内容相匹配。

● 构图的美观性：文字是视觉设计不可或缺的组成部分，同时也以其独有的方式表现画面的骨骼系统和构图关系。文字设计不仅要考虑文字本身的表现性，还要同画面中的其他要素综合起来考虑整体构图的美观性。

11.1.4 "直排区域文字工具"应用方法

"直排区域文字工具"的使用方法和"区域文字工具"基本类似，不同之处在于，在画板上使用"直排区域文字工具"输入文字前，要先有区域文字可以贴合的路径，区域文字会以路径为边界，竖向排列在路径所圈定的范围内。

比如，使用"星形工具"在画板上绘制一个五角星路径，再选择"直排区域文字工具"在该路径上单击并输入或粘贴文字，文字就会自动竖向排列到以该五角星为界的路径范围内，如图 11-9、图 11-10 所示。

图　11-9

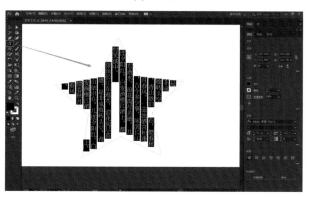

图　11-10

11.1.5 "路径文字工具"应用方法

使用"路径文字工具"时，需要用户在输入文字前，先绘制路径文字可以贴合的路径，路径文字会以该路径为边界，出现在路径轨迹上。

例如，使用"钢笔工具"在画板上绘制一个曲线路径，再选择"路径文字工具"在该路径上单击并输入或粘贴文字，文字就会自动出现在路径上并以曲线排列，如图 11-11、图 11-12 所示。

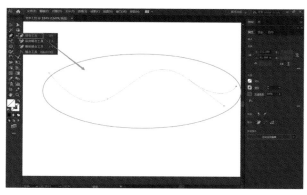

图　11-11

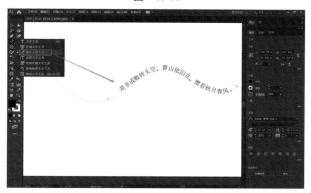

图　11-12

11.1.6 "直排路径文字工具"应用方法

"直排路径文字工具"的使用方法和"路径文字工具"基本类似，不同之处在于，在画板上先绘制路径文字可以贴合的路径，路径文字会以该路径为边界，竖向排列在路径轨迹上。

路径文字工具和直排路径文字工具

比如，使用"钢笔工具"在画板上绘制一段曲折路径，再选择"直排路径文字工具"在该路径上单击并输入或粘贴文字，文字就会自动竖向排列在路径上，如图 11-13、图 11-14 所示。

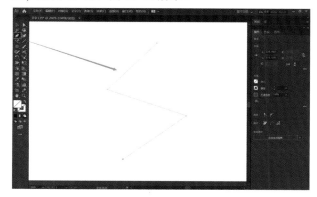

图　11-13

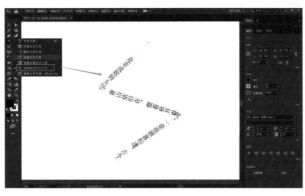

图　11-14

图　11-16

11.1.7　"修饰文字工具"应用方法

"修饰文字工具"是针对单个文字进行修饰和编辑的。

比如，使用"文字工具"在画板上单击生成一排文字，再使用"修饰文字工具"单击选择某一文字，该文字将被蓝色边框框住，此时即可对该文字进行单独编辑。如拖曳蓝色边框顶部的圆环标记，可对该文字进行单独的旋转操作，也可以进行字号调节等其他修饰和编辑，如图 11-15~ 图 11-18 所示。

图　11-17

图　11-15

图　11-18

11.2　"文字工具" 的属性设置

> "文字工具"具有极高的场景适用性，配合属性设置可以制作出很多有实用价值的视觉效果。
>
> 通过对"文字工具"属性设置的了解，读者可以举一反三地学会"文字工具组"内其他相关工具的属性设置方法。这可以让初学者根据项目案例的特点，灵活利用文字相关属性设置的技巧开展工作。本节以"文字工具"为切入点，系统剖析"文字工具"属性的综合设置方法。

11.2.1 "文字工具"的属性

下面了解"文字工具"的相关属性设置。使用"文字工具"在画板上输入文字后，可在"属性"面板中选择字体，同时选择字体的粗细体（根据不同字体厂商的实际情况，部分字体只有一种粗细形式，无法选择标准字体 Regular 或加粗字体 Bold），如图 11-19 所示。

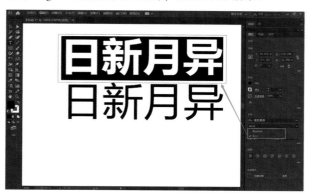

图 11-19

11.2.2 文字大小的调整

文字的大小若需要调整，可先选中要编辑的文字，在"属性"面板中选择相应的字号以调整文字大小，或选中文字后使用快捷键调整文字大小。Shift+Ctrl+> 是放大文字的快捷键，Shift+Ctrl+< 是缩小文字的快捷键，如图 11-20 所示。

图 11-20

文字的字号、字间距、行间距等参数在"属性"面板中均可调整，建议初学者使用快捷键代替，以提高工作效率。

11.2.3 调整字间距和行间距

在有段落文字的设计稿中，会涉及文字的字间距及行间距的编辑。可先选中要编辑的文字，在"属性"面板中调整相应的参数，也可以在选中文字后使用相应的快捷键进行快速编辑。Alt+ ←或→方向键可调整字间距，Alt+ ↑或↓方向键可调整行间距，如图 11-21 所示。

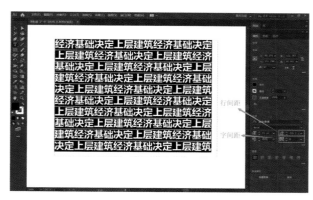

图 11-21

11.2.4 调整字体颜色

在有段落文字的设计稿中，也会涉及文字的配色编辑。可先选中要编辑的文字，在"属性"面板中"填色"选项中选择所需颜色，如图 11-22 所示。

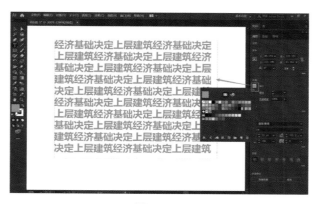

图 11-22

在了解了"文字工具组"内相关工具的使用方法后，我们会在后面的章节中，连同 Illustrator 的其他功能，将文字在实际项目中的应用方法进行系统化讲解。

本章主要快捷键一览表

快 捷 键	功 能	使用备注
Ctrl+S	存储文档	
A	直接选择工具	
Shift+T	"修饰文字工具"	
F5	调整画笔属性	
C	裁剪工具	Cut
T	"文字工具"	Text
Shift+Ctrl+< >	文案大小调整	文案选中后使用
Alt+ 上下方向键	调整文字行间距	文案选中后使用
Alt+ 左右方向键	调整文字字间距	文案选中后使用
V	"选择工具"	
P	"钢笔工具"	
M	"矩形工具"	
L	"椭圆工具"	
B	"画笔工具"	
Shift+B	"斑点画笔工具"	
Shift+Ctrl+F9	路径查找器	

第四篇
Illustrator 参数化设计

Illustrator 参数化设计篇（第 12 ~ 15 章），主要讲解了"形状工具组"及矢量图形应用方法、"路径查找器"与布尔运算功能、偏移路径的应用方法等内容。

形状与路径应用

第12章

Chapter 12

形状与路径是 Illustrator 中矢量制图的核心要素。因矢量图形具有易编辑、不失真等明显优势，所以在企业标识设计、交互图标设计、产品展示设计等诸多领域可以进行广泛应用。

利用形状与路径各有特点又相互统一的关系，可以通过对形状与路径的编辑，来调整输出矢量对象的特定形态。本章将结合实际案例对形状与路径的使用方法、操作技巧，以及相关的属性设置方法进行系统讲解。

扫码下载本章资源

★ 手机扫描下方二维码，选择"推送到我的邮箱"，输入电子邮箱地址，即可在邮箱中获取资源。

形状与路径应用 配套 PPT 课件　　形状与路径应用 配套笔记　　形状与路径应用 配套标注　　形状与路径应用 配套素材　　形状与路径应用 配套作业

12.1　路径及构形法则

Illustrator 是一款处理矢量对象为主的软件，矢量形状是由路径组成的，但路径只能绘制由锚点围合的路径线；而形状则可以通过在路径线的基础上填充颜色，构成各种视觉产品的基本单元。利用这一特点，通过采用将路径描边的效果扩展为形状的颜色填充的方法进行设计，将会大大降低画面出错率，提高设计稿品质。

12.1.1　形状与路径的区别

对于较复杂的案例来说，组成案例的对象既有描边效果，又有填充效果。而案例整体效果如何，要依赖于描边和填充效果的结合。这类需求就规定了设计师在处理类似画面效果时，要在完成编辑基本构形框架的基础上，主动地将描边效果生成的对象扩展为填充，以保证组成画面对象在颜色填充方法上的一致性，从而保证理想的设计结果。

形状和路径构成的视觉产品在现实应用中屡见不鲜，它们共同组成了设计作品中的图形元素，如图 12-1、图 12-2 所示。

图　12-1

图　12-2

12.1.2　形状与路径视觉元素构成分析

下面通过一个奥运会比赛项目的标志案例作为切入点，分析描边扩展为填

形状与路径的两大特点如下：
● 形状是围合着的路径在有颜色填充下的状态。
● 路径是 Illustrator 生成形状的辅助要素，依赖描边而成像，形成视觉对象。

充的需求的解决办法。该标志主要由不同朝向并富有动感的曲线路径描边组成。在此基础上，为了构建运动员形象，将正圆对象加入运动员的头部位置，形成了栩栩如生的运动场面，如图 12-3 所示。

图　12-3

　　在 Illustrator 画板中对标设计稿，使用"钢笔工具"，先在运动员头部位置处单击生成第 1 个锚点定位点，再在运动员膝关节位置单击确定第 2 个锚点定位点。

　　单击确定第 2 个锚点定位点的同时不释放鼠标并向下拖曳，使"钢笔工具"绘制出的路径变为曲线路径，拖曳的角度和方向要与参考图中运动员弯腰造型的角度保持一致，如图 12-4 所示。

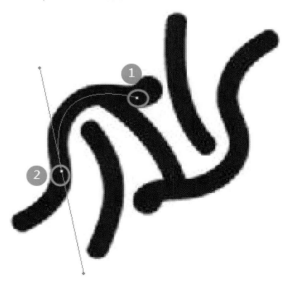

图　12-4

　　从第 2 个锚点定位点的位置开始向下至运动员脚踝定位第 3 个锚点定位点并拖曳，使路径方向与运动员抬腿造型的方向保持一致，如图 12-5 所示。

图　12-5

　　在使用"钢笔工具"绘制曲线路径线时，要格外注意出现 S 形弧的路径线交汇时，确保 S 形弧交汇处的曲线自然、流畅，切勿出现凸点等不连续的路径交接情况。

　　在具体操作层面上，一条 C 形弧绘制好后，绘制接续的 C 形弧时必须在弧线的角度和方向上考虑上一条弧线的角度和方向。

　　本案中，要使弧线与参考的对标设计稿中运动员弯腰造型的角度保持一致，可以在绘制路径后通过为路径增加合适宽度的带对比色的描边效果，将自己的设计稿与对标参考图进行效果对比，如图 12-6 所示。

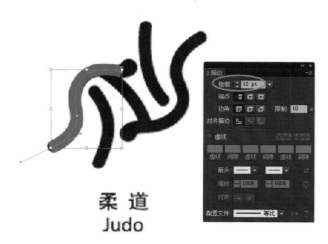

图　12-6

12.2 形状与路径的结合应用方法

Illustrator 对形状与路径的结合应用赋予了很多实用功能，通过对形状与路径的绘制、形状与路径的编辑、形状与路径颜色的填充、填充后要素的视觉优化等的了解，可以初步建立起对形状与路径应用概念的认知，即它们是利用颜色填充的方法构建画面要素，用以生成主体形象，形成画面的基本架构的。

12.2.1 视觉元素构成分析与应用

通过进一步分析标志的细节，可见标志中构成运动员的线形均以圆头作为端点，而使用"钢笔工具"绘制的路径在描边后，两侧端点均为平头端点，如图 12-7 所示。

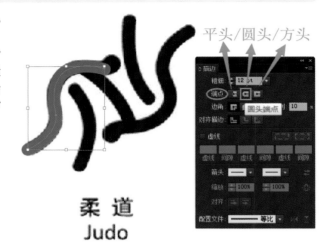

图 12-8

12.2.2 视觉元素的拓展

用同样的方法使用"钢笔工具"绘制运动员带有着力点的腿，注意此腿起到支撑运动员身体的作用，故其曲率没有第 1 条路径那样大，如图 12-9 所示。

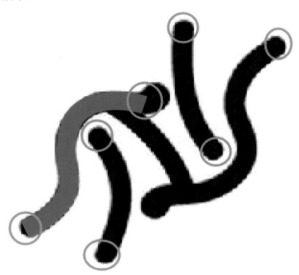

图 12-7

使用"选择工具"选择绘制好的路径，在"描边"面板中可设置路径描边后"端点"的样式。

Illustrator 提供了 3 种样式供用户选择，包括"平头端点""圆头端点""方头端点"，只要选择要编辑的路径并单击"圆头端点"按钮，所选择的路径即可生成圆头端点样式，如图 12-8 所示。

注意事项
吴老师有话说 ▶

设置"描边"面板内的"端点"样式，一般只需考虑设置"圆头"样式即可，"平头"和"方头"样式与描边默认效果一致，一般不使用。

图 12-9

12.2.3 视觉元素拓展的注意事项

使用"钢笔工具"绘制一条躯干后，继续使用"钢笔工具"绘制另一条躯干时会产生路径无法断开的问题，如图 12-10 所示。用户只需切换到"工具栏"中任意其他工具，再使用"钢笔工具"绘制，即可断开已绘制好的路径，生成新的路径，如图 12-11 所示。

柔道
Judo

图　12-10

图　12-11

绘制好运动员的躯干后，因为画面中另一个柔道的运动员与已经绘制好的运动员结构相仿，又同时共用一个手臂，因此可使用"选择工具"框选运动员两条腿所在的路径，如图 12-12 所示。

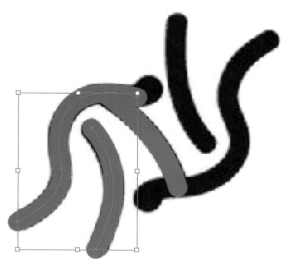

图　12-12

再按 Alt 键对其进行移位复制，复制后使用"选择工具"拖曳其四周任意一个控制点对其旋转，使其角度与参考素材中的效果一致，如图 12-13 所示。

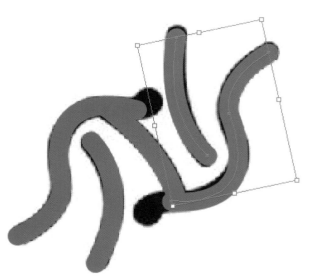

图　12-13

使用"椭圆工具"，按 Shift 键绘制合适大小的正圆，并在其内部填充颜色，作为两个运动员的头，如图 12-14 所示。

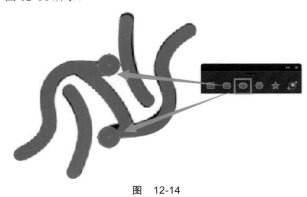

图 12-14

12.2.4 视觉元素的 Bug 修复

通过对制作后的设计稿进行细节分析，并与参考标志对比可见，参考图头部与躯干的衔接处过渡自然，而设计稿在头部与躯干衔接处则可以明显看到几何拼接的边界，甚至形成局部锐角形凹陷的视觉效果。

这一画面品质与参考图浑然一体的视觉效果很不相称。为解决该问题，需将路径描边形成的躯干效果与头部矢量对象颜色填充的效果进行结合，使它们成为同一种视觉呈现形式，再进行细节的修正，如图 12-15、图 12-16 所示。

图 12-15

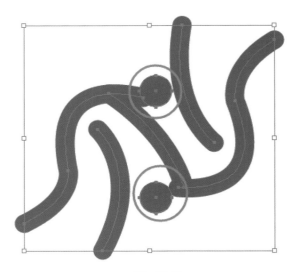

图 12-16

12.2.5 描边扩展为填充的方法

接下来，我们将路径描边效果形成的运动员躯干扩展为运动员头部那样的矢量对象内部填充颜色的对象，继而达到对头部与躯干衔接处同步调整的目的。

使用"选择工具"框选组成运动员躯干的 5 条路径，执行"对象→扩展"命令，将选中对象的描边效果扩展为填充，如图 12-17 所示。

图 12-17

执行"扩展"命令后，将出现"扩展"参数设置对话框，使用默认的参数单击"确定"按钮即可，如图 12-18 所示。

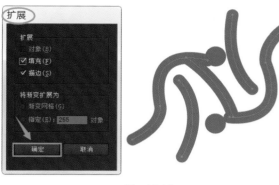

图　12-18

路径被"扩展"后，就由描边状态变为矢量图形的颜色填充状态，这与运动员正圆形头部的颜色填充状态一致，如图 12-19 所示。

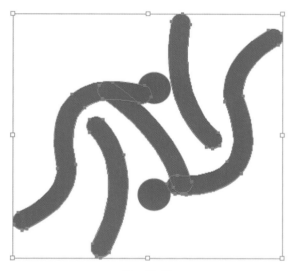

图　12-19

使用"选择工具"全选对象，单击"路径查找器"面板上的"联集"按钮，使所选对象联结在一起形成一体的矢量对象，如图 12-20 所示。

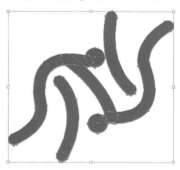

图　12-20

对象被执行"联集"操作后，各相互连接的组成部分合成一体，为用户对其进行细节编辑创造了必要条件，如图 12-21 所示。

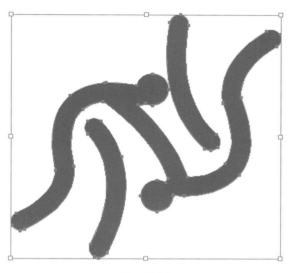

图　12-21

12.2.6　视觉元素细节修正

观察设计稿细节，可见运动员的头部与躯干连接处有明显的凹陷，使用"缩放工具"放大画面细节，利用"直接选择工具"框选头部附近的锚点可见，锚点及手柄方向并不一致，导致运动员颈部边缘不够平滑，如图 12-22、图 12-23 所示。

图　12-22

图　12-23

使用"直接选择工具"对锚点位置及手柄方向进行调整，使运动员颈部边缘平滑流畅，如图 12-24 所示。

图　12-24

接下来编辑另一个运动员的头部，可见运动员的头部与躯干连接处的凹陷更加突出。

这里可以利用"钢笔工具"，通过在画板空白处连续单击的方式绘制三角形，使绘制的形状与运动员头部缺口处的形状一致。

将绘制好的三角形对象使用"选择工具"拖曳到运动员的头颈处，做好对位，并同时选择运动员和三角形，单击"路径查找器"面板上的"联集"按钮，使所选对象联结在一起形成一体的矢量对象，并将对象的填充颜色改为黑色，完成本标志的制作，如图 12-25～图 12-29 所示。

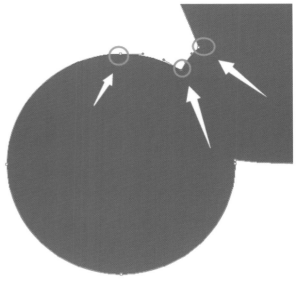

图　12-25

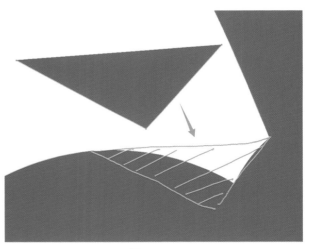

图　12-26

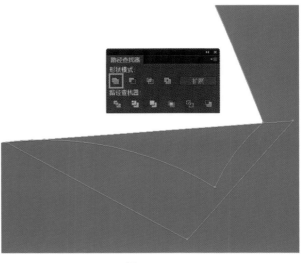

图　12-27

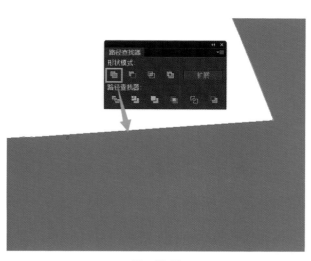

图 12-28

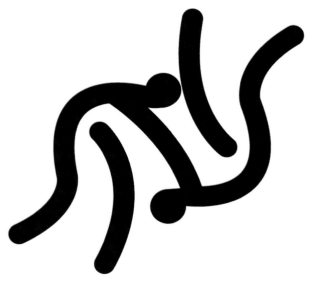

图 12-29

初学者在练习描边时，应该把矢量对象描边相关的制作方法和诀窍学会、练熟。这里与读者分享一下应用描边与颜色填充相关技巧在实操练习时要格外注意的几点：

● 认清描边的根本目的：制作对象描边效果的过程也是构想画面最终效果的过程。通过实操就会发现，描边扩展为填充后的效果与描边参数设置直接相关。
● 熟悉描边的参数设置：所有描边粗细的参数设置和描边样式的形态选择直接决定扩展后的效果，要尽可能设置精准，避免扩展后效果不理想导致二次编辑。

从 Illustrator 的学习过程中不难看到，要想成就高精度的优质作品，成熟的设计师往往不得不摒弃单一使用形状类工具生成图形的方法，转向对形状与路径结合应用的研究和探索。事实上，借助形状与路径结合应用的方法进行商业设计早已成为趋势，无论是 Logo 设计（企业标志）、图标设计、品牌形象设计，还是 VIS（视觉识别系统）设计，都是利用形状与路径结合的方法来实现的。在这一趋势下要做到如下几点：

● 描边扩展为填充是借助路径的框架实现的，其核心是编辑好路径线，因此要对"钢笔工具"特别是"直接选择工具"的使用方法熟练掌握，务必要多练习路径的编辑。
● 复杂的矢量形状可以通过"钢笔工具"直接绘制实现。使用"钢笔工具"通过路径线绘制矢量形状时，同样要求初学者熟练掌握"钢笔工具"的实际操作技巧，同时要学会将"钢笔工具"与形状类工具结合应用。
● 初学者度过基础技术难关后进行高级设计制图时，往往需要结合多种工具综合应用来实现作品，打好矢量制图的操作基础也有利于快速上手商业项目。

本章主要快捷键一览表

快 捷 键	功 能	使 用 备 注
Ctrl+ N	新建画板	
Ctrl+ S	存储	覆盖存储
Shift+Ctrl+ S	存储为	新建另外的存储
Shift+Ctrl+F9	路径查找器面板	
Ctrl+F10	"描边"面板	
Shift+X	描边 / 填充切换	
\	"直线段工具"	用于绘制直线路径
P	"钢笔工具"	用于绘制路径及形状

AI 与 PS 的矢量图形应用

矢量图形功能主要应用于高精度图形的绘制和编辑。本章将全面、系统地阐述 Illustrator 和 Photoshop 的矢量图形功能分别在绘制基础几何形状的基础上如何通过二次编辑生成各种自定义图形以及它们的区别与联系，解决读者在处理实际案例时不清楚应该优先使用哪一软件来实现效果和不知道哪款软件的实现效率更高的问题。

在讲解创建自定义图形方法的基础上，本章将结合具体案例详解两款软件的矢量图形绘制及编辑要领，以及它们在应用方法上的异同。

扫码下载本章资源

★ 手机扫描下方二维码，选择"推送到我的邮箱"，输入电子邮箱地址，即可在邮箱中获取资源。

AI与PS的矢量图形应用
配套 PPT 课件

AI与PS的矢量图形应用
配套笔记

AI与PS的矢量图形应用
配套标注

AI与PS的矢量图形应用
配套素材

AI与PS的矢量图形应用
配套作业

13.1　矢量图形拟物色彩应用

📄　利用 AI 和 PS "形状工具组" 内的各种矢量绘图工具进行拟物风格作品的设计，在商业设计实践中极为常见。作为 Illustrator 和 Photoshop 中的一项重要功能，矢量绘图被广泛应用于标识设计、图标设计、品牌形象设计、活动广告设计、电商视觉等创意作品中。矢量图形的配色应用场景多元化，在工具操作上有多种属性可供设计师根据实际需要进行配置。相关参数和属性的设置是掌握好矢量图形色彩用法的重点和难点，也是衡量设计师设计水准的核心所在。

13.1.1　矢量图形对象的设计需求分析与准备

　　首先通过制作一个拟物风格的促销图标案例，先系统了解新版 Photoshop 的形状工具的色彩应用属性在实际设计工作中的设置方法，再通过 Illustrator 相关工具制作该案例，了解两款软件的异同，如图 13-1 所示。在 Photoshop 中新建一个 1000 像素 *1000 像素的画布，命名为 "跳楼价"，如图 13-2 所示。

图　13-1　　　　　　　　　　　　图　13-2

　　将空白画布的背景颜色填充成参考图背景的颜色。为了使图标在画布中处于居中位置，首先使用快捷键 Ctrl+A 全选画布，然后按快捷键 Ctrl+T 调出自由变换界定框，此时画板中央会自动生成中心点。使用快捷键 Ctrl+R 调出标尺，从标尺内拖曳参考线到中心点位置，此时参考线会自动吸附到该中心点上。

　　完成拖曳横向和纵向两条参考线，即可确定画布的中心点。按 Enter 键取消自由变换界定框，使用快捷键 Ctrl+D 删除选区，如图 13-3 所示。

　　使用 "椭圆工具"，同时按住 Alt 和 Shift 键，以参考线的交叉点为起始点拖曳绘制居中的正圆，如图 13-4 所示。

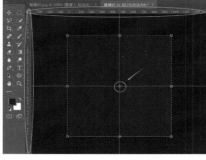
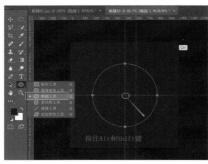

图　13-3　　　　　　　　　　　　图　13-4

13.1.2　色彩关系分析

通过分析拟物风格的图标，可以根据投影位置判断出光源是从顶部向下打来的，因此构成图标的底座顶部颜色较亮，底部颜色较暗。可以使用"渐变工具"实现这一效果，如图 13-5 所示。

图　13-5

13.1.3　Photoshop 色彩属性设置

在参考图中，将顶部较亮的颜色通过"吸管工具"吸至"前景色"。在形状工具的属性栏中将"填充"属性设置为"渐变填充→双色渐变"，将其中一个颜色滑块调整成吸取的"前景色"——橙色，确定好图标顶部高光区的颜色，如图 13-6 所示。

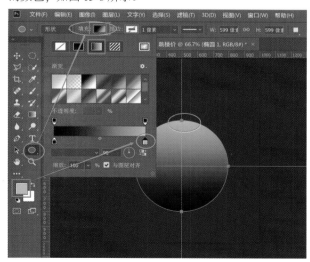

图　13-6

按住 Alt 键拖曳设置好的颜色滑块，复制出另一个橙色的颜色滑块，如图 13-7 所示。

图　13-7

双击被复制的颜色滑块，在出现的"拾色器"窗口中将该颜色的色相由橙色向橙红色移动并设色，制作图标底部背光区的颜色。

需要注意的是，背光区的颜色只能通过调整色相的方式设置，一定不要为了让颜色发暗就在橙色的基础上混入黑色，以免图标颜色发脏，如图 13-8 所示。

图　13-8

在渐变颜色编辑条上多余的颜色块上单击且不放开鼠标，将其向下拖曳进行删除，用刚刚编辑好的橙红色颜色滑块来替代。

注意，使用"渐变编辑器"进行颜色编辑时务必要有两个或者两个以上颜色块才可以进行编辑。

在实际工作场景下，一般在制作好第二个颜色滑块后再删除原有颜色滑块，这样可以使两种颜色的渐变色彩相近，画面形成微渐变效果，因为第二个滑块的颜色是基于第一个颜色滑块复制后生成的，如图 13-9 所示。

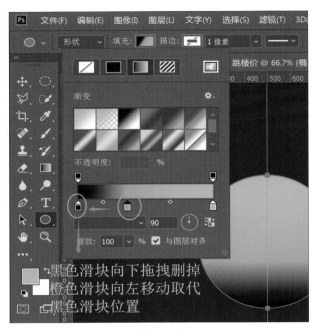

图　13-9

图标的最下层底座颜色设置完毕，效果如图 13-10 所示。

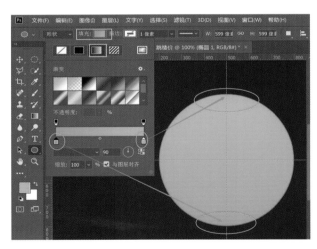

图　13-10

使用快捷键 Ctrl+J 原位复制该圆形，按住 Alt+Shift 键对复制后的圆形进行同心圆等比例缩小，如图 13-11 所示。

使用同样方法调整该圆形的渐变颜色。特别要注意的是，该图层内容为凹陷效果，顶部颜色偏暗，底部颜色偏亮，如图 13-12 所示。

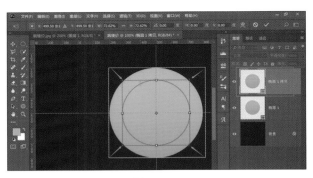

图　13-11

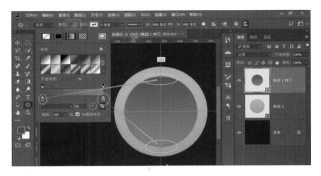

图　13-12

使用同样方法原位复制、等比例缩小并调整渐变色，制作出第三个圆形，如图 13-13 所示。

图　13-13

吴老师教你审时度势

趋势看板

随着移动互联网的发展，移动端的交互视觉在 iPhone（iOS 系统）的引领下，逐渐走向微渐变的视觉设计风格，并因此带动了整个 Android 视觉生态圈及毗连的电商视觉的微扁平化。

使用 Photoshop 在进行矢量图形配色时要做好如下变通和考量：

● 对于矢量图形配色，Photoshop 拥有明显的功能优势——用户配色时可以在图形中实时显示效果。调色时要时刻紧盯图形的色彩变化是否满足需要，要根据实际效果实时调整参数，切忌单纯记背参数值。

● 随着未来视觉设计向微扁平方向发展，使用 Photoshop 在视觉呈现上亦需迎合市场需要，要将渐变色的调色和配色与对象的光源位置结合考虑。

● 技术是为应用服务的，在跟随案例学习的同时，一定要多对标同类的优秀设计作品，了解其背后的应用规律并进行练习，养成良好的设计习惯。

13.2 Photoshop 矢量图形描边属性

矢量图形的"描边"是 Photoshop 针对矢量图形开发的一个功能强大的参数预设模块。矢量图形描边效果的生成有赖于描边属性的预定义。无论将描边属性定义成何种参数值，都要以最终画面效果为准。想要通过描边属性设置使绘制出的矢量图形满足设计师的预期，就需要了解如何对描边的属性进行设置和调整。

13.2.1 Photoshop 虚线描边属性设置

将第三个圆形原位复制并等比例缩小，在属性栏中关闭"填充"效果，将"描边"设置为"单色"，设置 2 像素的白色描边，"描边样式"选择"虚线"，形成虚线圆形的装饰边效果，如图 13-14 所示。

图 13-14

在设置描边属性时，虚线描边的形态可以根据项目的实际需求进行定制。

单击"描边"右侧的"描边样式"按钮打开下拉菜单，在下拉菜单中可以选择系统预设的几种描边样式。如果没有需要的描边样式，可以单击该菜单底部的"更多选项"按钮，在出现的"描边"对话框中勾选"虚线"复选框以激活虚线参数设置，再输入"虚线"和"间隙"参数值，单击"确定"按钮，生成需要的虚线描边效果，如图 13-15 所示。

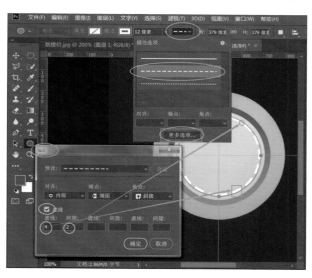

图 13-15

13.2.2 Photoshop 虚线描边 Bug 调整

由于虚线描边是根据输入的参数值自动生成的，因此在围合一个圆形描边时，有可能因形状周长与描边线段的长度不一定平均分布，而造成被描边的图形底部接口处的虚线描边长度出现长度上的偏差，如图 13-16 所示。

为了满足视觉上的审美要求，遇到类似情况时，设计师可以使用快捷键 Ctrl+T 调出自由变换界定框，按住 Alt 和 Shift 键对其进行同心圆等比例微调，使对象底部接口边线恢复正常，如图 13-17 所示。

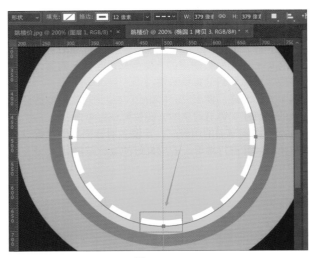

图 13-16

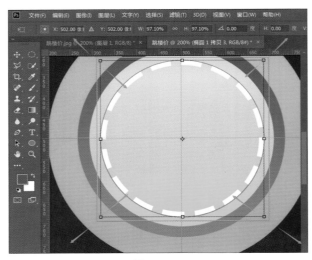

图 13-17

13.2.3 Photoshop 圆角虚线描边设置方法

如果希望使描边显示圆角虚线效果，可以通过在"描边选项"面板中将"端点"改为"圆角"的方法来实现，如图 13-18 所示。

13.2.4 Photoshop 图形描边对齐规则

在"描边选项"面板中，"对齐"方式分为 3 种，分别是"路径内对齐"（即描边不出形体）、"路径对齐"（即描边平均跨越路径线内外侧）及"路径外对齐"（即描边在形体外）。图 13-19、图 13-20 所示分别为"路径内对齐"和"路径外对齐"效果。

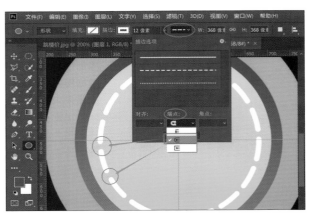

图 13-18

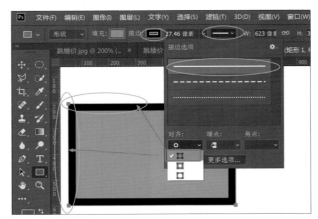

图 13-19

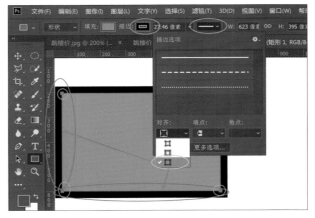

图 13-20

技巧提示　　描边参数设置后，如果矢量图形对象发生缩小或变形，描边效果会与原图形不匹配，需要重新设置描边参数值。

13.2.5　Photoshop 图形描边角点属性

在"角点"下拉列表中选择"圆角"可以显示圆角效果，但只有在描边设置为"路径外对齐"时才有效，如图 13-21 所示。

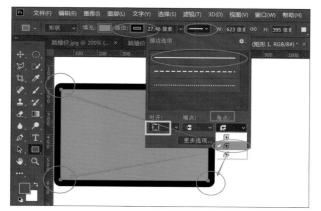

图　13-21

当描边设置为"路径内对齐"时，"圆角"或"斜角"的角点倒角效果均不可见，如图 13-22 所示。

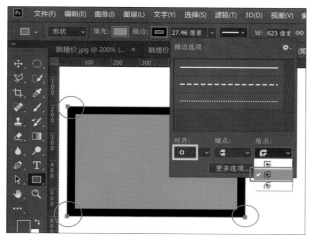

图　13-22

13.2.6　文字与矢量图形的结合应用

图标底座设置好后，可使用"文字工具"进行文案排版。中文使用"微软雅黑"字体，英文使用"Impact"字体，两款等线体字体可以在教程附带的素材文件夹中下载安装，如图 13-23 所示。

图　13-23

为了在视觉上使设计稿与"跳楼价"的主题产生呼应，可将图标的投影设置成与图标底部垂直且有一定距离，以体现图标弹跳起来的效果。

可以通过按住 Shift 键选择最顶和最下方的除背景外所有图层，将图层全部选择后，在"移动工具"状态下按住 Shift 键并按键盘↑方向键以 10 像素为单位快速向画布顶部位移，使设计稿构图留出投影和空间区域，如图 13-24 所示。

图　13-24

13.2.7　矢量图形的模糊属性

通过之前章节内容的学习，我们了解了使用"渐变工具"的"径向渐变"功能绘制投影的方法，下面介绍通过矢量图形的"属性"面板进行投影设置的方法。

使用"椭圆工具"绘制代表投影的椭圆形对象并填充为黑色，如图 13-25 所示。

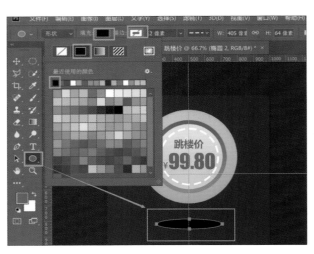

图 13-25

在选中黑色椭圆形状态下，单击面板区中的"属性"面板标签，在弹出的"属性"面板中单击"蒙版"按钮以调整投影效果，如图 13-26 所示。

图 13-26

使用 Photoshop 绘制投影有以下 3 种方法：
- 在新建图层中使用"渐变工具"，调整渐变属性为"径向渐变"，通过拖曳鼠标生成羽化的圆形，并通过"自由变换界定框"压扁对象形成投影效果。
- 在新建图层中使用"画笔工具"，调整画笔属性为柔边笔刷，通过单击生成羽化的圆形，并配合"自由变换工具"压扁形成投影效果。
- 使用"椭圆工具"绘制形状并调整形状"属性"面板中的"羽化"参数生成投影效果。

执行"窗口→属性"命令，也可打开"属性"面板，如图 13-27 所示。

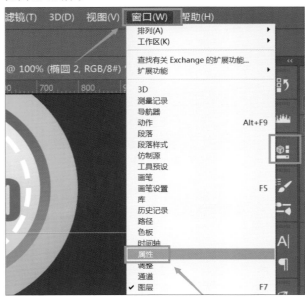

图 13-27

在"属性→蒙版"面板中，调整对象的"羽化"参数。调整时要根据工作区画面的实际效果调整"羽化"参数的大小，使其与投影效果相似，如图 13-28 所示。

图 13-28

"羽化"效果调整好后，可以调整投影图层的"不透明度"，使其与背景融合，使效果更加真实，这样就完成了 Photoshop 对该电商活动图标的制作，如图 13-29 所示。

图 13-29

13.3　Illustrator 的矢量元素构形和色彩搭建

利用 Illustrator 的"形状工具组"内的相关矢量图形绘制工具进行元素构形，并通过 Illustrator 特有的矢量图形渐变填充功能，可以更加快速和高效率地实现需求效果，并能极大程度地简化 Photoshop 在具体参数设置上的烦琐工作，读者要在本节的学习中找到 Illustrator 在处理该类问题时与 Photoshop 的传承关系及差异。

13.3.1　Illustrator 的对标构形

对于同一参考图标的相关构形方法和色彩分析已经讲过，这里不再赘述。下面通过使用新版本 Illustrator 对该图标进行制作演示，依此了解 Illustrator 在矢量元素的构形和色彩搭建上与 Photoshop 的异同点。

在 Illustrator 中，使用"椭圆工具"按 Shift 键绘制与参考素材大小类似的正圆，进行对标构形，如图 13-30 所示。

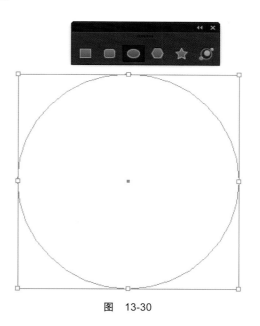

图　13-30

13.3.2　Illustrator 的渐变着色应用

Illustrator 在渐变着色的应用方法上与 Photoshop 有很大不同，在 Illustrator 中，想要对某一矢量对象添加渐变效果，首先要使用"选择工具"选择该对象，并单击"工具栏"底部的"渐变"按钮。

单击"渐变"按钮后，可打开"渐变"面板，从中可以对渐变的属性进行各种调整。"渐变"面板是

Illustrator 设置矢量对象渐变效果的入口，而 Photoshop 设置渐变效果要依靠在其形状类工具的"属性栏"中进行参数设置。

默认状态下，"渐变"面板赋予对象的渐变效果是水平朝向的线性渐变，用户可以在"渐变"面板"角度"设置中设置渐变角度为 90°，将渐变效果改为垂直朝向的线性渐变，以满足实际需要。

在"渐变"面板下方的"渐变滑块"区域，选择左侧控制正圆形对象白色渐变效果的"色标"后，单击"工具栏"中的"吸管工具"，将鼠标移动至参考图对应的暗橙色位置上，按住 Shift 键，单击要吸取的暗橙色，此时该"色标"提取到参考图的颜色，正圆形对象的下方白色变为暗橙色，如图 13-31 所示。这里先快速地演示效果，下一步制作另一个图形渐变时，我们再详细地讲解每一步的制作过程。

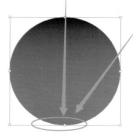

渐变角度由默认的左右渐变改为上下渐变，必须先调整渐变角度参数

图　13-31

完成该操作后，再选择"渐变"面板中右侧的"色标"，使用"吸管工具"吸取对标稿顶部的橙色，将原来的黑色"色标"替换成相应的对标颜色，完成该正圆形对象渐变色的设置，从而完成了该案例底座的渐变色着色，如图 13-32 所示。

再次将默认状态下"渐变"面板"角度"由 0°设为 90°，将渐变效果改为垂直的线性渐变，如图 13-34、图 13-35 所示。

图　13-32

使用"椭圆工具"，按 Shift 键绘制与参考素材大小接近的暗色正圆进行对标构形，要将该图形与底座的较大正圆形对位好，使其互为同心圆，如图 13-33 所示。

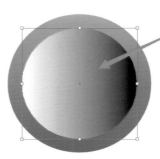

图　13-34

图　13-33

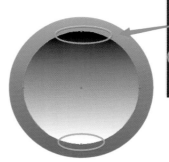

图　13-35

选择左侧控制正圆形对象白色渐变效果的"色标"后，单击"工具栏"中的"吸管工具"，将鼠标移动至参考图对应的暗褐色位置上，按住 Shift 键，单击要吸取的暗褐色，此时该"色标"提取到参考图的颜色，正圆形对象下方的白色变为暗褐色。

顶部较亮褐色吸取方法同理，如图 13-36 所示。

图 13-36

使用"椭圆工具"，按 Shift 键绘制制作亮黄色同心圆的造型，如图 13-37 所示。

亮黄色同心圆

图 13-37

借助"渐变"面板的"色标"设色方法，用前两个正圆渐变着色方法为亮黄色的正圆形对象着渐变色，如图 13-38 所示。

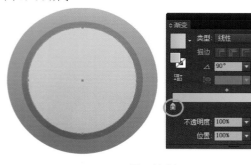

图 13-38

使用 Illustrator 制作对象渐变效果与 Photoshop 的不同点如下：
- 利用"工具栏"底部的"渐变"填充模式，借助"渐变"面板，而非 Photoshop 的"渐变编辑器"生成渐变效果。
- Illustrator 的"渐变"类型较少，没有 Photoshop 的"渐变编辑器"中那么多的种类可供选择。
- 使用"吸管工具"在参考素材中取渐变色时必须同时按 Shift 键。

通过 Illustrator 的"文字工具"进行文案排版。中文使用"微软雅黑"字体,英文使用"Impact"字体,如图 13-39 所示。

图 13-39

使用"选择工具"选择文字,单击"工具栏"中的"吸管工具",将鼠标移动至参考图对应的文字位置上,单击要吸取的暗褐色,此时被选择的文字变为暗褐色,此时完成图标本体结构的制作,如图 13-40 所示。

图 13-40

13.3.3 Illustrator 的投影制作方法

使用"椭圆工具"在图标底部绘制椭圆对象并填充黑色,如图 13-41 所示。

图 13-41

执行"效果→风格化→羽化"命令,打开"羽化"参数设置对话框,勾选"预览"选项后,椭圆形对象即可生成羽化效果,若默认的羽化参数效果满意,则单击"确定"按钮完成投影制作,如图 13-42、图 13-43 所示。

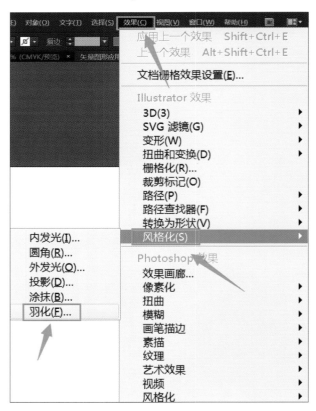

图 13-42

图 13-43

最后为图标制作背景色。可使用"矩形工具"在图标及其阴影所在对象上覆盖绘制大小合适的矩形，并使

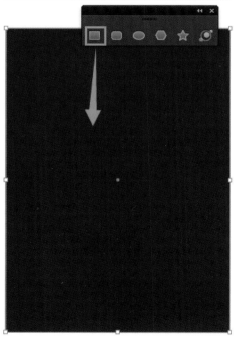

图 13-44

用"吸管工具"在参考图上吸取背景颜色，形成所需颜色的背景对象。

再右键单击该对象，选择"排列"选项中的"置于底层"命令，将该代表背景的对象置于图标及其阴影所在对象底部，如图 13-44、图 13-45 所示。

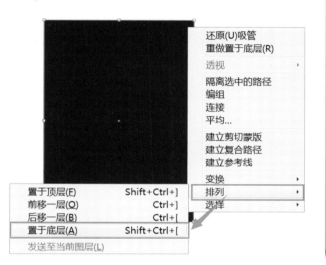

图 13-45

背景位置排放好后，可使用快捷键 Ctrl+2 对其进行锁定，这样在二次编辑修改图标或投影细节时，背景也不会受到影响，如图 13-46 所示。

图 13-46

13.3.4　Illustrator 的虚线描边应用

使用"选择工具"选择所有文字，同时按 Alt 和 Shift 键对其进行同心圆等比例缩小，使整个图标在构图上为虚线描边装饰留有余地，如图 13-47 所示。

图　13-47

使用"椭圆工具"，同时按 Alt 和 Shift 键，以图标中心点作为起点绘制正圆，要将该正圆与底座的较大正圆对位好，使其互为同心圆，如图 13-48 所示。

图　13-48

为该正圆形对象添加白色描边。并在"描边"面板中调整描边"粗细"参数到合适的宽度。

勾选"描边"面板中的"虚线"功能。此时可以对描边效果的"虚线"和"间隙"做参数化设置。读者要根据参考图效果和实际项目需要，参考画板中设计稿对象的实际效果，可多次设置虚线和间隙的参数，直到效果满意为止，如图 13-49 所示。

图　13-49

13.3.5　Illustrator 的使用注意事项

使用"文字工具"，为图标文案添加"￥"符号，如果颜色不匹配，需要借助"吸管工具"填充合适的颜色，如图 13-50 所示。

图　13-50

选择"￥"符号,使用"吸管工具"吸取图标中文字上的颜色时,如本案中的"99.80"字样,会发现吸取后"￥"符号在获取相应颜色的基础上,字体也随之发生变化了。这是因为"￥"符号与"99.80"字样是两个完全不同的字体,遇到这种情况,吸取文字上的颜色的同时要按住 Shift 键,这样就能顺利提取字体上的颜色而不改变当前字体了,如图 13-51、图 13-52 所示。

图　13-52

图　13-51

通过这一案例在两款常用的 Adobe 软件中的对比学习,我们知道了面对同样的设计需求,可以用不同软件的相关工具制作出相同的视觉效果。在这一前提下,设计师可以根据自身实际情况,选择更高效快捷的软件和制作方法。希望读者通过本案的学习,能够举一反三地进行应用。

在通过 Illustrator 进行案例"描边"相关参数设置的同时,读者可以动手尝试"描边"面板中其他相关功能的参数设置效果,亲自感受不同效果的特点,以便在日后的设计工作中合理运用相应的功能。

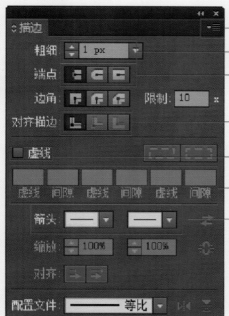

单击,显示选项可以出现更多的选项

描边粗细修改

端点样式,多用于扁平化图标

居中 居内 居外描边位置

勾选可以使实线变虚线

修改虚线样式

可以将路径添加箭头样式

13.4　Photoshop对矢量图形的拓形编辑

矢量图形的形体拓展要解决的是基础图形在应用中的局限性问题，即使用 Photoshop 相关工具将基础图形生成后，利用其本身的路径结构和特点并根据设计对象的需要进行二次编辑，使之成为满足实际需要的个性化异形效果，并通过它们的构图组合形成生动的视觉形象。

13.4.1　异形矢量图形的设计需求分析

在实际工作中，使用简单的基础几何图形，以拼叠的方法构形往往存在很大的局限性，不足以满足应用需求。

为了丰富作品效果，可在简单图形的基础上进行二次编辑，使之形成异形。接下来通过一个卡通形象案例，分别了解使用 Photoshop 和 Illustrator 的形状类工具的高级编辑功能在实际项目中拓展形状的应用方法，如图 13-53 所示。

图　13-53

新建一个 1000×1000 像素的画布，命名为"卡通牛"，如图 13-54 所示。

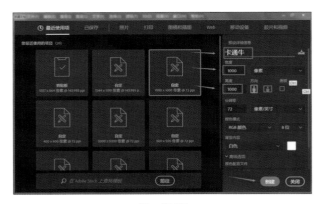

图　13-54

通过分析参考图可知，卡通牛是在一个倒立的圆角三角形的基础上，通过添加耳朵、犄角和嘴等五官要素形状组合排列形成的。

与上一案例不同的是，各个组成部分并不是原始的基础几何图形，需要设计师在寻找相似几何图形的基础上进一步进行二次编辑和修改，如图 13-55 所示。

图　13-55

将设计稿背景填充成参考图的颜色；在参考图中吸取牛面部颜色至"前景色"；使用"椭圆工具"绘制一个正圆；调整形状"填充"属性为"单色填充"，单击"自定义颜色"按钮，在"拾色器"中吸取"前景色"，此时"前景色"将自动填充到正圆中，完成牛面部的颜色设置，如图 13-56 所示。

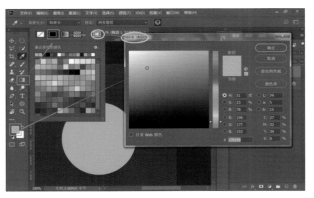

图　13-56

初学者从实际上手第一个编辑矢量图形的案例开始，就要掌握拓形相关的技术操作方法和诀窍。基础矢量图形的样式是有限的，因此拓形的方法也是有规律可循的。这里和大家分享以下矢量图形编辑的几个要点：

● 分析图形形体结构：任何一个基础几何图形都有一定的基本形体结构，要首先摸清通过形状工具组生成的所有基础几何图形的结构特点，再进行编辑应用。

● 摸清图形锚点位置：通过"形状工具组"生成的所有基础图形的锚点位置都是固定的，通过固有锚点来支撑基本形体，锚点的位置直接决定编辑后的拓展形体的造型。

● 对标图形变化特点：选择哪种基础几何图形来拓形是由对标的图形形象决定的，要找准图形变化的部分和不变的部分，从而找到合适的基础图形进行拓展。这样做既有利于实现预期效果，又可以提高工作效率。

13.4.2　Photoshop 几何图形的编辑方法

使用 Photoshop 的"直接选择工具"，框选圆形左右两个锚点，通过移动锚点位置对其进行形状编辑，如图 13-57 所示。

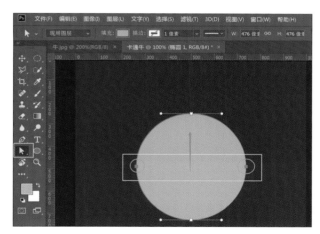

图　13-57

通过多次按键盘上的↑方向键同时移动两个锚点位置，将圆形调整成倒立的圆角三角形。

首次使用 Photoshop 时会弹出提示对话框，询问是否"将实时形状转变为常规路径"，单击"是"按钮即可。弹出这个对话框的目的是提醒用户是否认可目标对象将由基本的圆形改变形态，这也正是我们走向高级设计师对对象进行二次编辑和加工的开始，如图 13-58 所示。

调整锚点后，如果发现卡通形象面部形状略扁，可以使用快捷键 Ctrl+T 调出自由变换界定框，按住 Alt 键在自由变换界定框外部右侧向图形内部挤压形状（按住 Alt 键会使左侧进行对称镜像缩小），如图 13-59 所示。

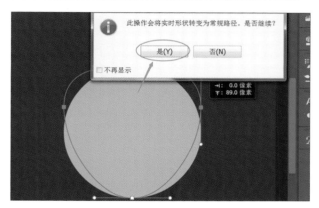

图　13-58

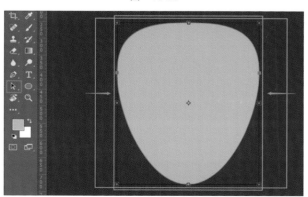

图　13-59

面部构建好后开始绘制牛耳。使用"椭圆工具"，根据参考图比例关系绘制较大的椭圆并填色，如图 13-60 所示。

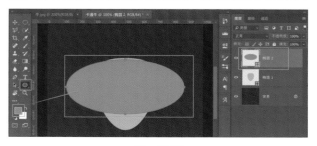

图　13-60

使用"直接选择工具"选中椭圆的最底部锚点并向上拖曳，如图 13-61 所示。

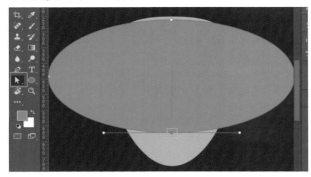

图　13-61

将锚点拖曳至和参考图中牛的耳朵厚度相当的位置，形成一个向下弯曲的异形形状，如图 13-62 所示。

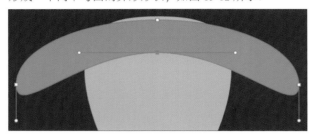

图　13-62

13.4.3　Photoshop"直接选择工具"用法

由于牛的耳朵末梢是尖角形，要将该异形调整成两端尖角的形状。

使用"直接选择工具"选中左侧锚点，按住 Alt 键向右上方拖曳底部手柄，通过改变手柄形态形成尖角，如图 13-63 所示。

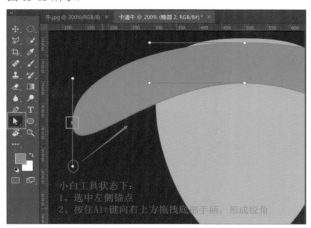

图　13-63

Photoshop 与 Illustrator 类似，默认的平滑曲线上的锚点，两个手柄呈一条直线，如果想使平滑曲线转化成尖角，必须先按 Alt 键折断手柄，再通过调整手柄的角度和方向实现尖角形态，如图 13-64 所示。

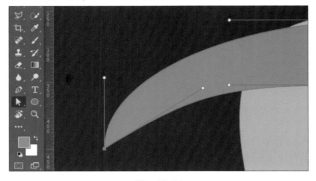

图　13-64

右侧耳朵以同样的方式进行调整，注意保证左右耳朵的对称性，如图 13-65 所示。

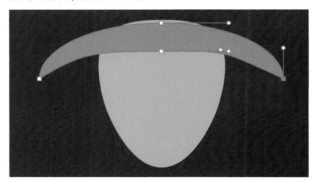

图　13-65

下面制作牛耳底部，使用"椭圆工具"绘制椭圆并根据参考图效果填充好适当的颜色，如图 13-66 所示。

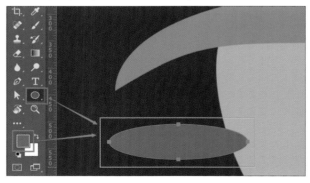

图　13-66

因为牛耳的底部是标准的梭形，可以"使用钢笔工具组"中的"转换点工具"直接在椭圆形的左右两侧锚点上单击，将平滑曲边转换成尖角，形成梭形，如图 13-67 所示。

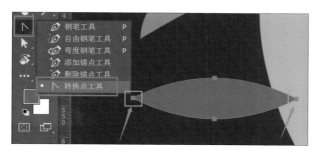

图 13-67

使用快捷键 Ctrl+T 调出自由变换界定框，对形状的长度和宽度进行适当调整后，旋转到合适的角度，放置在耳朵底部相应的位置，如图 13-68 所示。

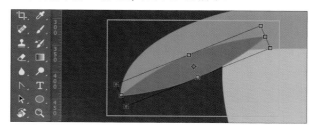

图 13-68

13.4.4 Photoshop 矢量图形的对称编辑

复制该形状，使用快捷键 Ctrl+T 调出自由变换界定框，右键单击，选择"水平翻转"命令，制作右耳，如图 13-69 所示。

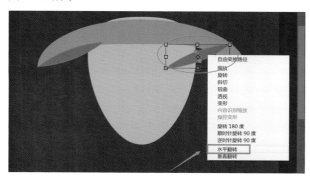

图 13-69

使用同样的方法调整右侧耳底的位置。注意，左右两个耳底形状尖角要和顶部月牙形两侧尖角对齐，如图 13-70 所示。

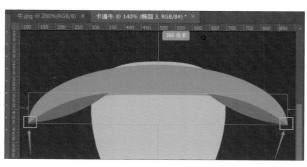

图 13-70

在"图层"面板中将耳朵图层置于牛头后部，将月牙形和耳底图层"链接"，使其相对位置固定后，可用"移动工具"将牛头和牛耳进行"居中对齐"，如图 13-71 所示。

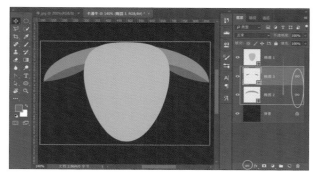

图 13-71

根据实际效果需要，可以利用"直接选择工具"，通过编辑控制手柄的方法，对牛耳的顶部弧线进行形体调整，使其形成较尖的牛耳形状，如图 13-72 所示。

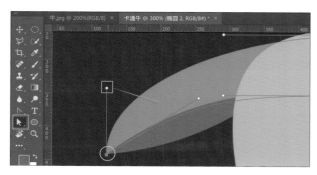

图 13-72

- 制作矢量图形的拓形要分清先后顺序，操作时首先编辑并确定好锚点的位置，再对所选锚点进行控制手柄的角度和方向设置，以调整拓展图形的细节效果。
- 做好对称图形的形体编辑，要首先保证拓展后形体锚点位置的对称性，再将对称轴两侧相关锚点上的手柄长度、角度调整到对称状态，以保证对称的图形效果。

使用同样的方法调整右侧的牛耳造型，使其与左侧对称，如图 13-73 所示。

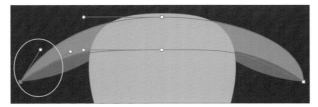

图　13-73

使用快捷键 Ctrl+T 调出自由变换界定框，对牛耳的大小进行适当缩小，控制好耳朵与头部的比例关系，如图 13-74 所示。

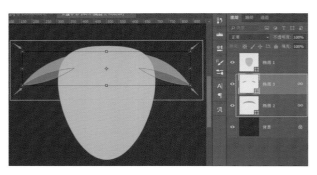

图　13-74

使用"椭圆工具"绘制垂直的犄角，如图 13-75 所示。

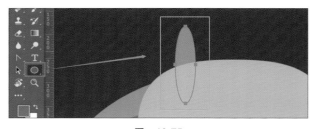

图　13-75

由于牛的犄角顶部比较尖，直接使用基础椭圆无法实现这一效果。此时可以使用"直接选择工具"进行二次编辑。选中椭圆形状顶部的锚点，将锚点左右两侧的手柄进行缩短处理，同时配合将形状左右两侧锚点的上方手柄缩短，使椭圆顶部弧形形成尖圆效果，如图 13-76 所示。

复制犄角对象，配合智能参考线使左右犄角的高度和位置对齐，如图 13-77 所示。

使用"椭圆工具"绘制正圆，制作牛的眼睛。将生成的 4 个圆形使用快捷键 Ctrl+G 编组，命名为"眼睛"，如图 13-78 所示。

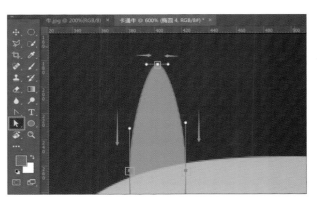

图　13-76

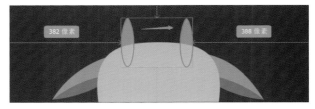

图　13-77

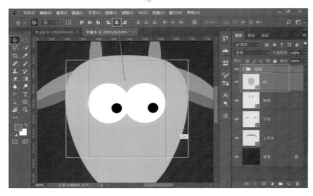

图　13-78

接下来制作牛的嘴巴。可以看到牛的嘴巴是由一个椭圆形的基础形加两个圆形的鼻孔组成的，嘴的底部基座与牛头形状边缘相切。单独看嘴巴结构有点像青蛙，如图 13-79 所示。

图　13-79

13.5 Photoshop的图层剪切蒙版

矢量图形叠合后需要解决图形叠压的边界效果统一性问题。利用 Photoshop 的"直接选择工具"对对象边界进行二次编辑不仅耗时费力，还会影响画面效果。利用对象本身的图层关系并根据设计需要，可以进行图层对象的"剪切蒙版"操作，使之形成满足实际需要的视觉效果。

13.5.1 "剪切蒙版"的作用及操作方法

"剪切蒙版"应用于两个图层之间，可以将顶部图层与底部图层的非重合区域隐藏起来。

创建"剪切蒙版"的操作条件及方法如下：

- 两个拟创建"剪切蒙版"的图层之间是上下紧邻的关系，必须紧邻的图层才能进行"剪切蒙版"操作。

- 按住 Alt 键，将光标放置在"图层"面板中两个图层相邻的横线上，此时出现"剪切蒙版"标识，单击即可创建"剪切蒙版"。

继续通过案例了解"剪切蒙版"的应用方法。绘制椭圆形状并置于牛头下方居中位置，保证"图层"面板中该椭圆与牛头的形状图层相邻，如图 13-80 所示。

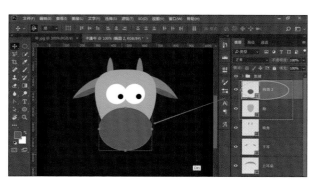

图 13-80

按住 Alt 键在两个图层交界横线处单击，创建图层"剪切蒙版"。此时顶部的椭圆置入底部图层内，如图 13-81所示。

13.5.2 "剪切蒙版"对象的效果调整

因为建立"剪切蒙版"的图形可以在"剪切蒙版"状态下进行二次编辑，设计师可以使用快捷键 Ctrl+T 调

图 13-81

出自由变换界定框，结合参考图形态，对牛的嘴部底座进行缩小调整，如图 13-82 所示。

图 13-82

利用制作眼睛的方法制作鼻子，如图 13-83 所示。

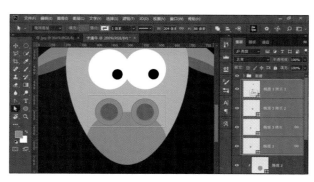

图 13-83

绘制椭圆，制作牛嘴，如图 13-84 所示。

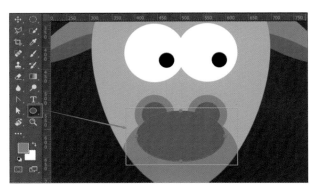

图 13-84

使用"直接选择工具"拖曳椭圆顶部锚点,形成弧形异形,制作方法类似牛耳,如图 13-85 所示。

图 13-85

使用"转换点工具"将牛嘴左右两端转换成尖角,如图 13-86 所示。

图 13-86

使用快捷键 Ctrl+T 调出自由变换界定框,调整牛嘴微笑的角度和形态,如图 13-87 所示。

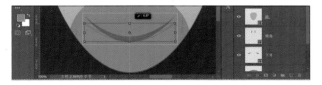

图 13-87

使用"圆角矩形工具",设置较小倒角半径,制作牛的牙齿,如图 13-88 所示。

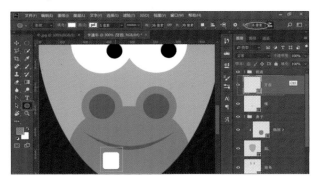

图 13-88

按快捷键 Ctrl++ 放大画板,对牙齿的细节进行调整。使用"直接选择工具"分别框选圆角矩形顶部左右两侧的两个锚点,向形状内侧移动,形成圆角梯形,如图 13-89 所示。

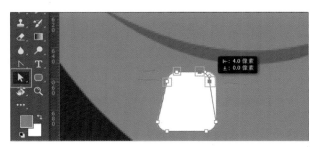

图 13-89

将牙齿所在图层拖曳到嘴的下方,使用"自由变换工具"将牙齿旋转并对位到合适的位置,如图 13-90 所示。

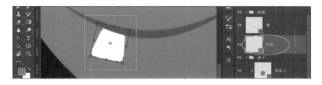

图 13-90

复制牙齿,并使用同样的方法根据嘴的形状结构放置好,完成 Photoshop 卡通牛的制作,如图 13-91 所示。

图 13-91

13.6　Illustrator 的矢量元素拓形

在利用 Illustrator 的"形状工具组"内的相关矢量图形绘制工具进行元素构形的基础上,通过 Illustrator 的"直接选择工具",利用图形本身的路径结构和特点并根据设计对象的需要进行二次编辑,使之成为满足实际需要的个性化异形效果,并通过它们的组合构图形成生动的视觉形象。

13.6.1　Illustrator 的基本形构建

对于卡通牛的相关构形分析不再赘述。下面通过使用新版本 Illustrator 对该案例进行制作,依此了解 Illustrator 在矢量元素的构形上与 Photoshop 的异同点。

在 Illustrator 内新建的画板上,使用"矩形工具"制作背景并锁定,使用"椭圆工具"绘制与参考素材大小接近的椭圆,进行对标构形,如图 13-92 所示。

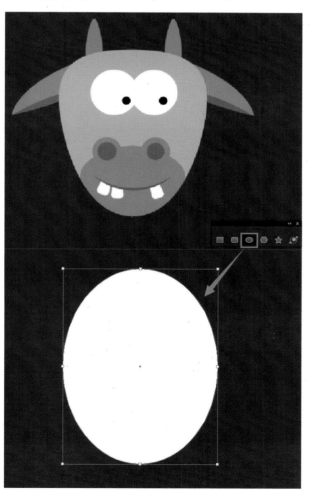

图　13-92

按快捷键 i 切换至"吸管工具",并在素材头部通过单击取色为椭圆着色。

使用"直接选择工具"将椭圆对象左右两个锚点位置上移,顶部锚点位置下移,形成牛头形状,具体调整方法与 Photoshop 类似,如图 13-93 所示。

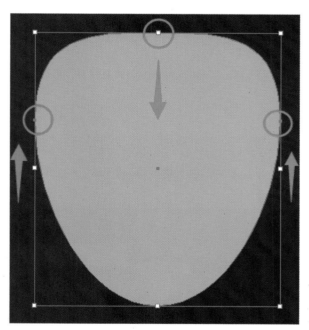

图　13-93

使用"椭圆工具"绘制与参考素材中牛耳大小接近的椭圆,进行对标构形,并吸取素材中牛耳的颜色。

使用"直接选择工具",按 Alt 键将椭圆形左右两个锚点关联的控制手柄折断,并调整下方手柄朝向,使其两端形成尖角。

再使用"直接选择工具"将椭圆对象底部锚点位置上移,形成月牙形,构成两只牛耳的形状,具体调整步骤和方法如图 13-94 所示。

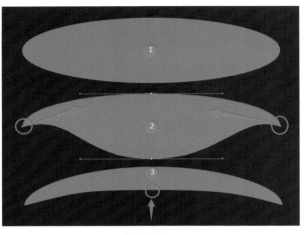

图 13-94

13.6.2 Illustrator 的"锚点工具"应用

制作牛耳底部时，首先使用"椭圆工具"绘制与参考素材中牛耳底部大小接近的椭圆，进行对标构形，并吸取素材中相应的颜色。

使用"直接选择工具"选择椭圆形左侧锚点，使用"钢笔工具组"中的"锚点工具"（较早版本的 Illustrator 叫作"转换锚点工具"）在该锚点上单击，此时该锚点所控制的手柄被自动折断，其所在的圆角形成尖角，如图 13-95 所示。

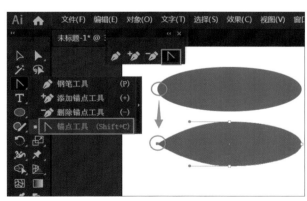

图 13-95

利用同样的方法，使用"钢笔工具组"中的"锚点工具"，对椭圆形右侧锚点进行选择并单击，使椭圆右侧也形成尖角。

此时，椭圆形变为梭形。使用"选择工具"旋转该梭形到合适的角度，放置在左侧耳朵底部相应的位置。如果形状与耳朵顶部形状贴靠后效果不理想，可以使用"直接选择工具"对形状的长度和宽度进行适当的比例调

整，如图 13-96 所示。

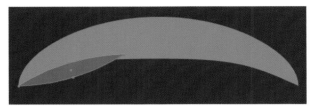

图 13-96

13.6.3 Illustrator 的"镜像工具"应用

使用"选择工具"选择该梭形，双击"镜像工具"，在出现的"镜像"对话框中选择"垂直"轴并勾选"预览"效果查看画板中设计稿的镜像效果，单击"复制"按钮完成镜像复制，此时画板中将出现额外被镜像复制的梭形对象，如图 13-97~ 图 13-99 所示。

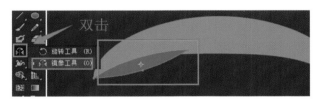

图 13-97

图 13-98

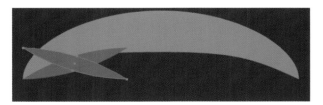

图 13-99

将被镜像复制的梭形对象放置在右侧耳朵底部相应的位置，完成牛耳的整体效果制作，如图 13-100 所示。

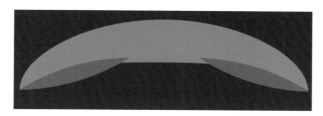

图 13-100

使用"椭圆工具"绘制牛的两只犄角，利用同样方法绘制正圆，制作牛的眼睛和鼻子，制作方法与Photoshop制作方法类似，这里不作赘述，如图 13-101、图 13-102 所示。

图　13-101

图　13-102

13.6.4　Illustrator 的对象分割应用

使用"椭圆工具"绘制牛嘴部的椭圆形，使用"吸管工具"为其吸取相应的颜色，并使用"选择工具"将

其拖曳到牛头底部居中的位置。

若图形顶部挡住牛鼻子，可以右键单击该图形，执行"排列→后移一层"命令，调整该对象到合适位置。如果一次排列不够，可再次执行上述命令，直到对象排位满足设计稿的要求，如图 13-103 所示。

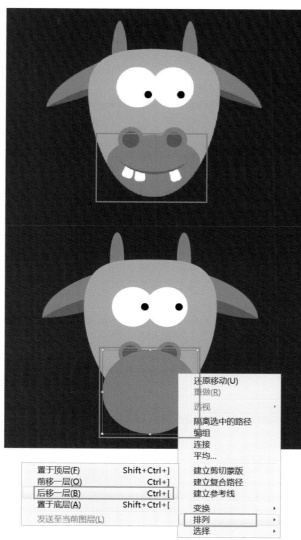

图　13-103

调整好该椭圆形对象位置后，为保留参考素材中该图形与牛头对象叠合的部分，需要删除椭圆形与牛头对象叠合之外的部分，就要以该椭圆形与牛头对象的交线为界线进行分割，使其相互分离。可使用"选择工具"，选择该椭圆形和牛头两个形状对象，单击"路径查找器"的"分割"按钮，对其进行分割操作，如图 13-104、图 13-105 所示。

路径查找器
应用方法

图　13-104

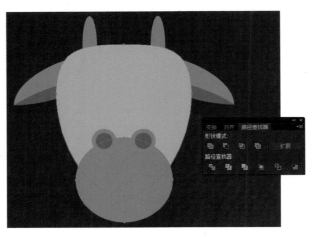

图　13-106

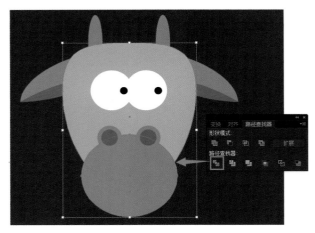

图　13-105

图　13-107

　　单击"路径查找器"的"分割"按钮后，被选择的两个图形对象进行了分割。因为被分割后的图形组被 Illustrator 计算为新图形，因而自动到了顶层，覆盖住了牛的眼睛。可以右键单击该图形组，执行"排列→后移一层"命令，可多次执行该命令使该对象组到合适位置，如图 13-106～图 13-108 所示。

　　右键单击被分割后的图形组，选择"取消编组"命令，使用"选择工具"单击椭圆形与牛头对象叠合之外的被分割的部分，按 Delete 键将其删除，如图 13-109～图 13-111 所示。

　　使用 Illustrator 中"路径查找器"的"分割"功能，可以替代 Photoshop 的"剪切蒙版"功能，方便快捷地实现同样的效果。至于 Illustrator 的"剪切蒙版"功能，

图　13-108

其效果与 Photoshop 不尽相同，本书在第 24 章将对其进行详细讲解。

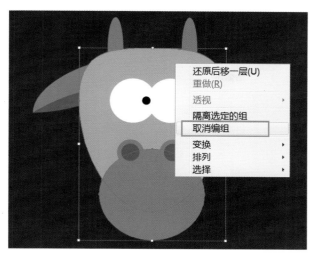

图 13-109

图 13-110

图 13-111

使用和制作牛耳相似的方法，利用"椭圆工具""直接选择工具""锚点工具"制作月牙形牛嘴，如图 13-112 所示。

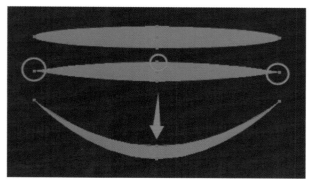

图 13-112

利用"选择工具"对月牙形进行等比例缩小，调整牛嘴在牛头上的比例到合适大小，如图 13-113 所示。

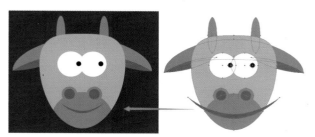

图 13-113

使用"圆角矩形工具"，绘制合适圆角大小的牙齿形状，对其填充白色，并使用"选择工具"对其进行移位复制，根据画面需要适度旋转，进行位置布局。使用快捷键 Shift+Ctrl+] 将月牙形的嘴置于顶层，至此就完成了由 Illustrator 相关矢量绘图工具制作的卡通牛形象，如图 13-114 所示。

图 13-114

第14章

Chapter 14

路径查找器与布尔运算

　　Illustrator 的"路径查找器"是执行矢量图形布尔运算的重要功能，可以帮助设计师实现基础矢量图形的快速拓形，是一种高效、实用的异形创建功能，它的合理应用也可以丰富地拓展矢量形状的应用场景。

　　通过对本章内容的学习，读者可以快速地了解通过"路径查找器"进行矢量对象布尔运算的方法和种类，并据此了解布尔运算的操作原理和技巧。本章将全面、系统地讲解布尔运算的应用方法和误区，以及针对不同画面效果所使用的布尔运算方法的区别等。

扫码下载本章资源

※ 手机扫描下方二维码，选择"推送到我的邮箱"，输入电子邮箱地址，即可在邮箱中获取资源。

| 路径查找器与布尔运算 | 路径查找器与布尔运算 | 路径查找器与布尔运算 | 路径查找器与布尔运算 | 路径查找器与布尔运算 |
| 配套 PPT 课件 | 配套笔记 | 配套标注 | 配套素材 | 配套作业 |

🏛 核心要点

- 通过对"路径查找器"功能的学习，可以在对矢量图形进行形体编辑的基础上，了解如何利用图形间的裁剪运算生成新的图形，从而提高工作效率。布尔运算是前一章的延续和深化，要融会贯通。
- 布尔运算的掌握依赖于对矢量图形属性的认知，案例对标操作要熟练。

🏷 章节难度

★ ★ ★ ★

💎 学习重点

- 通过"路径查找器"功能加强对矢量图形布尔运算方法的理解和应用。
- 在了解布尔运算原理的基础上，全面掌握"路径查找器"功能在实际项目中的应用方法，达到实现各种矢量形状拓形的目的。

14.1　布尔运算及应用场景

📄 布尔运算是 Illustrator 中矢量图形的快速拓形算法，应用十分广泛。它能在矢量图形间进行运算，快速生成预期的异形对象。它可以有效减少设计师对相关锚点进行位移等二次编辑的工作量，提高工作效率。

14.1.1　布尔运算的应用需求

通过上一章的学习，我们了解了如何利用 PS 和 AI 两款软件将基础矢量图形编辑成所需的异形来实现主题需要的内容，从中可以窥见 Illustrator 在处理矢量图形编辑时的效率。本章全面讲解利用 Illustrator "路径查找器"这一特有的布尔运算功能，通过图形与图形之间的加减运算组合成复合图形，帮助实现设计效果。

电商视觉设计
的构形分析

如图 14-1 所示，这是一个在电商网站的促销海报中经常可以看到的小吊旗的案例。通过分析可以看到，该案例是由胶囊形的一半形成的盾牌形作为底座的基础结构，并在底座上进行了镂空打孔，加上一些基于基础图形的装饰效果实现的。

路径查找器与
布尔运算应用

图　14-1

14.1.2　布尔运算的应用原理

所谓布尔运算，可以简单地理解为形状的加减运算。针对该案例，可以通过在胶囊形的顶部减去一个可以覆盖住其顶部区域的矩形来实现。

使用布尔运算的方法进行图形的快速裁剪可以帮助设计师大大提高工作效率。初学者必须牢固掌握，切勿一味"蛮干"。

根据参考图的效果需求，首先需要有一条直线边，将胶囊形的顶部区域去掉。这时就要用到形状的布尔运算功能。

创建画板，绘制矩形填充颜色并锁定构建背景色，使用"圆角矩形工具"，设置超大圆角半径，结合参考素材尺度，绘制一个胶囊形状，如图 14-2 所示。

通过分析可知，要想构建吊旗底座效果，需借助矩形将胶囊形顶部裁掉，保留下半部分区域，如图 14-3 所示。

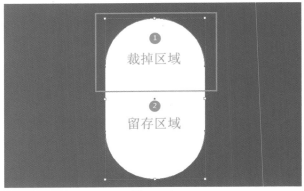

图　14-3

使用"矩形工具"在胶囊形顶部绘制矩形盖住胶囊形顶部，填充任意单色以方便辨识，如图 14-4 所示。

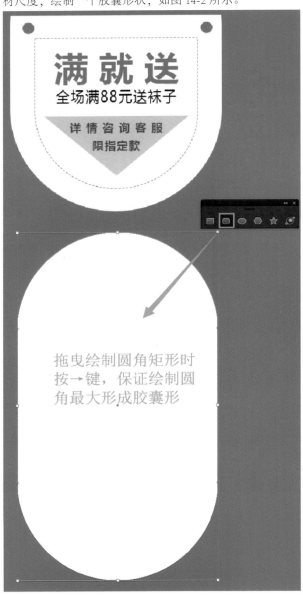

图　14-2

图　14-4

矢量形状布尔运算的一个核心技术难点就是要先认清被裁剪的对象：也就是裁剪对象与被裁剪对象之间的关系。也就是说，我们需要减去什么形状，就利用 Illustrator 的"路径查找器"相应的布尔运算功能去进行裁剪。

14.1.3 减去顶层形状运算

使用"选择工具"同时选择胶囊形和矩形后，打开"路径查找器"，单击"减去顶层"按钮，此时将减去顶部矩形区域，留下胶囊形下半部分形成吊旗的外形，如图 14-5、图 14-6 所示。

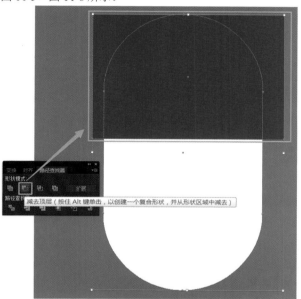

图　14-5

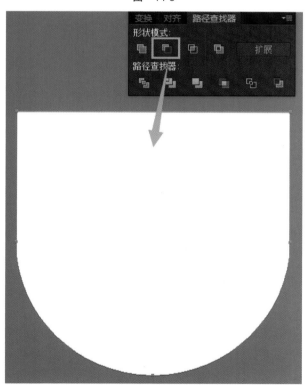

图　14-6

14.1.4 布尔运算的二次编辑

若进行布尔运算后因减去了顶层形状位置关系导致计算后的形状需要调整，可以使用"直接选择工具"框选相关锚点的方式对形状进行二次编辑，如图 14-7 所示。

图　14-7

14.1.5 描边与布尔运算的结合应用

下面制作吊旗的盾牌形虚线描边装饰效果。首先要对该盾牌形的底座进行移位复制。使用"选择工具"同时按 Alt 键复制该对象，并将其拖曳到与原对象重合的位置，按 Alt+Shift 键进行同心圆等比例缩小，缩小的同时要考虑吊旗顶部两侧打孔位置，并将该形状的"填充"颜色设置成"无"，"描边"颜色设置成对标稿颜色的虚线描边，形成吊旗的装饰效果，如图 14-8~ 图 14-10 所示。

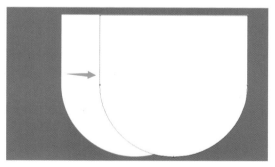

图　14-8

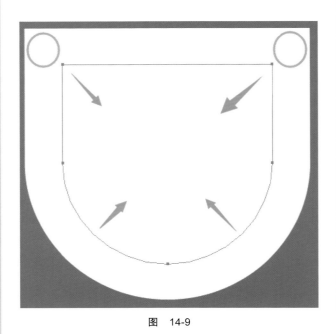

图 14-9

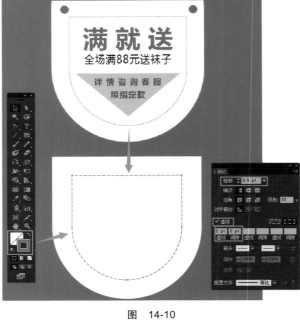

图 14-10

14.2　路径查找器及布尔运算综合应用

使用"路径查找器"将布尔运算应用于矢量图形的编辑时，往往需要对一个图形进行多次编辑。布尔运算不仅关系到对象外形的视觉化展现，更涉及镂空、对齐、对称等应用。通过布尔运算的综合应用，可以用矢量图形的最终效果检验出"路径查找器"的应用方法是否合理，从而可对形状的比例和结构等细节信息进行微调和改进。

14.2.1　布尔运算制作镂空效果

使用"椭圆工具"按照参考素材大小绘制正圆，制作吊旗的镂空效果。绘制好后通过移位复制的方法再复制一个正圆备用，如图 14-11 所示。

使用"选择工具"选择吊旗底座和刚刚绘制的小正圆，单击"路径查找器"的"减去顶层"按钮进行选中对象的布尔运算，制作吊旗镂空效果，如图 14-12、图 14-13 所示。

通过贯穿的案例实操不难发现，做好设计有两个指标，一是拓形，二是配色。通过基本形体调整基本形体的尺寸和比例、通过"路径查找器"的布尔运算加减计算拓形等，实现形体的个性化编辑；而色彩上通过富有吸引力的颜色填充，不仅可以很好地实现设计稿预期的效果，更能够给形体增加质感和活力。

做好拓形和配色这两项"姊妹式"工作，一直是陪伴设计师成长的最核心、本质的技能，要熟练地应用。接下来，我们将通过更为复杂的"路径查找器"应用方法，结合之前学到的内容，再深入挖掘相关技能在综合应用场景下如何实现更真实生动的设计效果。

图 14-11

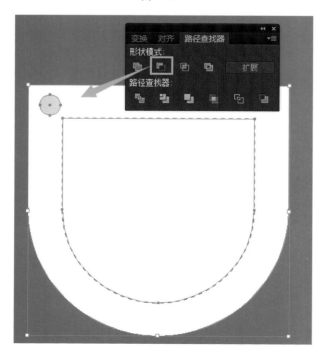

图 14-12

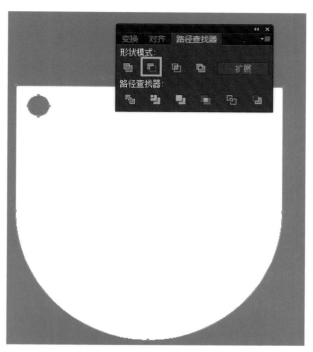

图 14-13

使用"选择工具"将另一个小正圆移动到合适位置，要保证该正圆对象的位置与左侧镂空正圆的高度和位置的对称关系，必须先满足对称效果再进行下一步操作。

选择吊旗底座和该正圆对象，单击"路径查找器"的"减去顶层"按钮进行选中对象的布尔运算，完成吊旗顶部两处对称的镂空效果的制作，如图 14-14、图 14-15 所示。

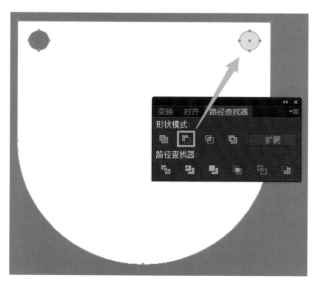

图 14-14

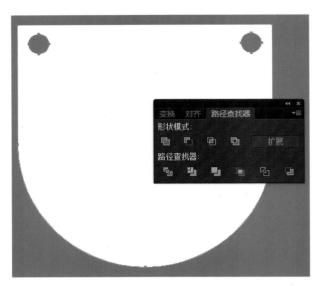

图 14-15

因为被镂空后的异形对象被 Illustrator 计算为新图形，因此自动排到了顶层，覆盖住了虚线的描边装饰。可以右键单击该图形，执行"排列→后移一层"命令，调整该对象到合适位置，如图 14-16、图 14-17 所示。

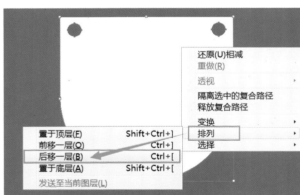

图 14-16

14.2.2 多边形的编辑与应用

使用"多边形工具"，拖曳绘制三角形，拖曳时按↓键调整多边形边数，使对象生成三角构形。为了保证对象有一条边与水平面平行，拖曳绘制时按 Shift 键可强制

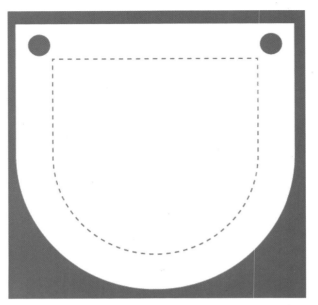

图 14-17

使三角形底边与水平面平行。Illustrator 无法直接绘制出顶边水平的三角形，需要二次编辑，如图 14-18 所示。

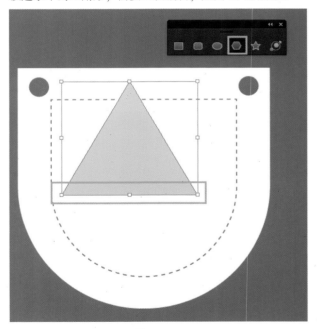

图 14-18

视觉设计作品的制作效果越有表现力，往往牵扯的装饰内容就越多，初学者要利用好装饰内容同为设计对象的特点，才能在操作时有条不紊。

装饰内容最显著的特点就是矢量对象的叠压关系，因此成熟的设计师一般采取从背景向前景内容制作的方法，最后制作的内容往往都是最靠上的对象，同时也是画面效果中最精彩、付出的制作成本和精力最多的内容。

使用"选择工具",拖曳三角形界定框,将顶角拖曳到下方。同时通过调整界定框将三角形在小吊旗上的位置布局好,如图 14-19、图 14-20 所示。

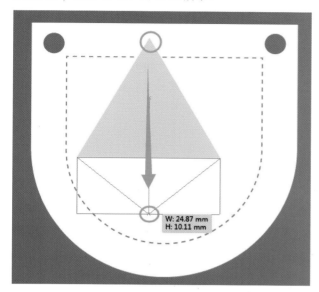

图 14-19

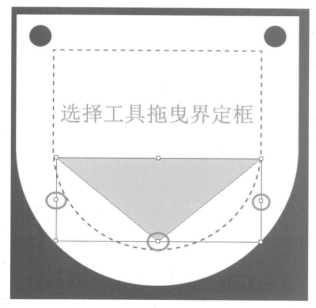

图 14-20

14.2.3 文案排版与 Bug 修正

使用"文字工具"排布文案时要注意,在排版底部三角形区域文案时,切不可直接在三角形上输入字符。因为如果直接在形状上输入,系统会自动在形状上生成"区域文字",所有文字都将依据形状边框围合的路径进行排版,如图 14-21 所示。

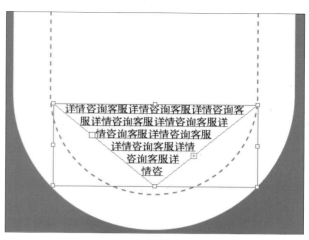

图 14-21

正确做法是在画板空白区域根据排版需要将文案编辑好后,再拖曳到三角形上即可。

在这里要向初学者强调一点,在完成复杂的知识点学习和技术操作后,操作者往往将主要精力放在技术实现方法和步骤操作要领上,当一切工作完成后便觉得大功告成了。事实上,技术最终还是为产品视觉服务的,产品视觉的用户体验好才是设计师的最终追求。

作为设计师,千万不要认为本案中技术难度相对比较容易的文案是可有可无的就忽视了文案的排版布局。恰恰文案区域是用户观察一个广告或者项目作品的核心区域。根据用户对画面由上至下的视觉欣赏习惯,文案的大小由上至下一般会根据广告中内容的权重由主到次地依次排列。

文案的对齐关系、位置关系,文案色彩与背景的呼应关系等都是相当有讲究的,只有技术能力过硬同时又尊重画面细节考量的设计师,才能最终成就优质的项目作品,如图 14-22 所示。

图 14-22

201

"路径查找器"的原理相当于对基础矢量对象通过布尔运算的形式再编辑。它的好处在于，既不影响既有矢量对象的结构关系，方便日后进行再次编辑，同时又能够利用既有矢量对象进行快速构形。

初学者要尽可能对同一设计需求掌握多种制作方法，"多管齐下、左右逢源"既是高效率应用软件的需要，也是设计师成长之路的"方向盘"和"指南针"。

设计稿制作无论牵扯多少对象、制作步骤多么复杂，最终都是为了突出使用需求而存在的，因此在制作项目时，配色也很重要。主体要尽量使用对比色，颜色明度、纯度的处理要体现层次感，最终才能呈现出既充满活力又风格统一的效果。

本章主要快捷键一览表

快 捷 键	功 能	使 用 备 注
L	"椭圆工具"	可绘制胶囊形
Shift+Ctrl+F9	路径查找器	
Ctrl+R	标尺，可拖曳参考线	R: Ruler
V	"选择工具"	
Ctrl+ 空格	中英文输入法切换	
A	"直接选择工具"	编辑形状
Ctrl+C	复制对象	
Ctrl+V	粘贴对象	

偏移路径

偏移路径主要应用于高精度的矢量图形编辑。如果对矢量图形编辑或设计稿的最终成型有较高的精度要求，就要借助偏移路径来实现。

偏移路径是 Illustrator 特有的矢量图形编辑功能，它可以通过软件对图形路径的计算，使图形边缘生成高精度的偏移效果。本章全面、系统地讲解路径的偏移及矢量图形编辑高级功能的应用方法。

扫码下载本章资源

* 手机扫描下方二维码，选择"推送到我的邮箱"，输入
电子邮箱地址，即可在邮箱中获取资源。

偏移路径
配套 PPT 课件

偏移路径
配套笔记

偏移路径
配套标注

偏移路径
配套素材

偏移路径
配套作业

15.1 创建偏移路径

偏移路径是 Illustrator 中的一个常用功能，它通过对矢量图形的路径进行参数化移位，使之产生需要的形态。将其和"路径查找器"结合使用，可以生成图形间的缝隙效果。在实际项目中，偏移路径是进行图标设计、标志设计等必备的应用技能。

15.1.1 偏移路径的添加条件

偏移路径在设计制图中应用非常广泛。下面通过双心图标的案例来了解偏移路径的用法。

先对这个图标进行设计分析。该案例的基本形体由两个心形构成，其主要的难点是两个心形叠合处有一段缝隙，这段缝隙是均等而匀称的，如图 15-1 所示。

新建画板，通过拖曳法将对标的素材拖曳到 Illustrator 工作区的画板中并进行嵌入和锁定。使用"椭圆工具"，按住 Shift 键拖曳绘制正圆形，单击"工具栏"中的"吸管工具"，在素材深红色心形上通过单击取色，使绘制的正圆形填充成对标案例的颜色，如图 15-2 所示。

路径偏移
应用方法

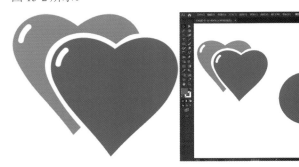

图　15-1　　　　　　　　　图　15-2

使用"直接选择工具"，通过调整锚点位置和控制手柄的方法将该正圆形对象编辑成心形，具体操作方法在第 8 章已详细论述，这里不再复述，如图 15-3 所示。

使用"选择工具"并按住 Shift 键向左拖曳，移位复制该心形。使用"吸管工具"，在素材粉红色部分通过单击取色，使复制的心形填充成对标案例的颜色，使画板中生成两个颜色的心形，如图 15-4 所示。

图　15-3　　　　　　　　　图　15-4

右键单击粉红色心形,执行"排列→后移一层"命令,调整该心形对象到合适位置,如图 15-5、图 15-6 所示。

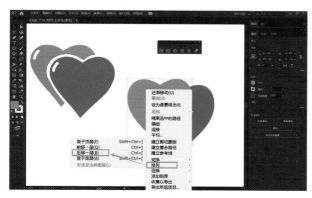

图 15-5

图 15-7

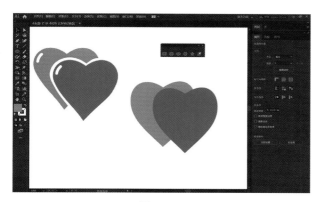

图 15-6

15.1.2　偏移路径的添加方法

接下来制作两个心形对象之间的缝隙效果。均等而匀称的缝隙可以通过对矢量对象的偏移路径来实现。

通过分参考素材的结构特点可知,该缝隙是由靠前的心形压住靠后的心形形成的,因此该缝隙是由靠前的心形生成的,要对靠前的心形进行偏移路径操作。使用"选择工具"选择该心形,执行"对象→路径→偏移路径"命令,以打开"偏移路径"参数设置对话框,如图 15-7 所示。

在"偏移路径"参数设置对话框中,先勾选"预览"命令,再根据画面实时效果调整"位移"参数到合适的大小。此时,该心形路径偏移的位置与该心形原有路径的位置之间的间距,即为缝隙的宽度,设置好后单击"确定"按钮,如图 15-8 所示。

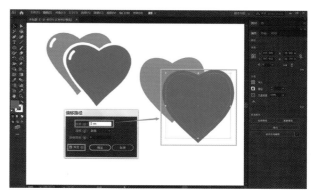

图　15-8

15.1.3　路径查找器与偏移路径的结合应用

对象进行偏移路径后,要将偏移出的新路径与靠后的心形相分割,借此创造两个图形之间的缝隙。

使用"选择工具"选择两个心形对象,单击"路径查找器"的"分割"按钮进行选中对象的分割操作。分割后右键单击该图形组,选择"取消编组"命令,以便对对象进行接下来的编辑操作,如图 15-9、图 15-10 所示。

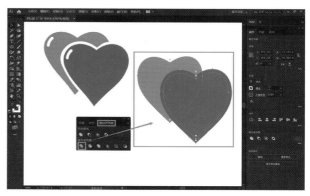

图　15-9

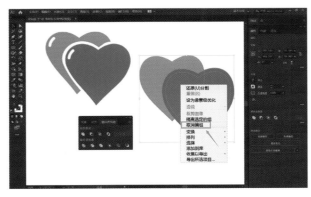

图 15-10

使用"选择工具"分别选择对象被分割后需要删除的区域，按 Delete 键删除，以形成两心形之间的缝隙，如图 15-11、图 15-12 所示。

图 15-11

图 15-12

15.1.4　偏移路径的 Bug 修正

"路径查找器"的"分割"功能在方便地制造矢量对象间等距缝隙效果的同时，也会破坏对象原有的结构，需要设计师根据实际情况采取合适的方法进行修复。本案中，靠前的心形被分割成两个部分，需要重新将它们联成一体。

使用"选择工具"选择靠前的心形对象被分割后的两部分，单击"路径查找器"的"联集"按钮进行选中对象的联集操作。此时靠前的心形对象即可"破壁重圆"，如图 15-13、图 15-14 所示。

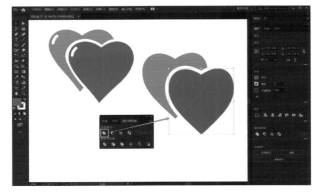

图 15-13

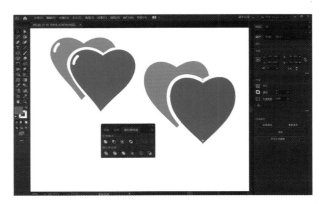

图 15-14

15.1.5　路径的细节修饰方法

使用"钢笔工具"，参照参考素材中心形高光的曲率绘制一条弯曲的路径，在"描边"面板中对其施以合适宽度参数的描边，将其"端点"改为"圆角"，形成心形光斑。使用"选择工具"将其拖曳到一个心形上，再复制一个心形光斑并拖曳到另一个心形上，完成本案的制作，如图 15-15～图 15-18 所示。

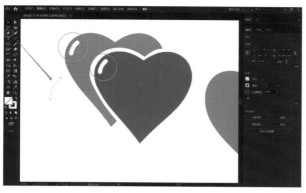

图 15-15

图 15-17

图 15-16

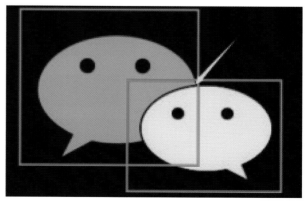

图 15-18

15.2 偏移路径拓展应用

偏移路径具有极高的场景适用性，配合不同的矢量图形类型可以制作出很多有质量的视觉效果。通过对 Illustrator 中可添加偏移路径的矢量图形进行拓展学习，可以让初学者根据矢量图形类型的特点，学会偏移路径的添加和使用技巧。鉴于偏移路径可以普遍地应用于各种矢量图形类型，可以进一步系统化剖析偏移路径在实际应用中的综合应用方法。

15.2.1 偏移路径的多场景应用

通过对双心案例的学习，我们可以清楚地知道，所谓适用于偏移路径的应用场景，就是指进行偏移路径操作后，该矢量图形中的对象间会因偏移路径产生缝隙效果。在 Illustrator 中，只要图标等设计需要有类似的缝隙效果，即可通过采用偏移路径的方式快速加实现。下面通过实际操作拓展了解可以使用偏移路径的其他案例及其在不同软件环境中的操作方法。

以知名的微信图标为例，如图 15-19 所示，从图中不难看到，该案例的基本形体由椭圆构成，其主要的特点是两个相互叠合的头像之间有一段缝隙，这段缝隙是均

等而匀称的，与上一节的双心案例在构形上如出一辙。

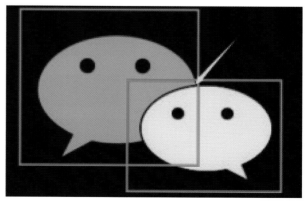

图 15-19

使用"椭圆工具"参照参考图绘制椭圆并填色，使用"钢笔工具"参照参考图绘制三角形并填色，使用"选择工具"选择两个对象，单击"路径查找器"的"联集"按钮进行选中对象的联集操作。此时形成了微信的一个头像的轮廓，如图15-20～图15-22所示。

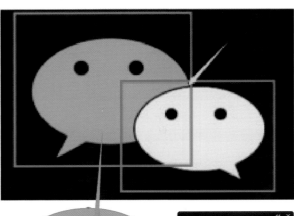

图　15-20

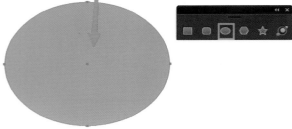

图　15-21

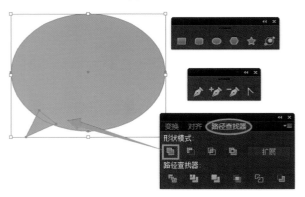

图　15-22

使用"椭圆工具"按 Shift 键绘制较小的正圆并复制，用以制作头像的眼睛，如图15-23所示。

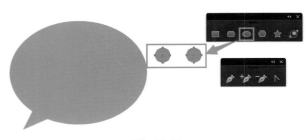

图　15-23

使用"选择工具"选择头像和一只眼睛两个对象，单击"路径查找器"的"减去顶层"按钮，实现眼睛镂空效果的制作。采用同种方式制作另一只眼睛的镂空效果，此时形成了微信的一个头像，如图15-24、图15-25所示。

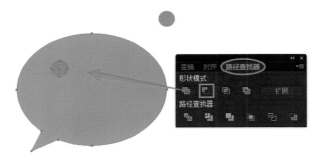

图　15-24

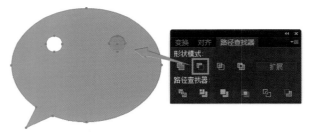

图　15-25

15.2.2　路径查找器与镜像的结合应用

使用"选择工具"选择制作好的头像对象，双击"工具栏"中的"镜像工具"图标，此时会出现"镜像"对话框，选择"轴"的方向为"垂直"，同时勾选"预览"查看效果，此时画板中的对象将会以垂直方向为轴进行镜像翻转，若镜像后效果满意，则可单击"复制"按钮以复制镜像结果形成两个头像对象，如图15-26~图15-28所示。

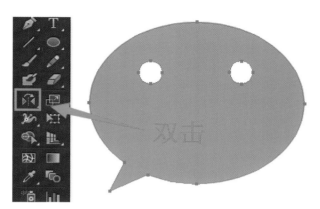

图 15-26

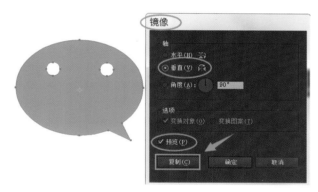

图 15-27

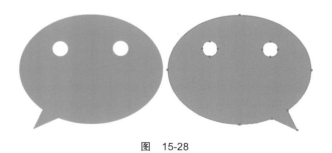

图 15-28

15.2.3 路径查找器应用

将镜像复制后的头像根据画面效果需要等比例缩小并改色，布置好与较大头像的布局关系并设色，如图15-29所示。

图 15-29

使用"选择工具"选择灰色头像，执行"对象→路径→偏移路径"命令，以打开"偏移路径"参数设置对话框。在"偏移路径"参数设置对话框中，先勾选"预览"命令，再根据画面实时效果调整"位移"参数到合适的大小，设置好后单击"确定"按钮，如图15-30所示。

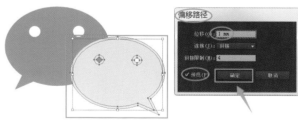

图 15-30

使用"选择工具"选择两个头像对象，单击"路径查找器"的"分割"按钮进行选中对象的分割操作。分割后右键单击该图形组，选择"取消编组"命令，以便对象进行接下来的编辑操作，如图15-31、图15-32所示。

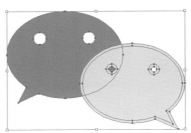

图 15-31

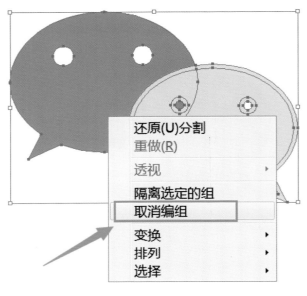

图 15-32

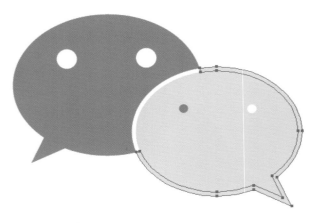

图 15-34

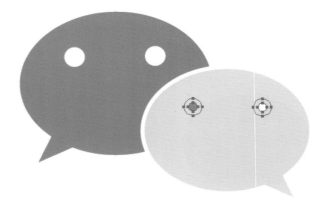

图 15-35

使用"选择工具"分别选择对象被分割后需要删除的区域，按 Delete 键删除，以形成两个头像之间的缝隙，如图 15-33~ 图 15-35 所示。

使用"选择工具"选择灰色头像被分割后的两部分，单击"路径查找器"的"联集"按钮进行选中对象的联集操作。此时靠前的灰色头像即恢复完整，如图 15-36、图 15-37 所示。

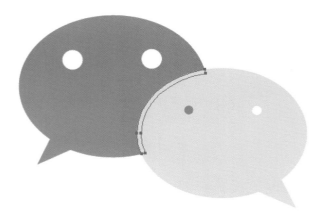

图 15-33

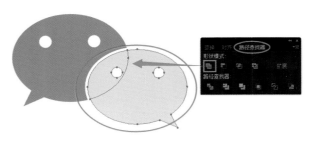

图 15-36

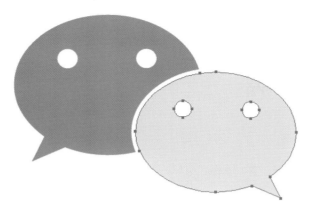

图 15-37

使用"选择工具"选择两个头像对象，右键单击选择"编组"命令，完成微信图标主体的制作。使用"矩形工具"绘制矩形并填充黑色置于图标底层并锁定，完成利用偏移路径功能制作的微信图标拓展案例，如图15-38、图15-39所示。

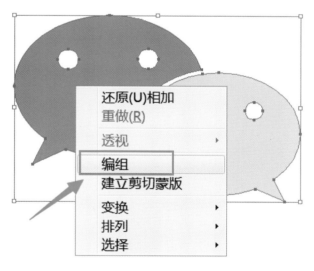

图 15-38

置于底层并锁定

图 15-39

现实生活中，有许多 Logo 的设计都是通过使用 Illustrator 的偏移路径功能实现的。通过本章的学习，读者可以在了解偏移路径相关知识点基础上，进行灵活变通。通过使用偏移路径的方法，制作图形间的缝隙结构，落地设计作品，如图 15-40 所示。

图 15-40

注意事项 吴老师有话说

偏移路径在设置参数时，要特别注意参数设置的同时观察画板中路径的偏移效果——在调整各参数时注意画面效果的变化，采用协同微调的方法进行操作，切勿急躁。唯有戒急用忍，方可行稳致远。

15.3 PS 选区收缩与 AI 偏移路径的对比应用

偏移路径的需求在不同软件中有不同的解决方案,学会配合不同软件的特点进行操作,才可以制作出有质量的视觉效果。通过 Photoshop 的选区收缩功能结合 Illustrator 中偏移路径功能的拓展学习,可以让初学者快速辨别位图和矢量图形的区别,学会在不同条件下处理缝隙效果的操作技巧。鉴于选区收缩和偏移路径可以普遍地应用于两款软件中,我们可以通过微信案例进一步拓展它在位图形态中通过选区收缩构形的综合应用方法。

15.3.1 位图缝隙效果的应用分析

Photoshop 是处理位图的软件,在面对位图对象时,想制作出案例中的缝隙效果,就要充分利用选区对位图对象的删除和填充功能。

本案中,为了达到两个头像之间缝隙效果宽度均等的画面要求,可以使用选区收缩的方法。事实上,选区收缩的原理和偏移路径是一致的,它们的不同点只是一个针对选区,而另一个针对路径。

下面,我们通过使用 Photoshop 位图制图的方法制作该案例的缝隙效果,了解同种需求在不同软件中的使用技巧,以便读者可以在不同软件中得心应手地应用相关功能达到设计意图。

通过分析对标素材可以发现,图标中前面浅灰色的头像减掉了绿色头像的一部分区域。因此在 Photoshop 中制作好该图标的逻辑顺序是:先使浅灰色小头像在绿色头像上"吃掉"一小部分,然后再进行浅灰色小头像的位置确认,最后完成浅灰色小头像的颜色填充,如图 15-41 所示。

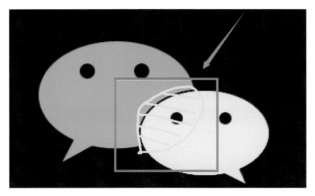

图 15-41

先使用"椭圆选框工具"和"多边形套索工具"绘制选区并填充绿色,生成较大头像。Photoshop 绘制头像的具体方法不予赘述,下面详细讲解选区收缩形成缝隙

效果的步骤。在绿色头像所在的图层上使用"椭圆选框工具"绘制一个大小合适的椭圆,然后按 Delete 键删除选区内的对象。此时绿色椭圆基本形状确定了下来,如图 15-42 所示。

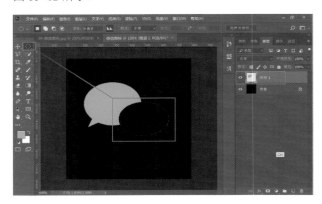

图 15-42

15.3.2 Photoshop 收缩选区的方法

在保留选区状态下执行"选择→修改→收缩"命令,可将选区收缩,如图 15-43 所示。

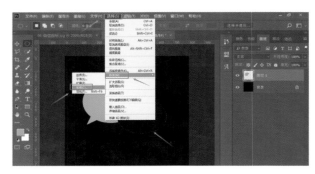

图 15-43

需要注意的是,这个命令必须在先有选区(蚂蚁线)的前提下才能执行。如果画面中没有选区对象,相关的操作命令将以浅灰色显示而无法选择。

在弹出的"收缩选区"对话框中，将"收缩"参数值设置为5像素，单击"确定"按钮，如图15-44所示。

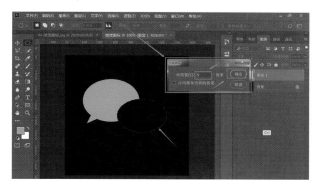

图 15-44

这里要特别强调的是，并不是一定要收缩5个像素才是合适的。"收缩"参数值的设置取决于所建画布的尺寸。读者今后练习时也不可只记参数值，最终参数值设置是否合适要根据实际画面效果而定。

参数设置确认后，可以看到选区的边缘均匀地进行了收缩，如图15-45所示。

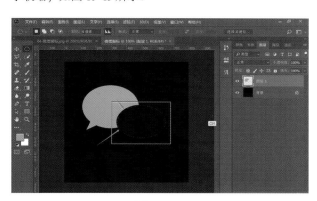

图 15-45

只有效果理想，才能进行下一步操作。如果收缩的效果不理想，可以通过快捷键Ctrl+Z退回到上一步，

重新设置"收缩"参数值并重复进行操作，直到满意为止。

利用绘制绿色头像同样的方法绘制小椭圆。在素材图中吸取浅灰色，并填充到椭圆选区中，再用"多边形套索工具"套出尾巴形状进行填充，完成小头像的绘制，至此，我们学完了如何使用Photoshop的选区收缩功能制作间距均等的缝隙效果，如图15-46所示。

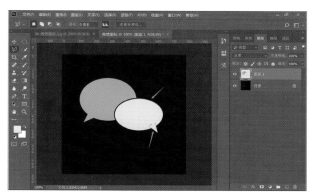

图 15-46

对Photoshop有一些了解的读者可能会发现，利用Photoshop的"形状工具组"内的相关形状，也可以生成像Illustrator那样的矢量对象，为什么一定要通过先生成位图图像再收缩选区的方法制作这个案例呢？

事实上，在Photoshop中没有偏移路径概念，因此即便使用Photoshop的"形状工具组"内的任何形状，所生成的矢量对象依然无法制作偏移路径效果，这是Photoshop和Illustrator的本质区别，所以在处理类似视觉效果时，要根据其自身特点使用不同的软件。

希望读者可以扎实地掌握Photoshop和Illustrator的软件区别与联系，以及处理相关视觉效果时所需使用的方法，以便为后面章节中学习Photoshop和Illustrator的结合应用打下坚实基础。

吴老师教你
举一要反三
应用实操●灵活变通

制作缝隙效果要掌握以下3个核心要点：
- 缝隙效果可能发生在两个或两个以上对象上，并且分别处在不同的图形中，要确保缝隙效果的参数设定对每一个图形对象都一致。
- 拟进行偏移路径的对象必须处于被选中状态方可生效。
- 通过案例掌握Illustrator偏移路径和Photoshop选区收缩的操作方法后，要自己练习几个对标对象，参考案例中的两种方法，尝试它们在不同场景下的应用效果。

15.4　偏移路径综合应用

大体了解了 Illustrator 偏移路径的方法后，就可以利用图形与图形之间的关系，尝试对之前学习过的案例进行新技能的应用，从而深入了解偏移路径的实现原理和使用方法。本节主要是对第 8 章蝴蝶造型案例的个案剖析和制作方法的优化探索。

15.4.1　偏移路径效果的需求分析

在第 8 章中，制作蝴蝶翅膀的叠压关系时使用了"钢笔工具"在路径上增加锚点的方法，通过"直接选择工具"进行编辑实现，这一方法的应用需要花费设计师较多精力，如图 15-47、图 15-48 所示。

15.4.2　偏移路径效果的实现方法

如果将第 8 章中的案例利用本章的偏移路径相关知识点进行制作，可将黄色蝴蝶翅膀进行偏移路径操作，再通过使用"路径查找器"的"分割"命令，即可快速实现两个翅膀间的缝隙效果，如图 15-49、图 15-50 所示。

图　15-47

图　15-49

添加锚点

图　15-48

图　15-50

想想看，在设计工作中，偏移路径这一技能的应用到底要表现什么样的设计意图？偏移路径所生成的缝隙是否通过这一留白效果使图标看起来更"透气"了？

第五篇
Illustrator 综合应用

Illustrator 综合应用篇（第 16 ~ 21 章），主要讲解了复合路径的应用、"旋转工具"的应用、文字的转曲、字体设计及立体字制作等方面的内容。

复合路径

建立复合路径的技能在 Illustrator 的矢量制图中极为重要。复合路径可以让独立的矢量对象组合成可供统一编辑的一体化对象，用户可以通过对复合路径的编辑，来调整输出矢量对象的特定形态，甚至还可以在此基础上为矢量对象增加装饰效果。

本章选择的商业案例体现了复合路径的普遍适用性，读者对具体的应用方法、操作技巧以及相关的参数设置方法要学会举一反三。

扫码下载本章资源

★ 手机扫描下方二维码，选择"推送到我的邮箱"，输入电子邮箱地址，即可在邮箱中获取资源。

复合路径
配套 PPT 课件　　复合路径
配套笔记　　复合路径
配套标注　　复合路径
配套素材　　复合路径
配套作业

16.1 复合路径构形

无论在标志设计、图标设计,还是在企业 Logo 设计场景中,矢量图形通过建立复合路径的方法进行个性化设计随处可见。本节通过真实案例的实际操作介绍复合路径在矢量图形设计中的高级应用方法。

16.1.1 矢量图形设计需求分析

下面通过彩虹苹果标志这一案例,详细了解复合路径在矢量图形设计和展示中的应用。

通过对该案例的分析可以发现,标志是由苹果主体、苹果叶子以及彩虹装饰效果共同组成的。苹果的形象无论主体还是叶子,均由异形构成,无法通过 Illustrator 给定的工具直接创建,需要设计师根据需要主观构形,如图 16-1 所示。

复合路径应用

图　16-1

虽然本章的核心知识点围绕矢量图形的复合路径展开,但在本章的案例中,该矢量图形较为复杂,需要读者在前期构形阶段花费较大功夫。复合路径一般也正是应用于设计效果比较复杂的场景中。

16.1.2　彩虹对象的要素构成

在视觉设计层面上，不难发现，彩虹苹果标志是由彩虹颜色带组成的彩虹底纹和苹果造型结合形成的，因此需要在前期准备阶段制作好彩虹颜色带和苹果造型两部分，如图 16-2 所示。

图　16-2

在技术操作层面上，彩虹苹果标志是由苹果的造型和彩虹的颜色结合形成的，这一形和色的结合过程需要设计师将苹果作为"容器"把彩虹"装"进去。

可以先使用"矩形工具"绘制两个不同颜色的矩形，再使用"星形工具"绘制一个黄色的五角星，然后将五角星放置在两个矩形上。

使用"选择工具"全选对象，单击"路径查找器"面板上的"裁剪"按钮，此时被选择的对象将会裁剪成保留顶层五角星的形状，同时保留底层两个矩形的颜色的彩色五角星形态。这说明"路径查找器"面板上的"裁剪"功能具有保留最顶层对象的形状，同时保留其下对象颜色的功能，这正是实现本案例效果所需要的，如图 16-3~图 16-5 所示。

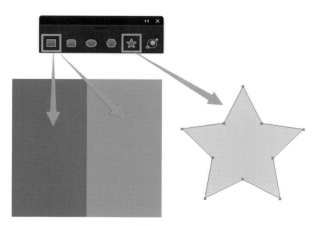

图　16-3

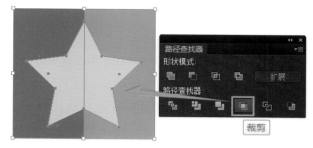

图　16-4

图　16-5

16.1.3　黄金比例分割构形法

彩虹苹果标志造型是由若干正圆经过黄金比例精心分割获得的，其造型结构严谨而富有美感。

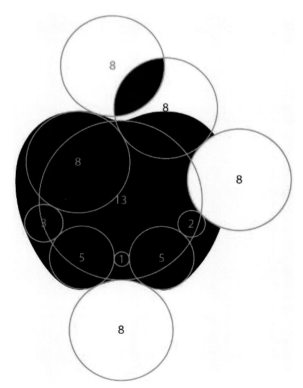

图　16-6

所谓黄金比例（Golden Ratio）分割，是指将整体一分为二，较大部分与整体部分的比值等于较小部分与较大部分的比值，其比值约为 1 : 0.618。这个比例被公认为是最能引起美感的比例，因此被称为黄金比例。

黄金比例分割应用广泛，意大利画家莱奥纳多·达·芬奇创作的著名素描作品《维特鲁威人》就是他严格遵照黄金比例分割绘制的完美比例的人体。经过黄金比例分割构建的苹果造型可以成为我们完成苹果设计造型的理论突破口，如图 16-6~ 图 16-9 所示。

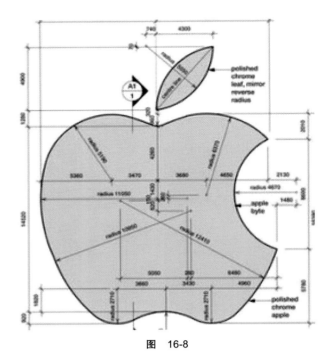

图　16-8

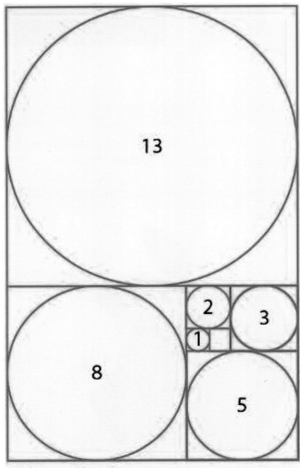

图　16-7

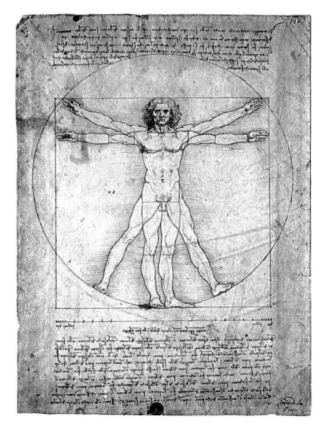

图　16-9

16.1.4 复合路径的要素构形

下面进行苹果形象的要素构形，首先构建苹果本体。虽然苹果看起来是一个轮廓浑圆的异形，但整体轮廓趋近于圆形。可以用圆形作为基本形，再在此基础上进行细节轮廓的拓展。

使用"椭圆工具"，按 Shift 键对标参考图绘制合适大小的正圆，并在其内部任意填充颜色，作为苹果本体的基础造型，如图 16-10 所示。

图 16-11

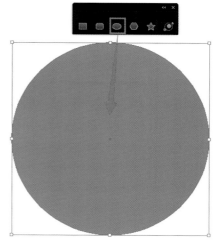

图 16-10

正圆绘制好后，通过分析参考图可知，苹果本体的顶部和底部分别由 2 个隆起和 1 个凹陷结构组成，如图 16-11 所示。

因 Illustrator 的"椭圆工具"绘制的正圆是由默认的 4 个锚点组成的，为了达到预期的设计效果，需要使用"钢笔工具"或"添加锚点工具"在正圆路径的相应位置单击来增加锚点，以便据此进行进一步的形体编辑，具体锚点增设位置如图 16-12 所示。

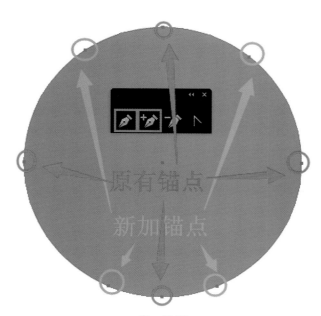

图 16-12

利用"直接选择工具"选择位于正圆顶部中央的锚点并向下垂直拖曳，使对象顶部呈凹陷效果。使用同样方法将位于对象底部中央的锚点向上垂直拖曳，如图 16-13、图 16-14 所示。

图 16-13

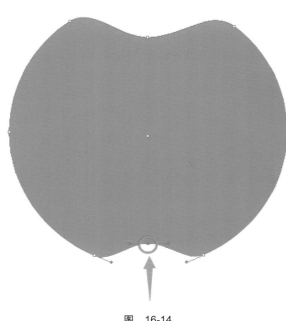

图 16-14

通过再次分析参考图可见，苹果本体的顶部和底部 4 个隆起效果平滑流畅，而设计稿则呈明显的凸起状态，需要进行优化，如图 16-15、图 16-16 所示。

平滑流畅

图 16-15

突兀的鼓起

图 16-16

使用"直接选择工具"选择造型对象顶部凸起效果所在的锚点，可见该锚点所在的控制手柄随形状的路径边缘呈倾斜状，这直接导致了它突兀的凸起效果。

为了使其达到平滑隆起的效果，需要将该手柄使用"直接选择工具"调整为水平状态，调整时配合 Shift 键将使手柄强制呈水平状。对象的左上、右上、左下、右下 4 个锚点的控制手柄均需调平，如图 16-17、图 16-18 所示。

通过分析苹果本体的造型，可见苹果左右两侧的高点在中部偏上位置，顶部两个隆起点间距略宽，底部对应的两点间距则略窄，四点连线呈倒梯形结构。

根据这一造型特点，在构形时，需要使用"直接选择工具"，将造型左右两侧的锚点位置垂直上移，同时不同程度地调整顶部和底部的 4 个锚点的位置，使其在对称的基础上达到对标稿造型的要求，如图 16-19 所示。

将倾斜手柄调整为水平方向

图　16-17

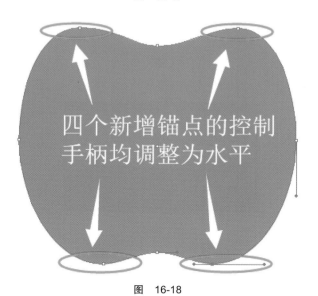

四个新增锚点的控制手柄均调整为水平

图　16-18

四点连线形成倒梯形结构

Authorized Dealer ®

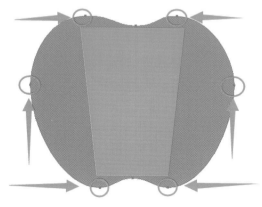

图　16-19

这里要提醒初学者，除了苹果形的矢量图形变形外，实际工作中还有其他各种形式的矢量图形变形效果需求，都需要设计师利用类似的方法主动添加锚点进行调整。无论什么样的个性化矢量图形变形效果，制作方法都大同小异，最终都要在形象上满足用户视觉体验需求，从而更好地发挥矢量图形设计的价值。

通过对标分析可知，苹果叶子和苹果本体被咬去的形状是由同等大小的正圆切割而成的，为达到该效果，可使用"椭圆工具"，按 Shift 键对标参考图绘制合适大小的正圆，并使用"选择工具"按 Alt 键拖曳复制，如图 16-20 所示。

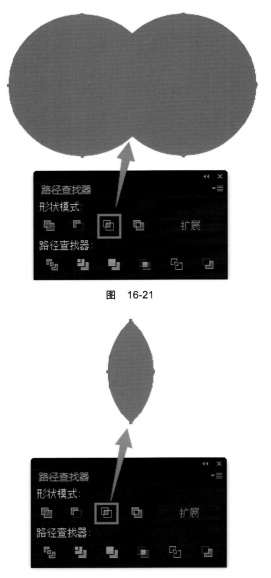

图 16-21

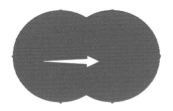

图 16-20

使用"选择工具"调整好两个正圆形的位置，使其交叠区域形成参考图中苹果叶子的形状。

使用"选择工具"全选两个正圆形对象，单击"路径查找器"面板上的"交集"按钮，使所选对象相交部分的内容保留，其他内容删除，形成苹果的叶子造型，如图 16-21、图 16-22 所示。

图 16-22

使用"选择工具"将制作好的苹果叶子的形状旋转到合适角度，并与苹果本体造型结合，如图 16-23 所示。

使用与制作苹果叶子同等大小的正圆形制作苹果被咬掉的缺口。将其移动到苹果本体合适的位置上，选择

注意事项

吴老师有话说 ▶

应用"路径查找器"相关功能进行矢量对象布尔运算时，设计师应该根据画面实际效果要求，先对基本图形进行摆位布局，达到理想状态，再用"路径查找器"的相关功能进行布尔运算，以便运算后的图形效果达到预期要求。如果效果不好，则需用组合键 Ctrl+Z 退回计算前的状态，进行多次反复调整，不可一蹴而就。

图　16-23

苹果本体形状和该圆形，单击"路径查找器"面板上的"减去顶层"按钮。全选所有对象，配合快捷键 Ctrl+G 对其编组，完成苹果造型的制作，如图 16-24 所示。

图　16-24

16.2　复合路径应用

Illustrator 对复合路径的应用赋予了很多实用功能，用户可以根据实际需求，将复合路径与多种装饰效果相结合。本节旨在建立对复合路径应用的初步认识——利用复合路径及布尔运算构建画面效果，帮助生成主体对象，丰富画面的视觉美感。

16.2.1　彩虹效果制作方法

矢量图形绘制好后，接下来进行彩虹装饰效果的制作。通过分析对标稿可见，设计图中的彩虹效果由 6 种颜色组成，并嵌套在苹果造型内部，如图 16-25 所示。

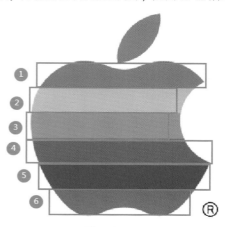

图　16-25

使用"矩形工具"绘制一个高度与对标稿一致的矩形，并任意填充单色，如图 16-26 所示。

图　16-26

使用"选择工具"并按 Alt 键向下垂直拖曳复制该矩形，使两个矩形位置上下紧密贴合，如图 16-27 所示。

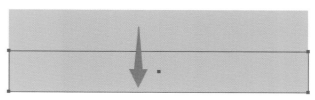

图　16-27

向下复制一个对象后，可使用快捷键 Ctrl+D 自动复制矩形，重复 4 次，得到 6 个矩形组成的矩阵，如图 16-28 所示。

图　16-28

将矩形矩阵按照对标稿的样式着色。使用"选择工具"先选择最顶部的矩形对象，再使用快捷键 i 切换到"吸管

工具"，在对标素材的绿色区域上单击，即可将素材上的绿色吸取到所选择的矩形上，实现对该图形的颜色填充。依此方法重复 5 次，分别对下面 5 个矩形依次取色，得到由 6 个矩形组成的彩虹矩阵。因最顶部的绿色矩形需要覆盖苹果叶子及苹果顶部，可以使用"选择工具"根据需要增加其高度。最后使用"选择工具"框选该矩阵对象，配合快捷键 Ctrl+G 对其编组，如图 16-29 所示。

此时我们得到了制作彩虹苹果的两个"原料"，即"彩虹"和"苹果"，接下来要把彩虹矩阵对象置入苹果对象中，如图 16-30 所示。

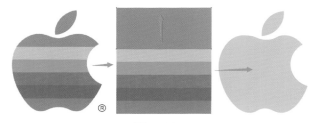

图　16-30

16.2.2　彩虹效果嵌套于对象

根据本案例在制作前的分析，可以使用"路径查找器"面板上的"裁剪"功能实现彩虹矩阵对象向苹果对象内的嵌套。

把彩虹矩阵对象与苹果对象叠合在一起，若彩虹矩阵在上方，则需将其放置在苹果对象的下面。这是因为"路径查找器"中的"裁剪"功能只保留最顶层对象的形状，同时保留其下对象的颜色，所以苹果对象必须置于顶层。

右键单击彩虹矩阵组，执行"排列→后移一层"命令，调整该组到苹果对象下方，如图 16-31 所示。

Authorized Dealer

图　16-29

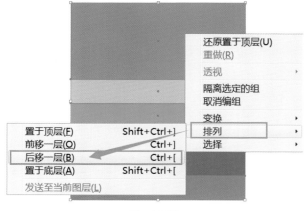

图　16-31

之所以出现"彩虹"在前,"苹果"在后的情况,是因为 Illustrator 默认最后制作的对象在画板上的最前显示。本案例先制作了苹果造型,再制作的彩虹矩阵,所以出现了这样的情况。

但先制作苹果造型是必要的。这是因为本案例的设计效果要求使用"路径查找器"中的"裁剪"功能,必须保证底部被"裁剪"对象的面积完全大于顶部苹果造型,才能保证"裁剪"操作后苹果造型填满彩虹。

按照正确的排布顺序把彩虹矩阵对象与苹果对象叠合在一起后,如图 16-32 所示,就可以对其进行"裁剪"操作了。

图　16-32

使用"选择工具"选择所有对象,单击"路径查找器"的"裁剪"按钮进行"裁剪"操作,如图 16-33 所示。

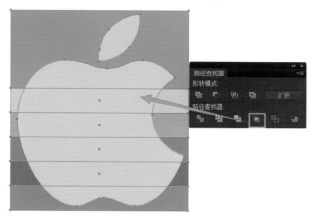

图　16-33

操作完成后,苹果本体身上虽有了彩虹效果,但苹果叶子不见了,这与本案例的预期效果不相符,如图 16-34 所示。

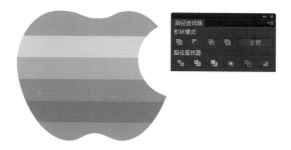

图　16-34

16.2.3　嵌套效果修复与复合路径

之所以出现彩虹苹果叶子丢失的情况,是因为在本案例的苹果造型制作时,最后制作的一步是苹果本体右侧被正圆形对象"咬"去一口而生成的对象。因此,Illustrator 默认最后制作的对象是苹果本体,它理所应当地被计算成苹果在设计稿最前显示的内容。这同时表明,苹果叶子在苹果本体的下一层。虽然苹果对象的本体和叶子都被填充成黄色显示,并已编组,但"裁剪"功能依然认为它们是两个完全独立的对象,因此在执行"裁剪"操作时,只计算了被认为在最前显示的苹果本体。为解决这一问题,就要把苹果本体的和叶子连为一体,使 Illustrator 将其计算为一个独立的矢量图形。选择苹果对象所在组,右键单击选择"取消编组"命令后,再次右键单击选择"建立复合路径"命令,或使用快捷键 Ctrl+8 建立复合路径,如图 16-35、

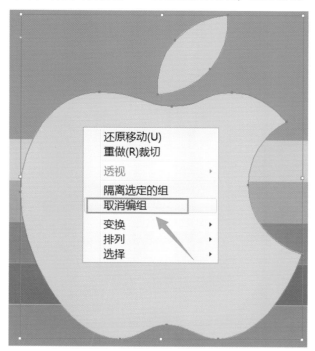

图　16-35

图 16-36 所示。

再次全选对象并执行"裁剪"命令，即可实现彩虹苹果效果，如图 16-38、图 16-39 所示。

图 16-36

再次右键单击对象，若可见"释放复合路径"选项，则说明已经为对象成功建立了复合路径，如图 16-37 所示。

图 16-38

图 16-37

图 16-39

旋转工具

矢量图形具有表现效果丰富、细腻，且易编辑的造型特点，在表现高精度的图形内容方面有着极大的优势。结合"旋转工具"的应用，可以更好地拓展矢量图形的应用场景。

在创建自定义图形的基础上，本章将通过具体案例详解矢量图形与"旋转工具"结合应用的操作步骤、技法诀窍，以及在此基础上的一些高级应用方法，使读者能够将方法灵活运用于实际工作中。

扫码下载本章资源

★ 手机扫描下方二维码，选择"推送到我的邮箱"，输入电子邮箱地址，即可在邮箱中获取资源。

旋转工具
配套 PPT 课件

旋转工具
配套笔记

旋转工具
配套标注

旋转工具
配套素材

旋转工具
配套作业

17.1　矢量图形的拓形

利用"路径查找器"配合"旋转工具"进行旋转效果设计，在商业设计实践中非常常见。矢量图形的旋转应用要以形体架构为前提，即结合实际需求先做好基础形体的拓形工作，为应用"旋转工具"做好准备。这将直接影响最终的旋转效果和画面的设计效果。

17.1.1　矢量图形对象的设计需求分析与准备

下面通过彩虹眼镜标志这一案例，详细了解"旋转工具"在矢量图形设计中的应用。

通过对该案例进行分析可以发现，标志是由黑色眼珠、环绕眼珠的彩虹装饰效果共内外两层结构组成的。环绕眼珠的彩虹装饰效果为异形构成，且以黑色眼珠为中心旋转排布，如图 17-1 所示。

环绕眼珠的彩虹装饰效果由 8 个对象组成，其以均等的间距环绕在眼珠四周，环绕对象之间的角度被 360°圆周等分为 8 份，呈 45°角，如图 17-2 所示。

图　17-1　　　　　　　　图　17-2

17.1.2　旋转对象的基础拓形

使用"椭圆工具"，按 Shift 键对标参考图绘制合适大小的正圆，并在其内部填充黑色，作为眼珠的基础造型，如图 17-3 所示。

图　17-3

使用"椭圆工具"，按 Shift 键对标参考图绘制较小的两个正圆，并在其内部填充白色，排布在黑色正圆上，使用"选择工具"全选 3 个正圆对象，右键单击执行"编组"命令或配合快捷键 Ctrl+G 对其编组，完成标志中央眼睛造型的制作，如图 17-4 所示。

旋转工具应用

图 17-4

使用"钢笔工具"，在眼睛造型的左上方通过依次单击形成 3 个锚点，连接成三角形路径，并对其填充任意颜色。该三角形务必对标参考图相应位置的装饰效果样式，保证其右侧边垂直于画面，如图 17-5 所示。

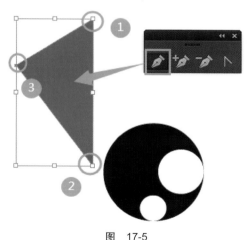

图 17-5

17.1.3 "旋转工具"的使用方法

使用"选择工具"选择绘制好的三角形对象，单击"工具栏"中的"旋转工具"。此时，三角形对象上会出现一个亮色旋转轴，该旋转轴位置为三角形对象默认的旋转轴心，如图 17-6 所示。

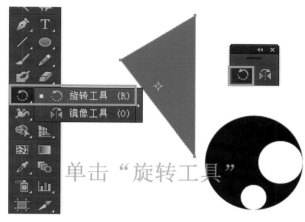

单击"旋转工具"

图 17-6

通过对这一案例进行分析可知，该案环绕眼珠的彩虹装饰对象必须以眼珠对象的中心点为旋转轴进行有规律地旋转排布。在单击"旋转工具"图标后，按 Alt 键在画布中需要重新定位对象旋转轴的位置上单击，可为对象重新定义旋转轴。

按 Alt 键单击眼珠对象中心后，出现"旋转"参数设置对话框，可对对象的旋转角度、预览效果等进行设置，如图 17-7 所示。

在眼睛中心点按 Alt 键并单击"确定"按钮自定义旋转轴

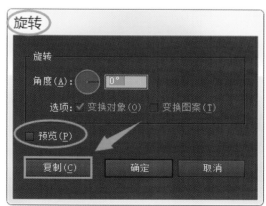

图 17-7

将"角度"参数设置为45°，并勾选"预览"选项，可见三角形对象以眼珠对象中心为旋转轴呈45°旋转，单击"复制"按钮以复制该旋转结果，如图17-8、图17-9所示。

图　17-8

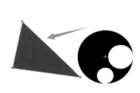

图　17-9

以眼珠对象中心为旋转轴复制旋转1个对象后，可使用快捷键Ctrl+D自动复制三角形对象，重复6次，得到8个三角形组成的环绕结构。此时会发现，环绕着的三角形之间的缝隙与参考图相比略宽，且缝隙并非平行效果，如图17-10所示。

图　17-10

17.1.4 "旋转工具"应用的Bug修复

产生这一结果是因为所绘制的第一个三角形并非等腰三角形，导致它们在统一旋转45°角后，其相邻的边无法达到相互平行排布的状态，导致了缝隙的变形。

可以使用快捷键Ctrl+Z退回到执行"旋转"命令前的步骤，通过使用"直接选择工具"选择三角形非垂直边上的锚点并移动其位置，将三角形修正为等腰三角形，如图17-11所示。

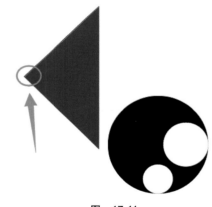

图　17-11

● 读者在上手操作时，调整好三角形结构后，必须先使用"选择工具"选择该三角形对象，再使用"旋转工具"。
● 如果使用"直接选择工具"调整三角形锚点位置后，直接使用"旋转工具"，会以刚刚被编辑的锚点而非整个三角形为旋转对象，导致旋转结果错误。

调整好三角形结构后，使用"选择工具"选择该三角形对象，再次使用"旋转工具"并设置相关参数来旋转对象并连续复制对象，形成满意的环绕效果。如果效果仍不满意，可重复使用快捷键 Ctrl+Z 退回到执行"旋转"命令前的步骤，逐步微调三角形的结构，以最终旋转效果满意为准，如图 17-12、图 17-13 所示。

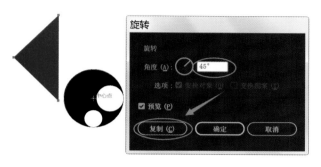

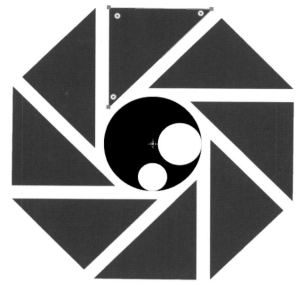

图 17-12

图 17-13

17.2 矢量图形的旋转应用

矢量图形的旋转操作要解决的是矢量图形在旋转后的视觉效果呈现问题。矢量基础图形生成后，可以利用"旋转工具"的参数化设置并根据设计对象的需要将其旋转效果进行优化，使之产生视觉调性与需求相统一的效果，并通过各个图形之间的颜色搭配形成生动的视觉形象。

17.2.1 矢量图形的边缘修整

以眼珠对象为中心，使用"椭圆工具"，按 Alt 键和 Shift 键对标参考图绘制合适大小的正圆，填充任意单色，形成与设计稿重叠的同心圆，如图 17-14 所示。

使用"选择工具"选择所有对象，单击"路径查找器"的"裁剪"按钮进行"裁剪"操作，即可实现该标志的构形，如图 17-15 所示。

灵动隐形眼镜
SMART CONTACT LENSES

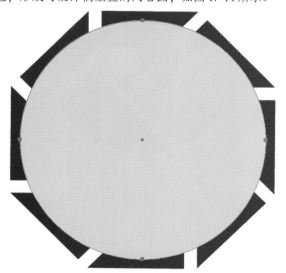

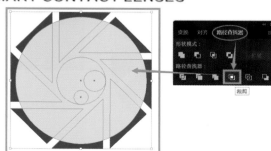

图 17-14

图 17-15

执行"裁剪"命令后，即完成了彩虹眼睛标志的构形工作，如图 17-16 所示。

图　17-16

17.2.2　矢量图形的旋转效果装饰

右键单击对象组，对使用"裁剪"命令后形成的对象组进行"取消编组"操作，以便可以单独对每个环绕眼珠的异形矢量图形添加彩虹装饰效果，如图 17-17 所示。

图　17-17

将环绕眼珠的 8 个异形矢量图形按照对标稿的效果着色。使用"选择工具"先选择最顶部的异形对象，再使用快捷键 i 切换到"吸管工具"，在对标素材的红色区域上单击，即可将素材上的红色吸取到所选择的异形对象上，实现对该图形的颜色填充。依此方法重复 7 次，分别对下面 7 个异形对象取色，得到由 8 个异形对象组成的彩虹环装饰效果。使用"选择工具"框选这些异形对象和眼睛对象，配合快捷键 Ctrl+G 对其编组。

此时即完成了彩虹眼睛标志的制作。这种对标方法好处很多。比如我们在网上找到心仪的参考图后，在原有造型上进行创意改动，需要首先还原该造型。而网上的素材很可能分辨率并不高，这时就需要用本案例中的方法将素材还原成高保真的矢量设计稿，再在此基础上进行编辑创意，如图 17-18 所示。

图　17-18

本章介绍了较为复杂的"旋转工具"自定义旋转轴的案例实践，读者在上手练习"旋转工具"时，可以尝试绘制好图形后，直接双击"旋转工具"，以图形自身的旋转轴为中心进行旋转操作练习。

本章主要快捷键一览表

快 捷 键	功 能	使 用 备 注
R	"旋转工具"	R：Rotate
Shift+Ctrl+F9	路径查找器面板	用于裁剪矢量对象
Ctrl+ N	新建画板	字母"O"，非数字"0"
Ctrl+ S	存储	覆盖存储
Shift+Ctrl+S	存储为	新建另外的存储
Ctrl+ 2	锁定当前对象	对象处于被选择状态
Alt+Ctrl+Delete	全部解锁	针对已锁定对象
X	切换颜色填充 / 描边	
Ctrl+Z	重做，退回上一步	
Ctrl+ D	连续移位复制	
Shift+X	切换填充 / 描边的颜色	
i	吸管工具	吸取素材颜色到对象
Ctrl+ +/-	放大 / 缩小画板显示	等同于 Alt+ 鼠标滚轮
Ctrl+C	复制对象	对象处于被选择状态
Ctrl+V	粘贴对象	先复制对象才能生效
A	"直接选择工具"	用于编辑矢量对象
V	"选择工具"	用于选择和移动对象
P	"钢笔工具"	用于绘制矢量对象
Ctrl+G	编组	针对选中的对象有效
Shift+Ctrl+G	取消编组	针对已编组的对象有效

第18章

Chapter 18

旋转工具综合应用

一幅精美、考究的设计作品，仅仅依靠基础矢量图形的排布组合是远远不够的。基础矢量图形往往因造型板滞等因素难以被直接使用，需要进行更加精细的编辑处理。

通过对矢量图形的布尔运算操作，可以使画面达到预期的使用要求。通过对本章内容的学习，读者可以了解基础矢量图形的综合拓形方法，结合第 17 章 "旋转工具" 的应用，对矢量图形进行更深入的编辑和调整。

扫码下载本章资源

* 手机扫描下方二维码，选择"推送到我的邮箱"，输入电子邮箱地址，即可在邮箱中获取资源。

旋转工具综合应用　　旋转工具综合应用　　旋转工具综合应用　　旋转工具综合应用　　旋转工具综合应用
配套 PPT 课件　　　　配套笔记　　　　　　配套标注　　　　　　配套素材　　　　　　配套作业

18.1　复合矢量图形的拓形

任何一个矢量图形都需要结合它的应用场景需求，进行必要的造型修整和构图布局。这就需要利用 Illustrator 对复合矢量图形进行形体拓展应用，从而达到使用要求。在矢量图形与"旋转工具"综合应用方面，Illustrator 表现卓越，通过其不同工具和功能的组合应用，再加上设计师对构形效果的创意发挥，可以创造出丰富的视觉效果。

18.1.1　复合矢量图形对象的设计需求分析与构形

下面通过酒店标志案例，深入了解"旋转工具"在复合矢量图形设计中的综合应用方法。

旋转工具
综合应用

通过对案例进行分析可以发现，该标志为配合酒店名称和行业属性而设计，利用字母"Y"元素组成的标志，即是酒店名称的首字母缩写，又形似叉子，配以清新的绿色配色，标志整体体现出了酒店优雅的格调和舒适宜人的特点。

从设计创意角度上讲，标志由字母"Y"元素为原型进行异形化设计，并呈十字形旋转排列。整个标志由两个十字形排布的异形组呈同心圆排列组合，通过近似色配色交叉相衬，体现出较好的秩序性和层次感，如图 18-1 所示。

在设计操作层面上，需要首先将字母"Y"元素当作复合的异形矢量图形进行构形。再将其配合"旋转工具"，以自定义旋转轴的方式进行旋转编组，形成十字形旋转排列并编组。最后对该组对象进行同心圆旋转复制，调整比例和配色，即可实现预期效果，如图 18-2 所示。

图　18-1

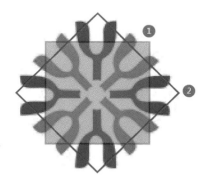

图　18-2

18.1.2　复合矢量对象的基础拓形

本案例从由字母"Y"元素为原型的异形矢量对象做起。使用"圆角矩形工具"，设置超大圆角半径，结合参考素材尺度，绘制一个胶囊形状，使用"吸管工具"，在对标素材的深绿色区域上单击，将素材上的深绿色吸取到胶囊形状上，如图 18-3 所示。

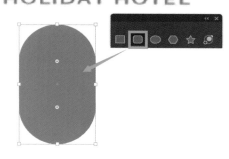

图　18-3

通过分析以字母"Y"元素为原型组成的异形结构可知，要想构建"Y"字形顶部效果，需借助矩形将胶囊形顶部裁掉，保留下半部分区域。

使用"矩形工具"在胶囊形顶部绘制矩形，使其盖住胶囊形顶部，填充任意单色以方便辨识。

使用"选择工具"同时选择胶囊形和矩形后，打开"路径查找器"，单击"减去顶层"按钮，此时将减去顶部矩形区域，留下剩余的胶囊形下半部分。该操作与第14章吊旗案例的外形构建方法类似，如图18-4所示。

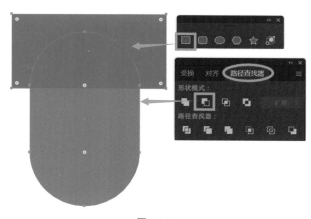

图　18-4

继续使用"圆角矩形工具"，设置超大圆角半径，结合参考素材尺度，在进行布尔运算后的对象居中位置绘制一个胶囊形状，以构建"Y"字形顶部的"U"字形结构。

要注意该"U"字形结构两侧垂直区域较宽，底部转角区域较窄，绘制胶囊形时要做好位置排布，以便在布尔运算后达到预期效果，如图18-5所示。

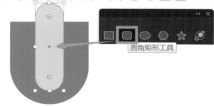

图　18-5

使用"选择工具"同时选择两个矢量对象，打开"路径查找器"，单击"减去顶层"按钮，形成"U"字形结构的异形矢量对象，如图18-6所示。

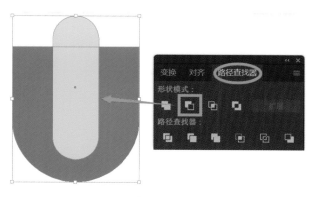

图　18-6

使用"矩形工具"在"U"字形对象底部居中位置绘制矩形，并使其与"U"字形对象相接驳。

使用"选择工具"同时选择两个对象后，打开"路径查找器"，单击"联集"按钮，此时形成了"Y"字形结构的基本雏形，如图18-7所示。

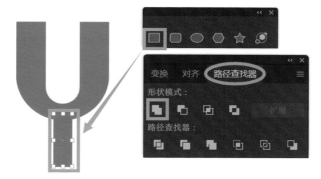

图 18-7

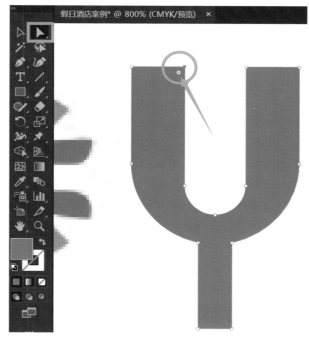

图 18-9

通过对该案例进行分析可以发现，参考图的"Y"字形结构的顶部内角为圆角，而设计稿的相应位置为尖角，如图18-8所示。

图 18-8

使用"直接选择工具"，选择"Y"字形对象上要编辑的尖角所在的锚点，向左下方拖曳锚点上自带的用以编辑圆角效果的小白点，即可将"Y"字形结构的顶部内角改为圆角。拖曳的圆角大小要与对标的设计稿圆角大小相匹配，如图18-9、图18-10所示。

图 18-10

在新版本的 Illustrator 中，用户如果需要将矢量对象的尖角改为圆角，可以通过使用"直接选择工具"，选择要编辑的尖角所在的锚点，直接拖曳锚点上自带的用以编辑圆角效果的小白点即可。

但是在较早版本的 Illustrator 中（如 Illustrator CS 6），即使使用"直接选择工具"选择相关锚点后，依然没有可以拖曳生成圆角的小白点。需要用户手动编辑图形对象以生成圆角效果。具体操作方法将在本书第 20 章"达利园"案例中详细讲解。

再次对该案例进行分析可以发现，参考图的"Y"字形结构的顶部成倒八字形结构，像开放的花朵，而设计稿的相应位置则为垂直形态，如图18-11所示。

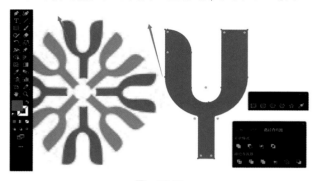

图　18-11

使用"直接选择工具"，选择"Y"字形对象左上角所在的锚点，向左拖曳锚点位置，使"Y"字形对象上方开口打开，如图18-12所示。

图　18-12

参照对标稿细节，使用"直接选择工具"，对"Y"字形对象上的锚点位置及其控制手柄进行调整，使"Y"字形对象的设计稿与对标稿效果保持一致，如图18-13所示。

图　18-13

18.1.3　对称效果制作方法

如果将该对象的左半面造型调整好后，再去调整右半面造型，不仅浪费时间，还可能因为手工调整锚点带来难以避免的误差，难以实现对称效果。"Y"字形对象是对称图形，因此可以使用镜像复制对象的方法来实现。

只要将已经调整好的"Y"字形对象左半面通过镜像复制到右侧，再将左右两个半面的对象通过"路径查找器"的"联集"功能组合到一起，即可得到对称的造型，如图18-14所示。

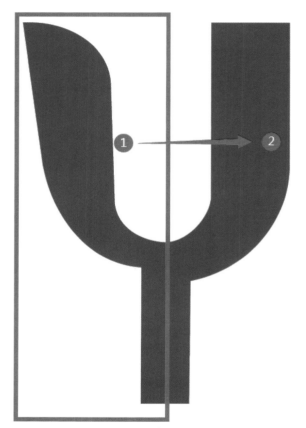

图　18-14

注意事项

吴老师有话说 ▶

在实际工作中，制作对象对称效果时，为提高工作效率，在制作半面对象时，一定要将其造型充分地调整到满意效果后再进行镜像。

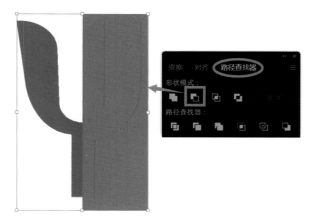

使用"矩形工具"在"Y"字形对象右侧绘制矩形盖住"Y"字形对象右半面，确保矩形位置完整地盖住"Y"字形对象的右半面，同时矩形左边线盖在"Y"字形对象的中线上，以保证镜像后的对称效果。对矩形对象填充任意单色以方便辨识。

使用"选择工具"同时选择"Y"字形对象和矩形后，打开"路径查找器"，单击"减去顶层"按钮,此时将减去"Y"字形对象右半部分，留下被调整好造型等待镜像复制的左半部分对象，如图 18-15、图 18-16 所示。

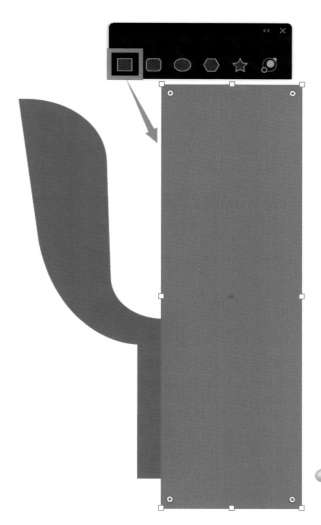

图　18-16

图　18-15

一定要先复制并保存好 Illustrator 设计稿文件，再进行布尔运算，避免因计算时死机导致设计稿丢失。

在 Illustrator 中，通过执行"路径查找器"的"减去顶层"命令来制作对称效果时，用作布尔运算的被减去的对象设色务必要与待镜像的对象颜色加以区分，以便可以方便地通过观察画面效果判定执行布尔运算的对象之间的位置关系是否合理。

18.2　复合矢量图形的旋转应用

复合矢量图形在制作成型后,还需要利用"旋转工具"根据实际需要进行旋转操作。本节将同时讲解利用"旋转工具"自定义旋转轴和直接使用对象组的旋转轴进行对象旋转的操作技巧。从而对复合矢量图形进行相应优化，以达到预期效果。

18.2.1 复合矢量图形的镜像

使用"选择工具"选择"Y"字形对象的左半部分对象，双击"工具栏"中的"镜像工具"图标，此时会出现"镜像"对话框，选择"轴"的方向为"垂直"，同时勾选"预览"查看效果，此时画板中的对象将会以垂直方向为轴进行镜像翻转，若镜像后效果满意，则可单击"复制"按钮以复制镜像结果。注意不要单击"确定"按钮，那样画板上将不会保留镜像前的原始对象，如图18-17~图18-19所示。

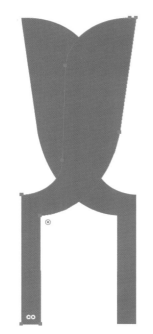

图 18-19

使用"选择工具"向右平移被镜像复制的"Y"字形对象的右半部分对象，确保移动后两个对象完好组成"Y"字形效果。使用"选择工具"同时选择两个对象后，打开"路径查找器"，单击"联集"按钮，此时完成了"Y"字形结构的制作，如图18-20~图18-22所示。

图 18-17

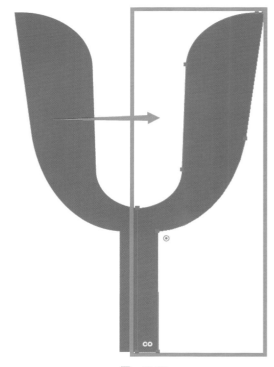

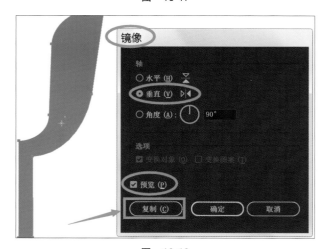

图 18-18

图 18-20

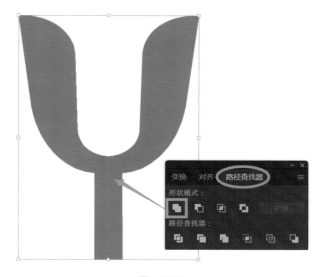

图　18-21

18.2.2　旋转应用与效果修正

参考图的标志由"Y"字形对象呈十字形旋转排列而成，因此要对制作好的异形矢量图形进行旋转操作。

使用"选择工具"选择绘制好的"Y"字形对象，单击"旋转工具"图标，此时，"Y"字形对象上会出现一个亮色旋转轴，该旋转轴位置为"Y"字形对象默认的旋转轴心点。通过分析对标志案例可知，该案例"Y"字形对象的旋转轴位置应垂直于对象的底部，如图 18-23 所示。

图　18-23

在单击"旋转工具"图标后，按 Alt 键在画布中需要重新定位对象旋转轴的位置上单击，可为对象重新定义旋转轴。单击确定好自定义旋轴后，出现"旋转"参数设置对话框，可对对象的旋转角度、预览效果等进行设置。将"角度"参数设置为 90°，并勾选"预览"选项，可见"Y"字形对象以新旋转轴为轴心呈 90°旋转，单击"复制"按钮以复制该旋转结果，如图 18-24 所示。

图　18-22

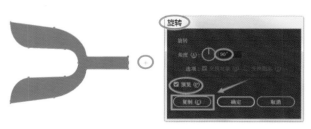

图　18-24

通过"旋转"参数设置对话框复制旋转 1 个对象后，可使用快捷键 Ctrl+D 自动复制"Y"字形对象，重复 2 次，得到 4 个"Y"字形对象组成的十字结构，全选 4 个对象并使用快捷键 Ctrl+G 编组，如图 18-25 所示。

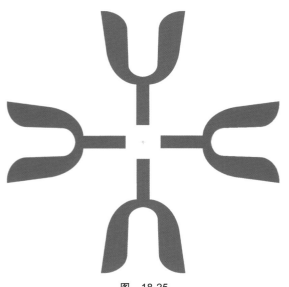

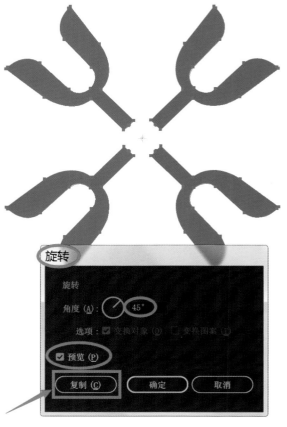

图　18-25

选择该对象组，双击"旋转工具"图标，在出现的"旋转"参数设置对话框中，将"角度"参数设置为 45°，并勾选"预览"选项，可见对象组以其中心点为轴心呈 45°旋转，单击"复制"按钮以复制该旋转结果，如图 18-26 所示。

图　18-26

很多设计作品为了表现动感，作品成稿效果往往可能是倾斜构图的。设计师可以先做正常的效果，再利用"旋转工具"等工具将其倾斜。因为直接做成倾斜效果将大大增加制作难度。作为 Illustrator 用户，要针对不同需求，融会贯通各种方法和技巧，摆脱固有模式，制作出更专业的作品。

从视觉设计的发展历程来看，人们的生活习惯和审美观念的变化直接影响并决定了设计潮流和趋势的变化。只有顺应时代发展趋势、迎合社会需求的视觉设计作品，才是设计师最该追求的。

随着时代的变迁和一轮又一轮设计潮流的演进，设计呈现出波浪形曲线动态变化前进的特点，形成如下的设计趋势：

● 伴随着移动互联网的发展，特别是 5G 的普及和商用，电子商务、大数据和区块链等社会需求造就了雨后春笋般的新兴企业，这些企业在标志设计上为了体现集权思想，标志设计往往趋圆形居多，会大量用到图形旋转。

● 迎合趋势发展的过程实际上是在设计中增减元素的过程，要充分利用具有时代特质的新元素。

● 好的设计师其作品也要在主体和陪衬体的色彩搭配上下功夫。例如，本案例中虽然配色同属一个色系，但主体的颜色浓重一些，陪衬体的颜色稍有区别。要合理平衡好它们的配色关系，做到恰到好处。

通过"旋转"参数设置对话框复制旋转 1 个"×"形对象组后，可使用"选择工具"选择该对象组，同时按 Alt 和 Shift 键对其进行同心圆等比例缩小，以达到参考图的效果。

最后，使用快捷键 i 切换到"吸管工具"，在对标素材的浅绿色区域上单击，即可将素材上的浅绿色吸取到所选择的"×"形对象组上，完成本案的制作，如图 18-27~图 18-29 所示。

图 18-28

图 18-27

图 18-29

在制作第一个"Y"字形对象时，务必要将其精度做到位。以便在进行旋转和复制操作后，整个标志的质量得到保障。

在进行矢量图形的旋转操作前，首先要对组成矢量图形的各方面元素进行认真分析。通过对元素的基本组成结构的分析来判断是否需要使用布尔运算，通过对画面元素关系的分析来判断是否需要自定义新的旋转轴。这一分析过程对于新手来说比技术操作更重要。操作工作一定要有的放矢，不能为旋转而旋转。

利用"旋转工具"进行旋转操作时，不能只根据分析结果盲目确定旋转轴位置，而是要紧盯画面实时显示的效果进行灵活微调。

第19章

Chapter 19

文字的转曲

Illustrator 的文字转曲功能主要应用于字体设计，可以方便设计师丰富文字的视觉效果，从而满足多种文字设计需求。本章全面、系统地介绍了 Illustrator 中各种文字的转曲的特点、效果和应用场景，以及在应用中的难点和注意事项。

本章结合实际案例操作，对文字的转曲方法进行详细讲解。通过对本章案例拓展部分的学习，有助于读者在实际应用中举一反三，有效地指导字体设计工作。

扫码下载本章资源　★ 手机扫描下方二维码，选择"推送到我的邮箱"，输入电子邮箱地址，即可在邮箱中获取资源。

文字的转曲　　文字的转曲　　文字的转曲　　文字的转曲　　文字的转曲
配套 PPT 课件　　配套笔记　　配套标注　　配套素材　　配套作业

19.1　文字转曲的应用

在 Illustrator 中，用户不仅可以通过字体设计提升画面的调性，实现不同种类的设计需求，而且可以应用文字的转曲，实现矢量对象间的不同效果，丰富设计内涵。在一些高水准的电商运营文案和广告设计中，Illustrator 的文字转曲功能都发挥了重要的作用。

19.1.1　文字转曲的需求分析

字体设计在视觉设计领域中意义重大。在 Illustrator 中，字体要想被设计，就必须将字符（无论是商业字体还是非商业字体）先转换成矢量图形，再使用编辑矢量图形的技术方法，对字体的字形结构进行二次编辑，通过字体设计达到满足需求的目的。下面通过一组字体设计案例，详细了解 Illustrator 中文字转曲在字体设计中的应用，如图 19-1 所示。

文字转曲应用

图　19-1

通过对该案例的分析可以发现，该 Logo 的字母"J"勾起的拐角较高，字母"E"和字母"V"顶部有一处连笔效果，同时字母"E"的底部两个横线端点与字母"V"形成了互补的形体关系，字母"O"趋近于正圆形。组成整个 Logo 的 4 个字母均向右略倾斜，同时该 Logo 还有黄色异形的装饰效果，如图 19-2 所示。

图　19-2

总之，该 Logo 设计字母的变形效果，无法通过 Illustrator 给定的工具直接创建，需要设计师根据需要主观构形。

19.1.2　文字转曲的准备

使用"文字工具"，在画板中输入"JEVO"字母，字体选择"微软雅黑"，以使字体效果更趋近于对标的 Logo，为后期的编辑提供便利，如图 19-3 所示。

文字的转曲

图　19-3

虽然"微软雅黑"字体的结构与对标的 Logo 较为接近，但线型略显纤细，可以通过为"JEVO"字母添加描边的方式使其效果更趋近于对标的 Logo，如图 19-4 所示。

图　19-4

19.2　文字的扩展

文字或字母在字符状态下只能进行有限的基本编辑，用户要想根据设计需要随心所欲地制作出字体变形效果，就要通过对文字进行扩展，使其生成图形，才能采取编辑图形的方式进行文字设计。Illustrator 文字的扩展功能使得设计师进行字体变形设计成为可能。

19.2.1　文字扩展的方法

文字在字符状态下难以进行字体变形等编辑操作，需要对其进行图形化处理，即扩展文字。

使用"选择工具"选择需要扩展的文字内容，通过

图　19-5

执行"对象→扩展"命令，可打开"扩展"参数设置对话框，使用软件默认的"扩展"参数设置，单击"确定"按钮，即可扩展被选择的文字内容，如图 19-5、图 19-6 所示。

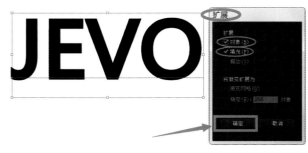

图　19-6

19.2.2　描边的二次扩展方法

执行"扩展"操作后，可以看到原有的字符已经变为可编辑的矢量图形了，但描边效果还在，需要对其描边效果进行二次扩展。

使用"选择工具"选择需要扩展的全部内容，再次执行"对象→扩展"命令，在"扩展"参数设置对话框中使用软件默认的"扩展"参数设置，单击"确定"按钮，

即可将文字的描边扩展成图形，同时在"描边"面板中，对象的描边属性随即消失，如图 19-7~ 图 19-9 所示。

图　19-7

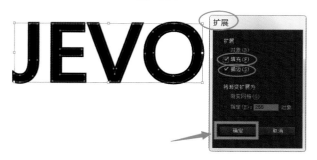

图　19-8

图　19-9

对象被执行多次"扩展"后，会出现多个路径连套的现象，影响转曲后文字的编辑。可使用"选择工具"选择对象全部内容，单击"路径查找器"面板上的"联集"按钮进行路径合并，如图 19-10 所示。

图　19-10

19.2.3　文字的快速转曲方法

在实际工作中，除了通过执行"对象→扩展"命令的方法将文字由字符状态转曲为矢量形状外，还可以在选择拟转曲的文字状态下，通过使用快捷键 Shift+Ctrl+O 进行快速转曲。值得一提的是，快捷键 Shift+Ctrl+O 只针对文字转曲有效，若想将路径扩展为矢量填充，则必须通过执行"对象→扩展"命令的方法实现，如图 19-11 所示。

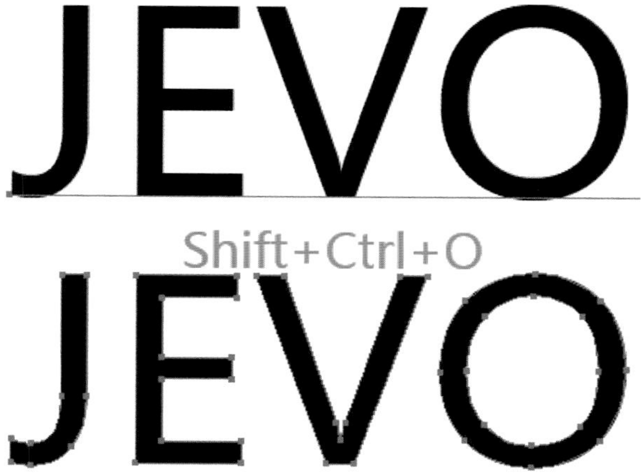

图　19-11

19.2.4　对象的倾斜方法

如果需要实现对标 Logo 的倾斜效果，需要对对象进行选择，并使用"工具栏"中的"倾斜工具"来实现。用户只需在对象上朝需要倾斜的方向拖曳，即可实时显示倾斜效果。

如果扩展后的文字只需在字形上倾斜，但文字排列上需处于水平状态，为避免对象整体扭曲，拖曳时需按 Shift 键，如图 19-12、图 19-13 所示。

图　19-12

图 19-13

19.2.5 文字的变形应用方法

文字对象扩展并倾斜后，与参考素材相比，需要在多处进行变形编辑，可以采取对字母依次进行编辑的方法。

因为文字被扩展后会自动编组，需要右键单击被扩展后的文字组，选择"取消编组"命令，此时，字母可以单独被选择和编辑，如图 19-14~ 图 19-16 所示。

图 19-14

图 19-15

图 19-16

参考素材中的字母"J"的勾位置较高，勾起的字形边角呈水平状，而设计稿的字母"J"则勾起不到位，需要调整。

利用"直接选择工具"选择字母"J"左下角的锚点向左上拖曳，使其位置达到合适的高度，如图 19-17、图 19-18 所示。

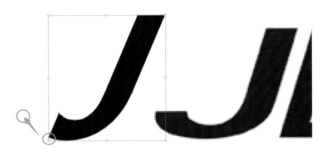

图 19-17

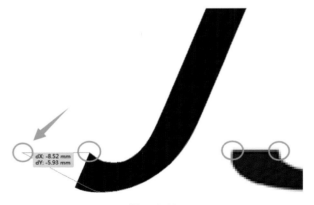

图 19-18

锚点的位置通过拖曳定位好后，接下来要通过调整控制手柄的方式调整路径线的弧度，即为字体修型。

参考素材中的字母"J"的勾比较饱满，而设计稿的字母"J"的相同位置则非常平直，需要进行路径曲率的调整，如图 19-19 所示。

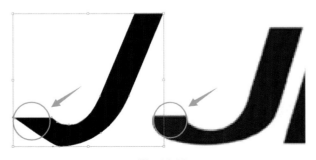

图 19-19

利用"直接选择工具"选择字母"J"底部的锚点并将该锚点左侧的手柄向左水平拖曳,使其影响下的路径变弯曲,形成饱满的字角形态,如图 19-20 所示。

图 19-20

从字体设计的角度讲,对素材放大后可见参考素材中的字母"J"的垂直方向的线条比较粗犷,水平方向则比较纤细。这一特征也适用于本案的其他字母。

因此,可以利用"直接选择工具"对字母"J"上的锚点位置及相关控制手柄位置和方向进行适当调整,使最终生成的高保真矢量设计稿与参考图的字形结构一致,如图 19-21、图 19-22 所示。

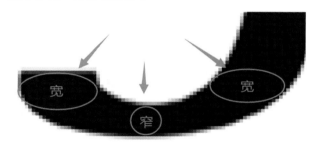

图 19-23

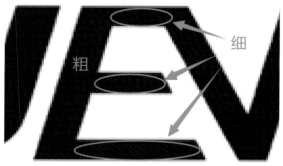

图 19-21

"直接选择工具"编辑

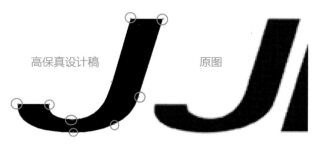

图 19-22

参考素材中的字母"E"的竖线线型比较粗,3 个横的线型比较细。而设计稿的字母"E"则所有线型都均等粗细,需要调整。

因为字母"E"都是由直线路径组成的,只需调整相关锚点位置即可,无须配合调整控制手柄。利用"直接选择工具"选择字母"E"上主要节点上的锚点向相应位置进行拖曳,使整个字母的字形效果符合需要,如图 19-23、图 19-24 所示。

图 19-24

参考素材中的字母"V"的底部尖角位置靠右。而设计稿的字母"V"的相应位置则靠左，需要调整。

可以利用"直接选择工具"选择字母"V"底部的3个锚点向右进行水平拖曳，如图 19-25、图 19-26 所示。

图 19-25

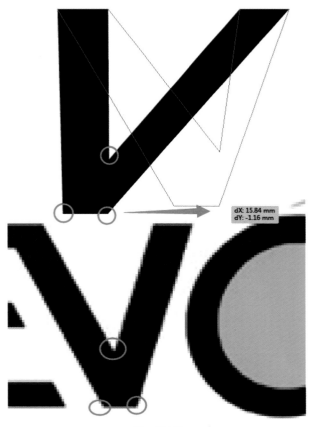

dX: 15.84 mm
dY: -1.16 mm

图 19-26

因字母"V"底部的 3 个锚点是同时拖曳的，因它们在字母中所处的位置各不相同，同时拖曳后会出现个别锚点位置不匹配字形的问题，可以利用"直接选择工具"进行再次修正，如图 19-27 所示。

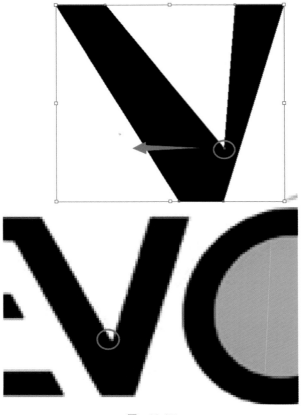

图 19-27

19.2.6 文字的连笔效果制作

从构形上来看，参考素材中的字母"E"和字母"V"顶部有一处连笔效果，同时字母"E"的底部两个横线端点与字母"V"形成了互补的形体关系，这说明字母"E"是根据字母"V"的形态做出了形态上的改变，进行了字体变形。而字母"V"则没有变化。下面需要对字母"E"的形态进行调整。

可以利用"直接选择工具"选择字母"E"右侧 3 个横的锚点向右进行水平拖曳，并根据需要修整字母"E"的字形边角，使字母"E"最上面的横与字母"V"左上角相接驳，同时使字母"E"下面的 2 个横的边角与字母"V"左侧形成一个镂空的缝隙，并使该镂空的缝隙与字母"V"左侧笔画宽度一致，在视觉上形成正形与负形的关系（即字母"V"左侧黑色笔画为正形，镂空留白的缝隙为负形），这是字体变形中常见的设计手法，如图 19-28 所示。

图 19-28

因字母"E"最上面的横与字母"V"左上角相接驳会出现多余路径线，可使用"选择工具"选择两个字母对象，单击"路径查找器"面板上的"联集"按钮进行路径合并，使之达到参考图的效果，如图 19-29 所示。

图 19-29

通过"路径查找器"面板上的"联集"功能合并路径形态后，Illustrator 会根据合并之前的路径形态在路径合并处生成一些多余锚点，根据两点成线的原理，这些多余的锚点可能会使合并后的路径看起来不够平直，需

要使用"钢笔工具组"中的"删除锚点工具"单击多余锚点进行删除，使设计稿中只留下字形转折处的必要锚点。

设计师在实际工作场景中要保持自己的设计稿简洁、干练，这样可以更方便地进行二次编辑和应用，也能体现出其专业性和良好的职业操守，如图 19-30、图 19-31 所示。

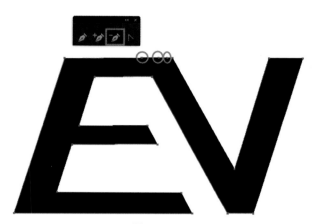

图 19-30

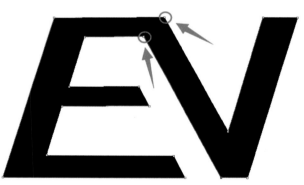

图 19-31

19.2.7　字体变形的图形化置换

在使用 Illustrator 进行字体变形设计时，并非制作的内容是字母就一定用字母为基础进行变形优化，有时可以根据实际情况的需要，用更加简便机巧的技法达到目的。

本案例中，字母"O"的形态为略倾斜的正圆形态，而通过使用"微软雅黑"字体输出的字母"O"的形态则不够规整。此时，如果执意通过该字体进行调整优化，则需耗费设计师大量精力，这种情况下可以通过使用 Illustrator 自带的基本图形置换该字母，如图 19-32 所示。

图 19-32

使用"椭圆工具"，按 Shift 键对标参考图绘制合适大小的正圆，并在其内部填充黑色，作为字母"O"的基础造型，如图 19-33 所示。

图 19-33

再次使用"椭圆工具"，以绘制好的黑色正圆形对象的中心点作为起点，按 Alt 键和 Shift 键对标参考图绘制较小的正圆，使其与大圆成为同心圆，并在其内部填充任意色，作为字母"O"的内圆造型，为制作圆环形对象做好准备，如图 19-34 所示。

图 19-34

使用"选择工具"选择两个正圆对象，单击"路径查找器"面板上的"减去顶层"按钮进行布尔运算，使之达到参考图的圆环效果，如图 19-35、图 19-36 所示。

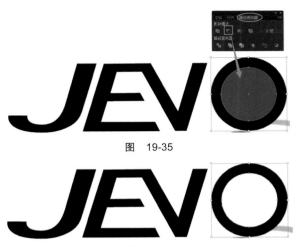

图 19-35

图 19-36

为了实现字母"O"的倾斜效果，需要对圆环对象进行选择，使用"工具栏"中的"倾斜工具"，同时按 Shift 键向右侧水平拖曳圆环，使圆环倾斜，如图 19-37 所示。

图 19-37

19.2.8　字体变形的修饰

Logo 主文案变形效果制作好后，需选择编辑好的全部对象，并右键单击执行"编组"命令，实施编组。这一做法可以避免因误操作破坏设计对象相互之间的相对位置，从而影响画面效果，如图 19-38 所示。

图 19-38

除主文案外，本案例还为 Logo 设计了月牙形的辅助装饰内容，其基本形态为椭圆。可使用"椭圆工具"，对标参考图的尺度绘制合适大小的椭圆，并使用"吸管工具"吸取参考图中的黄色到该椭圆上，作为月牙形装饰对象的基础造型，如图 19-39 所示。

图 19-39

再次使用"椭圆工具"，对标参考图的尺度绘制较小的椭圆，并在其内部填充任意色。如果想通过布尔运算计算出月牙形效果，必须保证绘制的较小的椭圆比大椭圆略圆，且在摆位上与大椭圆水平居中并盖住大椭圆的顶部，使大椭圆露出的部分与参考图中月牙形装饰对象形态保持一致，如图 19-40 所示。

图 19-40

使用"选择工具"选择两个椭圆对象，单击"路径查找器"面板上的"减去顶层"按钮进行布尔运算，使之达到参考图中月牙形装饰对象效果，如图 19-41 所示。

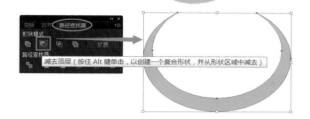

图 19-41

使用"选择工具"选择月牙形装饰对象并按参考图的摆放角度进行旋转和位置摆放，使其与主文案组成有机整体，如图 19-42 所示。

图 19-42

在 Logo 设计中，除了要有精巧的构形，还要注意色彩的呼应关系。

本案例中，月牙形装饰对象为 Logo 增加了黄色元素，Logo 中如果再增加一处黄色装饰对象，就可以与其相呼应，从而产生视觉美感。

可使用"椭圆工具"，按 Shift 键对标参考图绘制合适大小的正圆，使其可以恰好覆盖字母"O"的圆环造

型，并对其填充月牙形装饰对象的黄色。右键单击该图形，执行"排列→后移一层"命令，使其完整填充字母"O"内部的空白区域，完成该Logo的造型部分设计，如图19-43、图19-44所示。

图 19-43

图 19-44

本案例中文文字部分也有字体变形效果，这里不进行示范。将通过接下来的一系列案例详细讲解它们的实现方法。

19.3 中文字体设计

中文字体的结构比字母更复杂，而复杂是一把双刃剑。它既能帮助用户为实现字体设计效果提供更多可能，同时也会因复杂的字形结构让初级设计师手足无措。因此，读者在中文字体设计上要特别注意熟练使用Illustrator相关工具和功能，先在技术上做到得心应手，才能在设计上驾轻就熟。

19.3.1 中文字体设计分析与准备

在互联网时代，越来越多的电商产品和广告通过宣传文案的设计展示产品调性。文字设计在电商视觉营销领域也起到越来越重要的作用。很多成功的活动视觉营销正是通过策划文案的视觉化设计呈现给买家赏心悦目的效果，从而达到引流的目的。下面就以常用的电商广告文案设计为例，详细讲解中文字体设计的方法。

通过本案例参考图可见，在字体变形上，为了体现设计主题"潮"的特征，文字除了有倾斜效果，也使用了常用的中文字体进行甩笔和连笔的处理方法。使用"文字工具"，对标参考素材的文字在画板中输入"潮人领秀"文案，如图19-45、图19-46所示。

中文字体设计与星形工具的应用

图 19-45

图 19-46

通过对本案例参考图进行分析，"潮人领秀"的文案意义在于体现年轻人时尚、有朝气、有干劲和有活力的气质，因此在字体选择上，就要选择一些相对硬朗有力的字体，过于纤细和柔弱的字体不适用于该文案，如图 19-47 所示。

图 19-47

为达到这种效果，可将字体改为"造字工房力黑"字体。该字体隶属于造字工房字库，是一款商业字体，用于广告作品时，可能会收取一定的费用。设计师在向甲方交付设计作品时，若用到相关商业字体，要提前告知委托方（需求方），如图 19-48 所示。

图 19-48

19.3.2 字体安装方法

选择需要安装的字体，右键单击，选择"安装"命令即可将字体安装于计算机。同时安装多个字体，可以同时选中需要安装的字体后进行如上操作，如图 19-49 所示。相关字体文件和素材放置在配套的电子课件中。

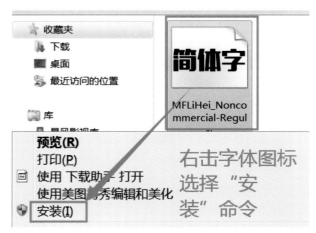

图 19-49

安装字体时会出现"正在安装字体"对话框，提示安装进度；如果字体已安装，会提醒是否需要替换该字体，单击"是"按钮确认即可。安装后的字体除了适用于 Illustrator 软件外，还可以在 Photoshop、AE（After Effects）、InDesign、Premiere、XMind、Axure、Word、PowerPoint 等其他需要调用系统字体的软件中使用，如图 19-50 所示。

图 19-50

19.3.3 文字的倾斜与转曲

中文字体如果需要实现对标 Logo 的倾斜效果，需要对对象进行选择，并使用"工具栏"中的"倾斜工具"来实现。用户只需在对象上朝需要倾斜的方向拖曳，即可实时显示倾斜效果。

如果扩展后的文字只需在字形上倾斜，但在文字排列上需处于水平状态，为避免对象整体扭曲，拖曳时需按 Shift 键。倾斜完成后按快捷键 Shift+Ctrl+O 对其进行转曲，使其成为矢量图形，如图 19-51~ 图 19-53 所示。

图 19-51

图　19-52

图　19-53

文字对象被扩展并倾斜后，与参考素材相比，需要在多处进行变形编辑，可以采取对文字依次进行编辑的方法。

右键单击被扩展后的文字组，选择"取消编组"命令，此时文字可以单独被选择和编辑，如图 19-54 所示。

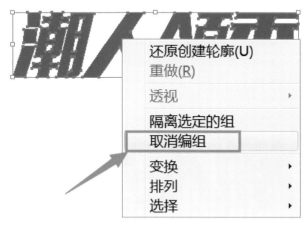

还原创建轮廓(U)	
重做(R)	
透视	▶
隔离选定的组	
取消编组	
变换	▶
排列	▶
选择	▶

图　19-54

参考素材中的"人"字的一撇有明显的甩笔设计。可以通过甩笔体现出"潮人"不拘一格的特质。

在操作上，利用"直接选择工具"选择"人"字的撇底部锚点向左下方拖曳，拖曳时参考蓝色的路径线位

置，使拖曳的方向与"人"字的撇保持一致，如图 19-55 所示。

图　19-55

完成甩笔设计后，可根据对标稿的需要，制作"人"字两侧与之相邻文字的连笔效果，使"潮人领秀"这组字的设计成为一个整体，如图 19-56 所示。

图　19-56

使用"选择工具"分别选择"潮"字和"领"字，将它们移向"人"字，使其与"人"字产生接驳，如图 19-57 所示。

图　19-57

使用"选择工具"选择"潮""人""领"三个字，单击"路径查找器"面板上的"联集"按钮进行路径合并。

"人"和"领"字的连接处笔画高度几乎一致，可以进行连笔设计。但放大设计稿后会发现，在两个文字对象连接处并不顺畅，说明两个字的连接处笔画高度并非完全一致，产生了高差，如图 19-58、图 19-59 所示。

图 19-58

接驳处Bug

图 19-59

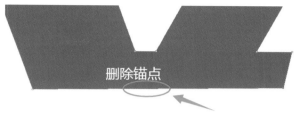

删除锚点

图 19-61

因路径两端锚点高度有些许不一致，删除锚点后可能路径并非水平状态，可使用"直接选择工具"调整其中一端锚点的位置，使两端锚点高度一致，保证路径水平效果，如图 19-62 所示。

下移

图 19-62

19.3.4 文字连笔的 Bug 修正

当进行文字连笔设计时，如果相互接驳的笔画因高差出现连接不顺畅的问题，可以采用删除锚点的方式进行修正。

放大设计稿局部，使用"直接选择工具"在对象上框选，查找对象上的锚点位置，使用"钢笔工具"或"删除锚点工具"在多余的锚点上单击，即可删除这些锚点。

根据两点一线的原理，当一条路径上没有锚点时，则必然呈现平整状态。利用这种方法可以解决使用"路径查找器"的"联集"功能生成的复合对象边缘不平整的问题，如图 19-60、图 19-61 所示。

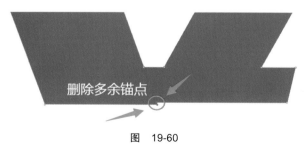

删除多余锚点

图 19-60

19.3.5 文字镂空效果制作

因"秀"字的文字内涵本身就有表现的意境，可以根据这一意境对其添加形象化的装饰效果。

使用"星形工具"绘制合适大小的五角星，放置在"秀"字对象上。斟酌摆放位置时，要保证"秀"字被五角星覆盖后不影响该文字的可读性，如图 19-63 所示。

图 19-63

使用"选择工具"选择"秀"字和五角星两个对象，单击"路径查找器"面板上的"减去顶层"按钮制作镂空效果，如图 19-64 所示。

使用"选择工具"全选"潮人领秀"这组字，使用快捷键 Ctrl+G 对其编组，即完成了 Illustrator 对中文字体的变形设计，如图 19-65 所示。

图 19-64

图 19-65

使用 Illustrator 进行中文字体变形设计时，什么时候用矢量图形构形（如调用"图形工具组"内的工具绘制或使用"钢笔工具"直接绘制等），什么时候用文字的转曲直接编辑转曲后的矢量对象，要根据具体情况选用合适的方法。

- 当需要进行中文字体变形时，为了节约编辑时间，可以直接选择与变形后最终效果相近的文字字体进行转曲。但转曲前要先调好字号和字间距。
- 当需要进行字体变形装饰效果制作时，或修复因文字转曲导致的视觉 Bug 时，为了达到满意效果，需要在文字转曲的基础上，利用几何矢量图形或用"钢笔工具"绘制的自定义图形帮助实现特殊效果。

19.4 "剪刀工具"与中文字体设计

"剪刀工具"在中文字体设计时应用非常广泛。无论什么样的字体设计，要想使其效果丰富，必将配合使用其他矢量对象进行设计细节的装饰。当遇到路径描边效果装饰时，为了更方便地进行编辑，"剪刀工具"便派上了用场。

19.4.1 活动主题的设计需求分析

活动主题的字体设计应用非常广泛，市场需求也非常多。掌握好相关的设计方法，可以有助于经营者提高商品和活动的展现权重，从而达到引流和提高销量的目的。下面再以一组常用的电商广告文案设计为例，详细讲解中文字体设计的方法，如图 19-66 所示。

在画板中输入对标稿中的文案，将字体改为"造字工房力黑"字体，以方便为字体变形进行结构重塑，如图 19-67 所示。

剪刀工具与
字体变形

图 19-66

图 19-67

260

按快捷键 Shift+Ctrl+O 对文字进行转曲，使其成为矢量图形，并右键单击转曲后的图形组，执行"取消编组"命令以备编辑，如图 19-68、图 19-69 所示。

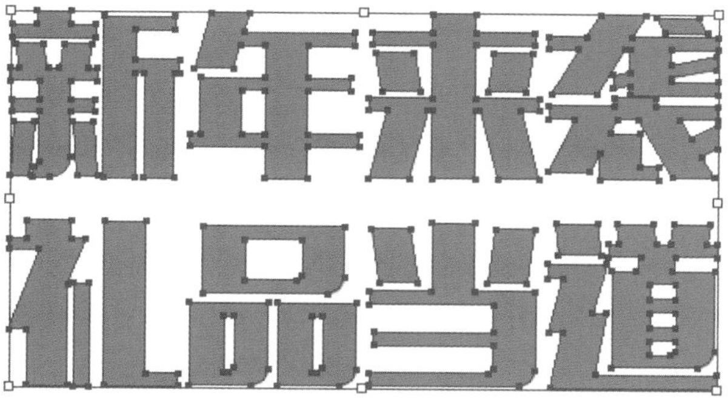

图 19-68

图 19-69

19.4.2　活动主题文字的构图布局

为了达到参考图的效果，首先分析一下参考图的创意构思。这组文字设计中，设计师以"新年"为活动背景，主要突出的是"来袭"两个字。因此，"来袭"二字的文字排布比较大。通过"来袭"引出"礼品当道"四个字。即"来袭"是这组字体设计的"包袱"，用"礼品当道"进行"抖包袱"，达到引人关注的活动效果。

因此，设计师可在视觉设计上将"来袭"和"礼品当道"通过箭头相关联，来体现新年有礼的运营文案思想。

为达到这一设计目的，首先需要将"新年"两个字缩小，为"来袭"与"礼品当道"几个字及相连接的箭头留足视觉空间。

可使用"选择工具"选择"新年"对象，并对其进行等比例缩小，如图 19-70 所示。

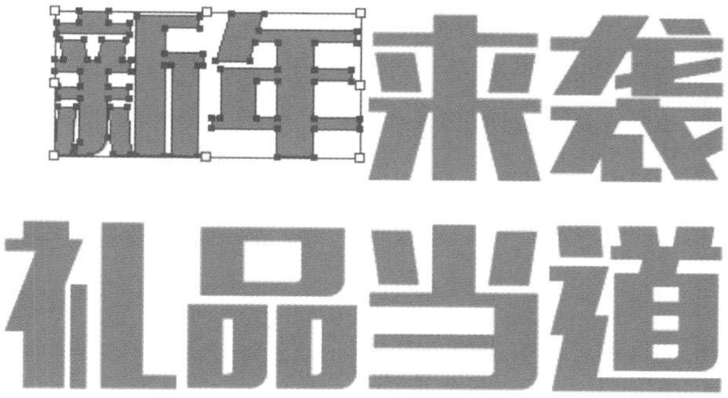

图 19-70

用同样方法将"礼品当道"进行等比例缩小，并与"新年来袭"的排位错开，为箭头拐弯效果留下视觉空间，如图 19-71 所示。

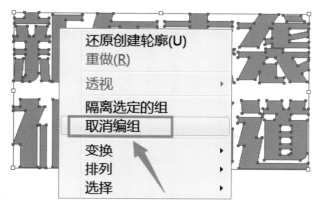

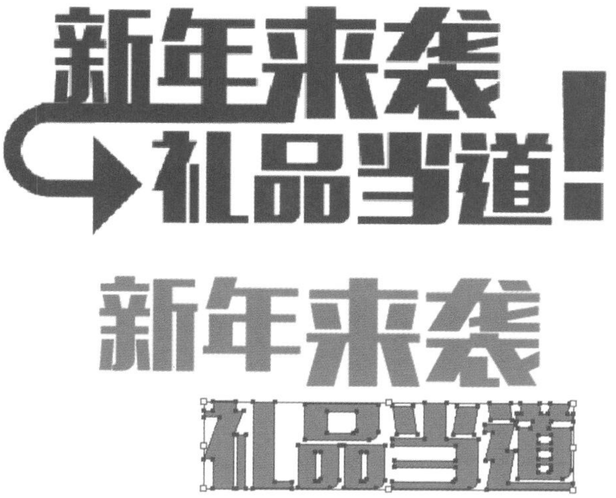

图 19-71

19.4.3　"剪刀工具"应用方法

在制作"来袭"与"礼品当道"几个字相连接的箭头效果时，该箭头呈 180° 转弯的形态，且转弯的拐角呈半圆形，这与我们在第 14 章学习的"小吊旗"案例利用"圆角矩形工具"绘制胶囊形对象的方法如出一辙。

可以使用"圆角矩形工具"，设置超大圆角半径，结合参考素材尺度，根据对标稿效果的需要绘制一个横向的胶囊形状。使用快捷键 Shift+X 将填充颜色切换成描边颜色，并在"描边"面板中设置合适的"粗细"参数，使其与参考图中箭头的路径效果一致，如图 19-72~图 19-74 所示。

胶囊形对象被绘制好后，虽然其描边效果看起来与参考图一致，但箭头形态只取了胶囊形描边对象的一部分。因此，还要将胶囊形对象的左半部分与右半部分路径相分离。

可以使用"工具栏"中的"剪刀工具"达到此目的。选择"剪刀工具"后，只要在路径上需要断开的位置单击，即可截断该路径。根据本案例的需要，可以在胶囊形对象两个长边处分别截断，使胶囊形左右两部分各自分离。再使用"选择工具"选择右侧不需要的部分，按Delete键删除，形成参考图所需的箭头的路径雏形，如图 19-75～图 19-77 所示。

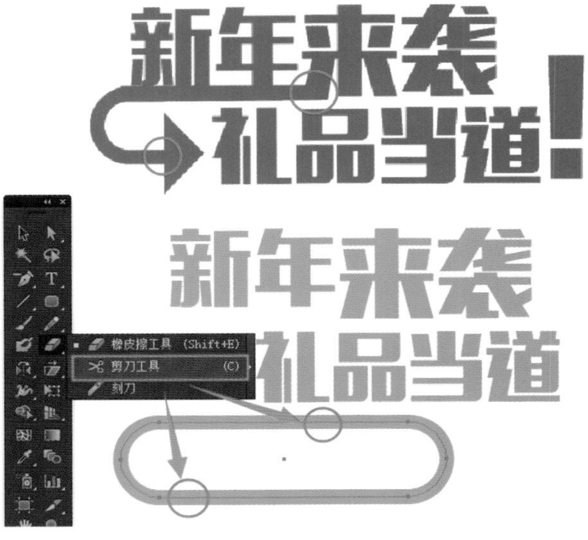

图 19-72

图 19-73

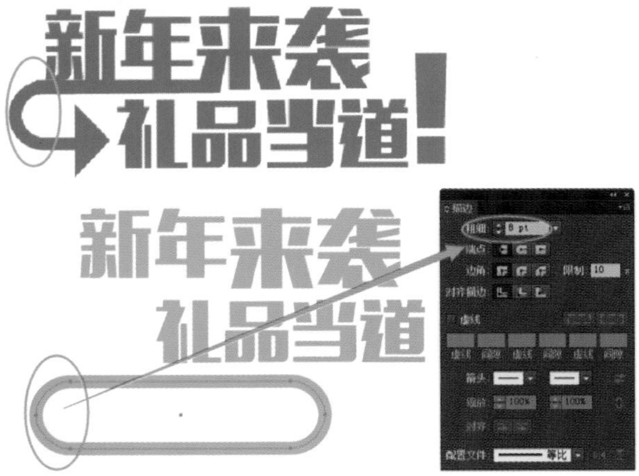

图 19-74

图 19-75

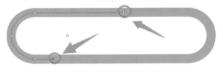

图 19-76

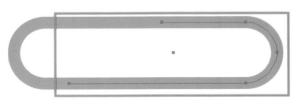

图 19-77

使用"选择工具"，对标设计稿移动代表箭头的路径到合适位置，使其与"来"字的"丿"的端点对齐，模拟出"来"字甩出箭头的效果，如图 19-78 所示。

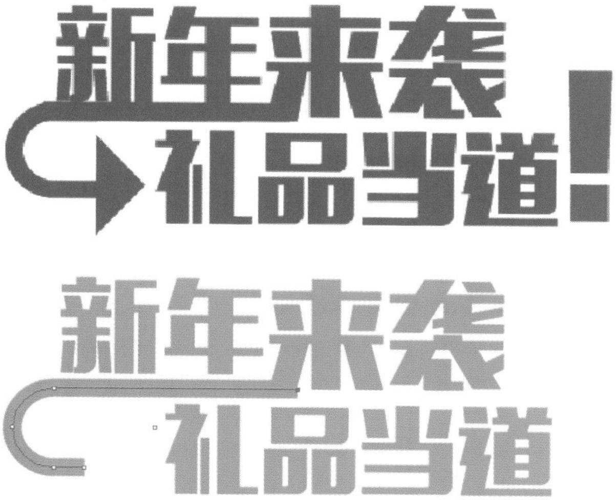

图　19-78

使用"多边形工具"，拖曳绘制三角形，拖曳时按↓键调整多边形边数，使对象生成三角构形。为了保证对象有一条边与水平面平行，拖曳绘制时按 Shift 键可强制使三角形底边与水平面平行。Illustrator 无法直接绘制出参考图需要的那种左边垂直于画板的三角形，需要二次编辑，如图 19-79 所示。

图　19-79

使用"选择工具"，通过三角形对象的界定框旋转三角形，配合 Shift 键使其左边垂直于画板，并通过三角形对象的界定框压扁形状，使其符合设计需要，如图 19-80 所示。

调整好三角形的形态后，使用"选择工具"将其移至曲线路径的下方端点处，与该路径组合成箭头形态。如果因使用"剪刀工具"裁剪的路径长度与需求不匹配，可使用"直接选择工具"选择路径端点的锚点并将

图　19-80

其水平拖曳到合适位置，使其与三角形对象相接驳，如图 19-81 所示。

图　19-81

19.4.4　路径的扩展应用

该案例的箭头部分制作好后，因组成箭头的线形结构是由路径描边形成的，故需要对该路径进行"扩展"操作，使其成为颜色填充的矢量图形。

之所以这样做是因为如果设计好的这组字体变形稿在实际需求中需要满足不同尺度的应用需求，会对其进行等比例缩放。在缩放时，如果保留路径的描边状态，无论如何缩放，路径描边的"粗细"参数都是不变的，这将导致字体设计作品形态发生变化。只有将路径描边效果扩展为矢量对象的内部颜色填充，才能在任何缩放的条件下都能保持设计稿的原貌。这一点在今后其他的设计工作中同样适用。

选择组成箭头的路径对象，执行"对象→扩展"命令，对其进行扩展操作，如图 19-82、图 19-83 所示。

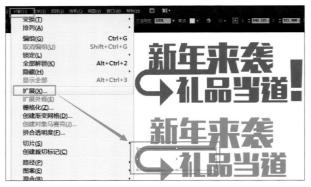

图　19-82

图　19-83

19.4.5　图形接驳处的 Bug 修正

使用"选择工具"选择所有对象，单击"路径查找器"面板上的"联集"按钮，如图 19-84 所示。

执行"联集"命令后，可见由于箭头是由路径通过描边并扩展形成的，与"来"字的交界处有明显的交接痕迹。这与参考图中平滑的转角效果并不一致。可以延续上一案例的 Bug 修正方法解决该问题。根据两点一线的原理，当一条路径上没有锚点时，则必然呈现平整状态。

图　19-84

使用"钢笔工具"或"删除锚点工具"在"来"字多余的锚点上单击，即可删除该多余锚点。再使用"直接选择工具"移动箭头与"来"字交界处的锚点位置，使组成来字的"丿"笔画平行，完成修正，如图 19-85~图 19-87 所示。

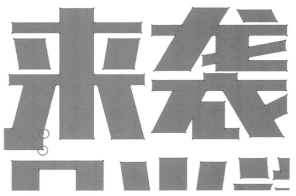

图　19-85

图　19-86

图 19-87

图 19-88

19.4.6 添加装饰效果

该组字体变形设计因左侧箭头效果的影响，导致在视觉上左侧内容较多，视觉效果不平衡。可以在设计稿右侧添加装饰内容进行平衡。使用"文字工具"输入较大字号的叹号"！"，并将字体改为"造字工房力黑"字体，与主文案相呼应。选择所有对象填充红色并编组，完成本案制作，如图 19-88、图 19-89 所示。

图 19-89

19.5 中文字体镂空变形设计

中文字体设计与其应用需求是密不可分的。有时通过一组字体的设计，可以让用户辨别出它所宣传的行业属性和品类。字体设计的过程也是文字信息图形化的过程。想把枯燥的文字变成生动的形象，有时需要利用文字本身的结构进行创意重组。下面通过实际案例讲解具体的制作方法。

19.5.1 镂空字体的设计需求分析

镂空字体的设计需求非常常见，比如在如图 19-90 所示的这组案例中，需求方需要体现其销售的服装品类多样，既时尚又百搭的特点。为达到这一目的，就要抓住服装的特点——不同样式服装之间最大的不同就在于衣领、袖口这些关键位置不同，而以衣领尤为明显。所以，可以在创意时将衣领作为服装这一显著特点提取出来，与文字进行结合应用。想做到既能体现行业品类的特征，又不影响文字本身的识读性，就需要在提取典型信息与文字重组的过程中做好功课，使画面效果恰到好处。

在本套字体设计的构图搭建上，以"时尚百搭"作为主文案，底部配合英文字母和附属的装饰性文案，要素之间主次分明，形成统一的整体。本案例涉及的亮点在于"百"字的镂空效果设计，使人通过这一文字设计，能快速辨识设计师想表达的初衷，如图 19-91 所示。

图 19-91

使用"文字工具"，对标参考素材的文字在画板中输入"时尚百搭"文案。为达到参考图的效果，可将字体改为"造字工房力黑"字体，颜色设为黑色，如图 19-92 所示。

图 19-90

图　19-92

选择文字对象并使用"工具栏"中的"倾斜工具"在文字对象上向右水平拖曳，使其有倾斜效果。按快捷键 Shift+Ctrl+O 对文字进行转曲，使其成为矢量图形，并右键单击转曲后的图形组，执行"取消编组"命令以备对个体文字单独编辑，如图 19-93、图 19-94 所示。

图　19-93

图　19-94

19.5.2　镂空字体的制作方法

通常情况下，若需通过使用图形替换文字的某些笔画的方法制作镂空文字效果，一般选择笔画较少的文字。这是因为这类文字结构清晰，即使发生某些笔画被替换的情况，仍不影响可读性。本案例中需要替换"百"字的"丿"及两个"一"笔画，可使用"钢笔工具"在"百"字对象上绘制图形，覆盖住所要替换的笔画。使用"选择工具"选择这两个对象，单击"路径查找器"面板上的"减去顶层"按钮，形成镂空效果，如图 19-95、图 19-96 所示。

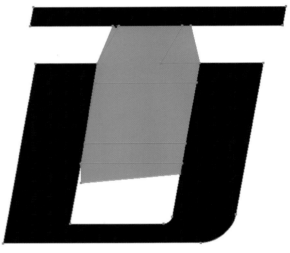

图　19-95

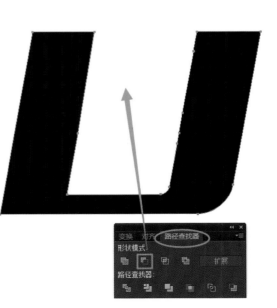

图　19-96

从镂空后的效果可以清晰地分辨出"百"字的结构，这说明选择笔画较少的文字在发生某些笔画缺失的情况下仍然不影响可读性。这为我们在对象上添加图形化信息提供了方便。下一节的案例中对"时"字的替换处理皆同一理。

使用"钢笔工具"在"百"字对象上绘制衣领图形，用以代替所要替换的笔画，如图 19-97 所示。

图 19-97

选择绘制好的衣领对象，双击"镜像工具"，用以镜像复制对称的衣领，如图 19-98 所示。

图 19-98

在出现的"镜像"对话框中，选择"轴"的方向为"垂直"，同时勾选"预览"查看效果，此时画板中的对象将会以垂直方向为轴进行镜像翻转，若镜像后效果满意，则可单击"复制"按钮以复制镜像结果，并使用"选择工具"调整其在画面中的位置，如图 19-99、图 19-100 所示。

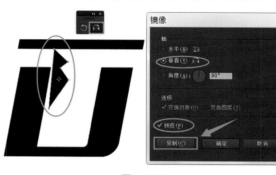

图 19-99

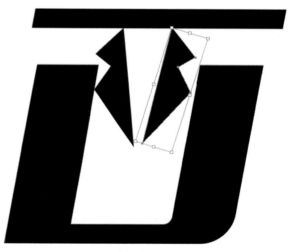

图 19-100

制作镂空的"一"效果时，可使用"矩形工具"先绘制一个大小合适的矩形，如图 19-101 所示。

图 19-101

选择该矩形并使用"工具栏"中的"倾斜工具"在矩形上向右水平拖曳，使对象有与文字相统一的倾斜效果，如图 19-102 所示。

图　19-102

接下来制作矩形与"百"字之间的缝隙效果。均等而匀称的缝隙可以通过对矢量对象进行偏移路径的方法来实现。

通过分析参考素材的结构特点可知，该缝隙是由靠前的矩形压住靠后的"百"字形成的，因此该缝隙是靠前的矩形生成的，要对靠前的矩形进行偏移路径。

使用"选择工具"选择该矩形，执行"对象→路径→偏移路径"命令，以打开"偏移路径"参数设置对话框，如图 19-103 所示。

图　19-103

在"偏移路径"参数设置对话框中，先勾选"预览"命令，再根据画面实时效果调整"位移"参数到合适的大小。

此时，该矩形路径偏移的位置与该矩形原有路径的位置之间的间距，即为缝隙的宽度，设置好后单击"确定"按钮，如图 19-104 所示。

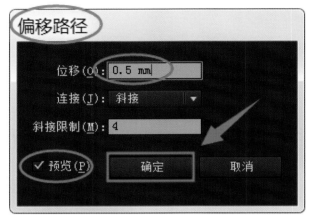

图　19-104

对象进行偏移路径后，要将偏移出的新路径与靠后的"百"字对象相分割，借此创造两个图形之间的缝隙。

而现在的"百"字对象是一个通过使用"路径查找器"的"减去顶层"功能制作的镂空结构，即该结构是一个对象组。

如果要将偏移出的新路径与靠后的"百"字对象相分割，必须使镂空的"百"字的底部与其顶部的横线取消编组，以避免布尔运算计算错误，如图 19-105 所示。

图　19-105

将偏移路径后的矩形对象摆放在"百"字对象的合适位置，使用"选择工具"选择"百"字底部对象和偏移路径后的矩形对象，单击"路径查找器"的"分割"按钮进行选中对象的分割操作，如图 19-106 所示。

分割后右键单击该图形组，选择"取消编组"命令，以便对对象进行接下来的缝隙效果编辑操作，如图 19-107 所示。

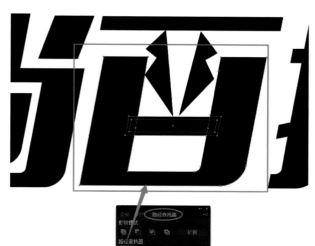

图 19-106

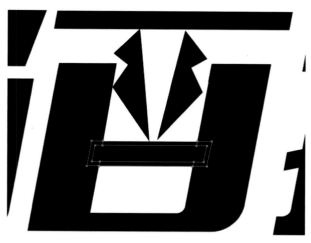

图 19-108

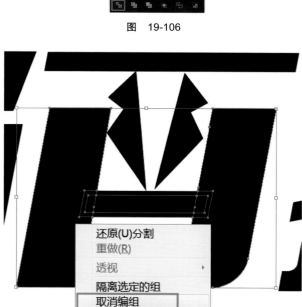

图 19-107

时尚酉搭

图 19-109

使用"文字工具"，对标参考素材的附属文字在画板中输入英文字母和"给力回馈客户"文案。为达到参考图的效果，可将字体改为"造字工房版黑"字体，颜色设为黑色后，完成本案制作，如图19-110所示。

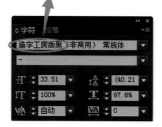

时尚酉搭
SHISHANG BAIDA 给力回馈客户

图 19-110

使用"选择工具"分别选择对象被分割后需要删除的区域，按 Delete 键删除，以形成镂空的缝隙效果，如图19-108、图19-109所示。

注意事项 吴老师有话说

使用Illustrator制作设计稿时，只要使用了文字，无论是否做字体变形，设计稿交稿前，所有文字都必须转换成图形。因为稿件在使用或印刷时，对方的计算机可能没有安装设计师在设计稿中使用的字体，则相关字体会被替代，影响应用效果。

19.6　中文字体变形设计拓展

在了解字体变形设计的基本操作方法后，对于读者来说，面临的更重要的议题就是如何通过一系列操作技能进行举一反三地应用实践了。在实际项目中，要面对如何判断哪些字该进行变形处理、如何变形创意、完成的效果如何呈现等一系列问题。下面通过拓展案例讲解具体的实践方法。

19.6.1　拓展案例的字体设计需求分析

在移动互联网时代，尤其在移动互联网商业化的电商时代，字体变形设计在电商领域中的现实应用越来越多。

比如在这组拓展案例中，需求方需要体现其设计需求不是指具体的销售品类，而是在特定的节日推出固定的电商运营活动视觉。所以，在创意时就需要研究如何体现节日的活动特征及运营活动的实效性。

本案例的字体变形设计旨在帮助电商运营者突出本次活动的紧张感和紧迫性，以引发用户抢购的热情。

因此，设计师在作品创作前，就要以"限时抢购"为突破点，着眼解决这一需求的画面化问题，并将画面化的视觉效果应用到字体变形设计中去，使画面效果巧妙地迎合运营需求。

在画板中输入对标稿中的文案，将字体改为"造字工房版黑"字体，以方便为字体变形进行结构重塑，如图 19-111 所示。

图　19-111

按快捷键 Shift+Ctrl+O 对文字进行转曲，使其成为矢量图形，并右键单击转曲后的图形组，执行"取消编组"命令以备编辑，如图 19-112、图 19-113 所示。

图　19-112

图　19-113

按照参考图的版式设计，使用"选择工具"分别调整不同文字的大小和位置，如图 19-114 所示。

图　19-114

因为，本案例所用文案较多，在视觉上可能给人以琐碎的感觉。这时可以通过使用一个闭合的气泡效果，将所有文案统一成整体。

使用"钢笔工具"按照参考图的效果需要围绕文案组的外围形状绘制连续的曲线并闭合，形成气泡形状，如图 19-115、图 19-116 所示。

图　19-115

图　19-116

使用快捷键 Shift+X 将填充颜色切换成描边颜色，并在"描边"面板中设置合适的"粗细"参数，使其与参考图中围合气泡的路径效果一致，如图 19-117、图 19-118 所示。

图　19-117

图　19-118

19.6.2　字体变形创意设计

为了体现"限时抢购"活动的紧张感和紧迫性，需要选择文字笔画较少，且与被替换笔画后的图形化内容相一致的文字。可以对"时"字的"、"做创意设计，将其替换成代表时间的时钟图形。

首先删掉需要被替换的笔画，然后右键单击转曲后的"时"字对象，执行"释放复合路径"命令以备编辑，如图 19-119 所示。

图　19-119

执行"释放复合路径"命令后，"时"字左边的"日"字偏旁上方镂空的矩形结构被填充了。

为了恢复原貌，需要使用"选择工具"选择包括矩形在内的"日"字偏旁对象，单击"路径查找器"面板上的"减去顶层"按钮进行布尔运算，使之恢复镂空效果，如图 19-120、图 19-121 所示。

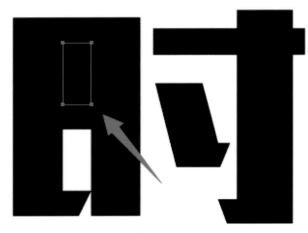

图　19-120

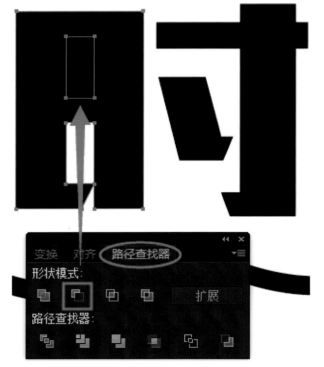

图　19-121

执行"释放复合路径"命令后，"时"字右边的"、"即可被"选择工具"单独选择，按 Delete 键对其删除，如图 19-122 所示。

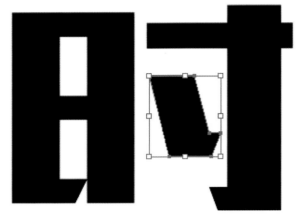

图　19-122

19.6.3　矢量时钟制作方法

制作代表时间的时钟图形，可以从时钟指针开始设计。使用"矩形工具"分别绘制垂直和水平的矩形来代表指针，并使用"选择工具"选择这两个矩形，单击"路径查找器"面板上的"联集"按钮进行路径合并，如图 19-123、图 19-124 所示。

图　19-123

图　19-124

制作创意文字设计要掌握以下 3 个核心要点：
- 文字创意的设计点必须吻合主题，即文案字面意思的需要。不能为了设计而设计。设计效果要与文案表达的内容相统一，避免出现违和感。
- 拟进行创意设计的文案，要根据文案的意境选好合适的字体。
- 文字创意设计的效果有赖于设计师对审美的体会及设计思想的表现能力。这都与设计师平时的积累分不开。读者平时要多留意搜集有创意的文字设计元素，尝试它们在不同场景下的应用效果。

使用"椭圆工具"按 Shift 键绘制正圆形对象,并使用"选择工具"将指针放置在正圆上的合适位置。

因为要制作指针镂空于正圆形的效果,需要选择指针对象后,按快捷键 Shift+Ctrl+] 先将其置于顶层,再使用"选择工具"选择选择指针和正圆对象,单击"路径查找器"面板上的"减去顶层"按钮实现时钟效果,如图 19-125、图 19-126 所示。

图 19-125

图 19-126

制作好时钟图形后,使用"选择工具"将其移动到"时"字对象需要替换的位置,再全选所有对象,使用快捷键 Ctrl+G 进行编组,完成本案制作,如图 19-127 所示。

图 19-127

对象编组后,作为有责任的设计师,还要记得检查对象中有没字符状态的文案或者描边状态的路径。如果有,一定要及时将其扩展成为矢量图形再交付使用。以免向甲方交付设计稿后给对方应用时带来不便。

例如本案例在编组后,从设计稿的路径线上可以看到,路径围合于文字外部,说明文字部分是矢量图形,而环绕在外圈的曲线状气泡的路径则在线形内部,说明该对象是路径描边效果,为了防止缩放时描边效果与设计稿整体内容不匹配,需要对其进行扩展。

选择编组后的设计稿,执行"对象→扩展"命令来对其进行扩展操作,"扩展"窗口默认勾选的"填充"和

"描边"命令可直接使用,以便对对象中一切可能需要转曲的内容都实现图形化扩展,如图 19-128~ 图 19-130 所示。

图 19-128

图 19-129

图 19-130

设计师也可以为设计稿搭配几种与设计主题相关的常用的配色,并将配色方案给付甲方供其选择,如图 19-131、图 19-132 所示。

图 19-131

图 19-132

第20章
Chapter 20

字体设计综合应用

　　字体设计不止于在已有的商业字体上做编辑加工，有时也需要根据创意需要进行视觉化呈现。Illustrator 在不改变原始字形的条件下可以方便地进行字体的二次编辑，同时，读者也需要掌握基于矢量图形自身的可编辑属性；将图形的布尔运算与字体设计相结合，用以制作一切可能的字体创意效果。本章将结合具体案例，详细讲解字体设计综合应用的方法，并与之前章节学习的内容进行融会贯通。

扫码下载本章资源

字体设计综合应用　　字体设计综合应用　　字体设计综合应用　　字体设计综合应用　　字体设计综合应用
配套 PPT 课件　　　　配套笔记　　　　　　配套标注　　　　　　配套素材　　　　　　配套作业

核心要点

- 系统了解字体设计的应用场景及创建字体变形的条件。
- 学习字体设计综合应用的方法，掌握处理复杂字体设计案例的技巧。
- 通过学习字体设计综合应用方法，达到实现各种复杂案例效果的目的。

章节难度

★ ★ ★ ★

学习重点

- 掌握字体从创意设计到视觉落地的操作方法和相关知识点的综合运用。
- 掌握字体设计应用中特定效果的设计实现和再编辑的方法。
- 将字体设计的技术应用方法在案例操作的基础上举一反三，熟练运用字体变形实现项目需求。

20.1　中文字体结构置换

通过上一章的学习，读者了解了字体变形设计的基本操作方法后，面临着如何通过一系列操作技能举一反三地进行实际项目应用的问题。下面通过一组案例讲解提高字体设计效率的方法，快速生成创意效果。

20.1.1　中文字体结构置换的应用场景

在现实应用层面上，中文字体设计往往因其汉字释义的不同，而在视觉表现上产生相应的差异。设计师经常会面临对中文字体结构进行图形化置换的需求。掌握字体设计的多方面综合应用能力的核心在于提高中文字形的二次编辑能力。

文字转曲与布尔运算
综合应用

例如，图 20-1 所示的标志案例旨在体现新鲜水果物流的及时性和便捷性。因此在字体设计上，将"家"的释义进行拟物化处理，对文字的一部分做出了较大的结构性调整。下面利用字体设计相关知识点的综合应用对它进行创意设计，利用中文字体的结构置换生成所需效果。

图　20-1

20.1.2　中文字体结构置换的创意需求分析

任何字体设计作品在设计之初，都要根据设计需求，相应地进行视觉化的原始创意。

本案例中，为了体现文案中"鲜到家"的创意思想，将"鲜"这一文字元素通过设计文案顶部的箭头形状与"家"字相连接，来体现快速、及时和精准的创意初衷。"鲜"字的底部做了甩笔设计，为该设计文案底部的装饰性字母排列留下布局的空间。"家"字顶部做出了类似于房屋的形象化设计，使整个标志更加生动形象，如图 20-2 所示。

进行字体设计实际操作前，必须对设计稿的创意点进行捕捉和分析，以便在今后工作中处理字体设计问题时更有思路。

图 20-2

类似的创意设计非常常见。著名的电商平台亚马逊的标志就是通过一个由字母 a 到字母 z 相连接的箭头图形来演绎笑脸的形态，以此表现公司的服务理念。而"鲜到家"案例则是用箭头制作成树叶形来体现其果蔬行业的特征。

同时，a 和 z 作为 26 个字母的首尾字母，通过箭头相连接，体现出其商品和服务包罗万象的特点，这与"鲜到家"案例可以说是异曲同工，如图 20-3 所示。

图 20-3

20.1.3 中文字体设计的构形

根据本案例参考图的效果需要，使用"文字工具"，对标参考素材的文字在画板中输入"鲜到家"文案，如图 20-4 所示。

图 20-4

将字体改为"汉真广标"字体，如图 20-5 所示。该字体隶属于方正字库，也是一款商业字体。用于广告作品时，可能会收取一定的费用。但如果设计师利用商业字体作为雏形进行变形，改变原来的字体形态，使其成为一组特殊的图形，则无须支付相应的字体使用费，具体还要根据字体的变形程度而定。

图 20-5

为了体现生鲜产品快捷送货的特点，参考图中的文案通过倾斜效果来体现这种视觉感受。选择"鲜到家"文案并使用"工具栏"中的"倾斜工具"在文字上向右水平拖曳，可以生成文字的倾斜效果，如图 20-6、图 20-7 所示。

图 20-6

图 20-7

按快捷键 Shift+Ctrl+O 对文字进行转曲，使其成为矢量图形，并右键单击转曲后的图形组，执行"取消编组"命令以备对个体文字单独编辑，如图 20-8 所示。

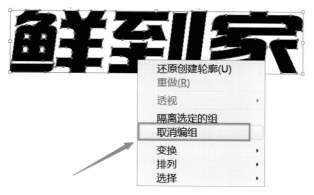

图　20-8

使用"吸管工具"吸取参考图中的颜色到相应的文字对象上，如图 20-9 所示。

图　20-9

20.1.4　中文字体设计的倒角变形

"鲜"字除了明显的甩笔效果设计外，其字形结构的细节也作出了调整。为了体现标志快速送达的意图，字角设计要通过锐利的边线体现出雷厉风行的调性，而原字体倒角为圆头效果，需要变形为尖角，如图 20-10 所示。

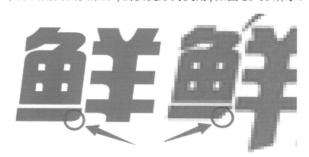

图　20-10

利用"直接选择工具"选择"鲜"字的"鱼"字旁底部圆形倒角区域的锚点，可见其圆头结构是由两个锚点共同组成的。要想制作尖角效果，需要对这两个锚点进行编辑，如图 20-11 所示。

图　20-11

由于尖角效果需要由两条直线路径围合形成，根据两点一线原理，需要使用"钢笔工具组"中的"删除锚点工具"单击多余锚点进行删除，使设计稿中只留下字形转折处的必要锚点，如图 20-12 所示。

图　20-12

使用"钢笔工具组"中的"锚点工具"（较早版本的 Illustrator 名为"转换锚点工具"，功能一致）或使用快捷键 Shift+C 调出该工具，单击"鱼"字旁底部圆形倒角区域的锚点，使该锚点上的手柄删除，与该锚点相邻的两条路径线变为直线，设计稿中字形转折处的角点变为尖角，如图 20-13 所示。

图　20-13

20.1.5　中文字体设计的甩笔设计

参考素材中的"鲜"字的"羊"字边的一竖有明显的甩笔设计，即拉长效果。该甩笔设计为安排标志装饰性的字母留下了视觉空间。

在操作上，利用"直接选择工具"选择"羊"字的竖底部锚点向左下拖曳，拖曳时参考蓝色的路径线位置，使拖曳的方向与"羊"字的竖保持一致，如图20-14、图20-15所示。

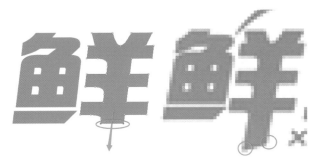

图　20-14

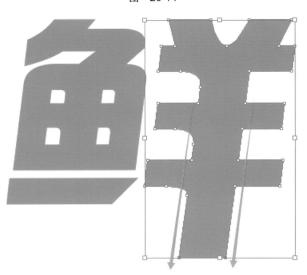

图　20-15

"羊"字的竖笔画底部的甩笔效果制作完成后，还要根据所设计的文字的基本结构对其进行细节修饰。考虑到"鱼"字旁的底部字角设计为尖角效果，"羊"字边的底部是水平的，应与"鱼"字旁的字角形式相统一。因此可以通过编辑锚点的方式，将该甩笔效果调整为尖角。

利用"直接选择工具"选择"羊"字的竖的右下角锚点并向上拖曳，拖曳时参考蓝色的路径线位置，使拖曳的方向与"羊"字的竖保持一致，以形成合适的尖角，如图20-16所示。

图　20-16

从参考图上看，"到"字底部的圆头倒角也需调整为尖角效果，利用制作"鲜"字尖角的方法即可实现，这里不再赘述，如图20-17、图20-18所示。

图　20-17

图　20-18

20.1.6　中文字体的图形化重构

为了体现送货到家的便捷性，可以对"家"字进行形象化的创意设计，将其顶部替换成代表房屋的房顶图形。

首先需要删掉"家"字顶部需要替换掉的笔画，即宝盖头区域，如图 20-19 所示。

图　20-19

使用"矩形工具"绘制合适大小的矩形对象，放置在"家"字对象上。斟酌摆放位置时，要考虑"家"字被矩形对象覆盖后留下的部分与字体变形后效果的一致性，如图 20-20 所示。

图　20-20

使用"选择工具"选择"家"字和矩形两个对象，单击"路径查找器"面板上的"减去顶层"按钮以减掉"家"字顶部的宝盖头区域，如图 20-21、图 20-22 所示。

接下来需要制作模拟房顶形状的图形来替换"家"字顶部区域。

通过对标参考素材可见，该区域是由尖角形的房顶（L 形"帽子"）、摆放在其下的一个扣着的碗的结构（椭圆形的一部分及矩形组合）和矩形的烟囱结构 3 部分共同组成的，如图 20-23 所示。

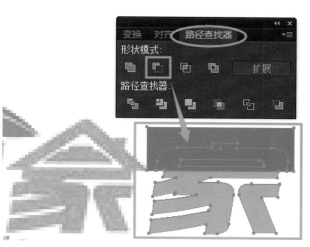

图　20-21

图　20-22

① 帽子
② 扣着的碗
③ 烟囱

图　20-23

可使用"钢笔工具"在"家"字对象上绘制 L 形直线段，注意该线段不是围合的三角形。绘制完第 3 个锚点后，按快捷键 V 切换到"选择工具"即可结束钢笔绘制，如图 20-24 所示。

图　20-24

使用快捷键 Shift+X 将填充颜色切换成描边颜色，并在"描边"面板中设置合适的"粗细"参数，使其与参考图中的房顶效果一致，如图 20-25、图 20-26 所示。

图　20-25

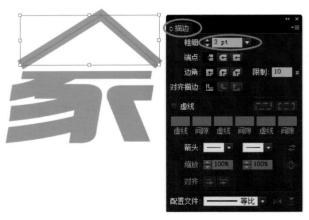

图　20-26

"钢笔工具"绘制的路径经过描边后，其转角处形成尖角。而"家"字顶部的房顶折角处是圆头，需要对描边效果进行调整，如图 20-27 所示。

图　20-27

可以使用"选择工具"选择折线对象，在"描边"面板中，单击"边角"属性中的"圆角连接"按钮，此时，折线对象的折角处由尖角变为圆头，这与参考图中的房顶效果一致，如图 20-28 所示。

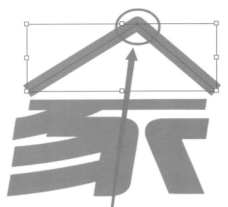

图　20-28

"家"字顶部左右两端的房檐处边线呈水平状态，而使用"钢笔工具"绘制的路径则无法通过改变"描边"参数设置实现这一效果，如图 20-29 所示。

图 20-29

可以采用路径描边扩展为填充的方式实现这一效果。选择组成房顶的路径对象，执行"对象→扩展"命令，对其进行扩展操作，如图 20-30、图 20-31 所示。

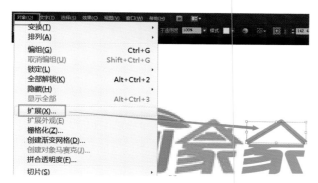

图 20-30

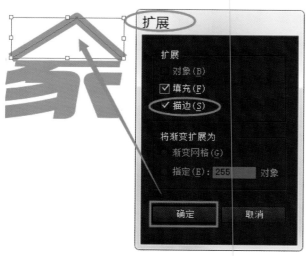

图 20-31

利用"直接选择工具"选择扩展后的房顶对象的左右两侧房檐部分的锚点并进行拖曳编辑，拖曳时参考蓝色的路径线和水平参考线的位置，使拖曳的效果与参考图保持一致，如图 20-32、图 20-33 所示。

图 20-32

图 20-33

使用"选择工具"选择"家"字上下两部分对象，单击"路径查找器"面板上的"联集"按钮，完成"家"字的基础框架搭建，如图 20-34、图 20-35 所示。

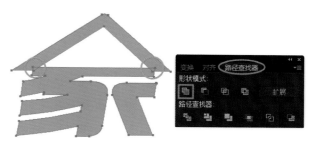

图 20-34

图 20-35

使用"椭圆工具"和"矩形工具"分别绘制椭圆和矩形对象，根据参考图效果需要，将矩形放置在椭圆对象上，使用"选择工具"选择椭圆和矩形两个对象，单击"路径查找器"面板上的"减去顶层"按钮以获得倒扣着的碗形对象的雏形，如图 20-36~ 图 20-38 所示。

图 20-38

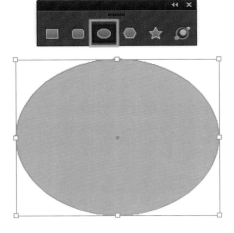

图 20-36

使用"矩形工具"绘制矩形对象，并将其移动到刚刚布尔运算得到的异形顶部居中位置，使用"选择工具"选择矩形和异形两个对象，单击"路径查找器"面板上的"联集"按钮以获得倒扣着的碗形对象，如图 20-39、图 20-40 所示。

图 20-39

图 20-37

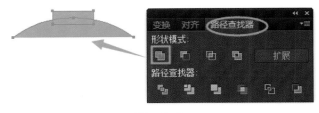

图 20-40

将倒扣着的碗形对象通过"选择工具"置于"家"字屋顶对象内的空白区域，使用"矩形工具"绘制矩形对象并置于屋顶对象右侧合适位置。全选"家"字的所有对象并使用快捷键 Ctrl+G 编组，以完成"家"字的图形化重构，如图 20-41~ 图 20-43 所示。

图 20-41

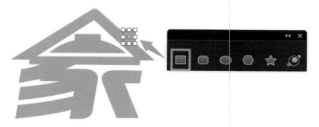

图 20-42

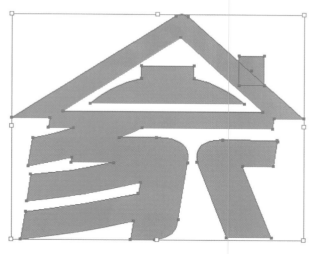

图 20-43

图 20-44

图 20-45

再次使用"椭圆工具",对标参考图的尺度绘制较扁的椭圆,并在其内部填充任意色。

如果想通过布尔运算计算出弧线形效果,必须保证绘制的较扁的椭圆与原椭圆两者的弧度关系合理,且在摆位上居中对齐并盖住原椭圆的底部,使原椭圆露出的部分与参考图中弧线形装饰对象保持形态一致,如图 20-46 所示。

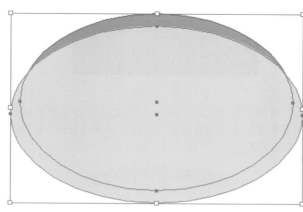

图 20-46

将制作好的"家"字与"鲜""到"两字排列组合在一起,即完了该标志主文案的造型设计,如图 20-44 所示。

除主文案外,本案例还为标志设计了由树叶形和弧线形组成的箭头状的辅助装饰内容,其基本形态为椭圆。可使用"椭圆工具",对标参考图的尺度绘制合适大小的椭圆,作为月牙形装饰对象的基础造型,如图 20-45 所示。

使用"选择工具"选择两个椭圆对象,单击"路径查找器"面板上的"减去顶层"按钮进行布尔运算,使之达到参考图的弧线形装饰对象的效果,如图 20-47 所示。

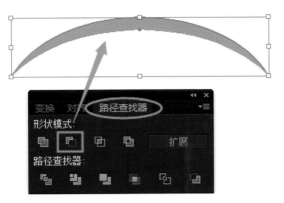

图 20-47

使用"椭圆工具"绘制两个等大的椭圆形对象，使用"移动工具"调整好两个椭圆形对象的位置，使其交叠区域形成参考图中叶子的形状。

使用"选择工具"全选两个椭圆形对象，单击"路径查找器"面板上的"交集"按钮，使所选对象相交部分的内容保留，其他内容删除，形成叶子造型，如图 20-48 所示。

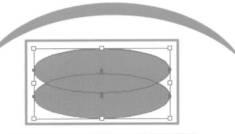

图 20-48

使用"移动工具"将制作好的叶子的形状旋转到合适角度，并与弧线形造型结合，共同组成箭头形的标志辅助装饰内容，如图 20-49 所示。

图 20-49

使用"移动工具"将制作好的箭头形对象移动到合适位置并旋转到合适角度，使该箭头形对象的起点和终

点分别从"鲜"字跨越到"家"字对象上，完成该标志的主体形象制作。该布局的构思与亚马逊的标志设计有异曲同工之处，在亚马逊移动端的简版标志中，也作为特色保留了这一箭头装饰效果，读者在字体设计的创意阶段可以多用类似的方法寻找设计灵感，如图 20-50~图 20-52 所示。

图 20-50

图 20-51

图 20-52

将箭头形对象位置布局好后，可使用"吸管工具"在主文案中吸取绿色为该箭头形对象着色，并使用"文字工具"，对标参考素材的附属文字在画板中输入英文字母。为达到参考图的效果，可将字母颜色也设为绿色，如图 20-53、图 20-54 所示。

选择英文字母，使用快捷键 Shift+Ctrl+O 进行快速扩展后，全选该标志的所有对象，使用快捷键 Ctrl+G 进行编组，完成本案制作，如图 20-55、图 20-56 所示。

图　20-55

图　20-53

图　20-56

随着大众审美意识的普遍增强，企业作为设计需求的主体对设计师在字体变形设计上的需求会越来越多，对设计质量的要求也会越来越高。这是一个无法改变的趋势。因此，读者务必要非常熟练地利用 Illustrator 文字图形化编辑的一系列功能，将该方面的技术操作能力落到实处。

图　20-54

同时，字体变形设计有赖于源源不断的创意构思。读者需要在熟练相关软件操作技巧的基础上，在生活中多去发现和研究有创意的设计，并将其分门别类地进行归纳整理，形成自己的一套思路，以便在现实应用中通过合理地优化和改造产生新价值。

20.2　中文字体的图形化设计

并非所有字体设计都能在使用已有字库相应字体的基础上，通过相关造型的创意修饰就可以完成字体设计的。大多数情况下，想制作出极具特色、让需求方眼前一亮的字体设计作品，设计师需要投入巨大精力进行原创，此时已有字库的字体和字形完全无法满足设计需要，设计师必须通过构建原始图形，利用中文字体的结构和特点进行创意实现。

20.2.1 反白字体设计需求分析

所谓反白设计指的是通过低明度的颜色作为背景，将主体内容以反白效果呈现的视觉表现方式。这一表现方式类似于中国画的"计白当黑"表现技法。比如画面中需要有白云，这些白云无须绘制，而是画家绘制山水时，通过绘制山体的笔墨留白而形成。云的形态和面积经过画家的精心设计，以水墨留白的方式进行表现，这与反白字体设计皆同一理，如图 20-57、图 20-58 所示。

在设计行业中，这种"计白当黑"的表现技法称之为负形应用。所谓负形指的是画面中的设计留白。相应地，非留白区域的对象和内容均为正形。

在实际操作时，设计师需要先将这些负形按照正形的方式制作落地，再通过软件的布尔运算功能对其进行反白效果的制作，将正形变为负形，最终达到预期的设计效果。图 20-59 所示的案例中，主文案"达利园"3 个字无法利用合适的字体进行变形，需要先进行中文字体的图形化设计。

图　20-57

图　20-58

图　20-59

20.2.2 中文字体的图形化构形

要想实现字体库中的字体无法直接构形的标志设计效果，就需要创作者使用基础图形进行图形化构型。

经过分析，本案例中"达利园"3个字中，"达"字的笔画可以比较典型地展示3个字的结构，因此可以从"达"字入手展开制作。制作好"达"字后，再制作其他两个字就可以借用"达"字的笔画对象进行重组，从而提高工作效率。

首先制作"达"字的走之旁。使用"圆头矩形工具"对标"达"字的左下角倒角大小绘制圆头大小合适的圆头矩形对象，如图 20-60 所示。

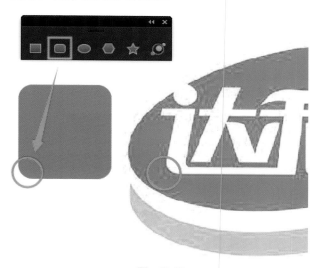

图 20-60

使用"圆头矩形工具"再次绘制圆头较小的圆头矩形对象来制作"达"字的走之旁笔画的内角，如图 20-61 所示。

图 20-61

通过分析参考图可知，这套标志在字体设计上，其竖线较粗，横线较细。按照这一设计规律，可使用"选择工具"将两个圆头矩形的位置进行合理的重叠排布，为布尔运算构形做好准备。

使用"选择工具"选择两个圆头矩形对象，单击"路径查找器"面板上的"减去顶层"按钮以生成"达"字的走之旁主体轮廓，如图 20-62 所示。

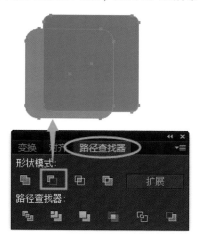

图 20-62

如果需要实现对标图中文字的倾斜效果，需要对对象进行选择，并使用"工具栏"中的"倾斜工具"来实现。按 Shift 键并在对象上朝右侧方向水平拖曳，即可实现倾斜效果，如图 20-63 所示。

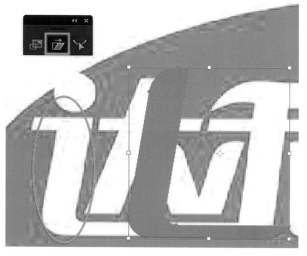

图 20-63

一般情况下，通过网络或书籍寻找到的素材质量可能并不高。在进行对标设计时，一些细节的处理需要通过设计师的常识判断以实现可以为我所用的高保真矢量效果。

使用"矩形工具"绘制矩形对象并盖住"达"字的走之旁对象的顶部，使用"选择工具"选择两个对象，单击"路径查找器"面板上的"减去顶层"按钮以减去"达"字的走之旁主体轮廓顶部区域，如图20-64、图20-65所示。

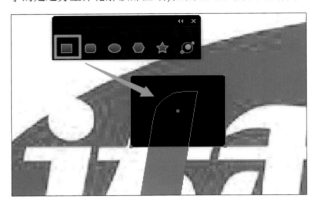

图 20-64

图 20-65

使用"矩形工具"绘制矩形对象并放置在布尔运算制作好的异形顶部，使用"选择工具"选择两个对象，单击"路径查找器"面板上的"联集"按钮以生成"达"字的走之旁底部效果，如图20-66、图20-67所示。

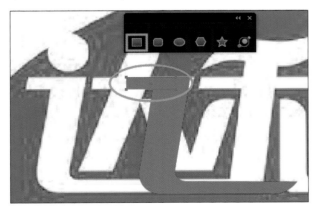

图 20-66

图 20-67

对标参考图效果，使用"直接选择工具"调整图形对象左上角的锚点位置，使对象各边相互平行，如图20-68所示。

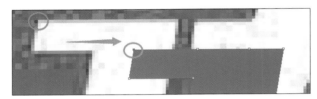

图 20-68

使用"椭圆工具"并按Shift键绘制正圆对象，使用"选择工具"将其移动到合适的位置，完成"达"字的走之旁制作，如图20-69所示。

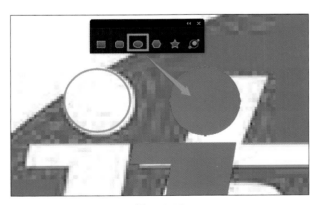

图 20-69

使用"矩形工具"，对标参考图效果绘制合适宽高的矩形对象以制作"达"字中"大"字的"丿"笔画，如图20-70所示。

图 20-70

　　对标参考图效果，使用"直接选择工具"向右水平调整矩形对象顶部两个锚点的位置，使对象形成倾斜效果，如图 20-71、图 20-72 所示。

图 20-71

　　这一效果也可以通过使用"倾斜工具"来实现。在实际工作中，对于单个笔画的细节调整，使用"直接选择工具"针对锚点进行调整往往精度更高。读者在设计时可根据实际情况权宜选择合适的方法。

图 20-72

　　使用"矩形工具"绘制矩形对象以制作"达"字中"大"字的"一"笔画。对标参考图效果，使用"直接选择工具"调整矩形对象顶部两个锚点的位置，使该对象与其他对象各边相互平行，如图 20-73、图 20-74 所示。

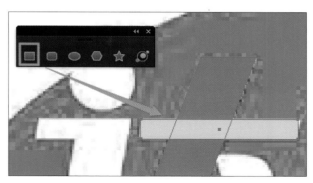

图 20-73

图 20-74

　　为制作"达"字中"大"字的"捺"笔画，考虑到其与"大"字的"丿"笔画为对称结构，可使用"选择工具"选择"大"字的"丿"对象，双击"工具栏"中的"镜像工具"图标，此时会出现"镜像"对话框，选择"轴"的方向为"垂直"，同时勾选"预览"查看效果，此时画板中的对象将会以垂直方向为轴进行镜像翻转，若镜像后效果满意，则可单击"复制"按钮以复制镜像结果，如图 20-75~ 图 20-77 所示。

图　20-75

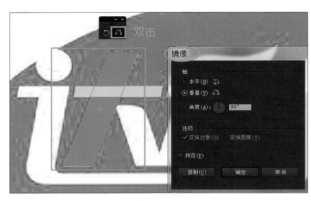

图　20-76

图　20-77

　　使用"选择工具"调整被镜像对象的位置高度和比例，并配合使用"直接选择工具"调整对象顶部两个锚点的位置，使对象的倾斜效果与参考图一致，如图 20-78、图 20-79 所示。

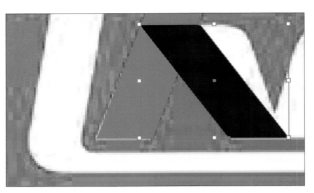

图　20-78

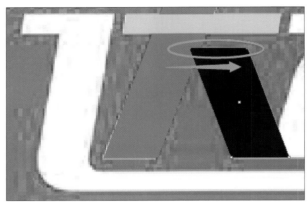

图　20-79

　　"大"字的"捺"笔画的右上角需要由尖角改为圆头效果，如图 20-80 所示。在第 18 章中介绍了使用"直接选择工具"，通过拖曳尖角所在锚点上自带的用以编辑圆头效果的小白点将图形改为圆头的制作方法。但较早版本的 Illustrator 没有这一快捷功能，下面介绍自定义生成圆头的方法。

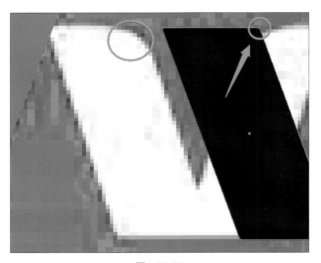

图　20-80

使用"选择工具"选择对象，此时将出现对象的蓝色路径，选择"整形工具"，在路径上需要倒角的位置分别单击，即可为路径添加锚点。此时生成的新锚点将自带控制手柄，成为倒角开始的位置。

使用"钢笔工具"，单击对象右上角锚点进行锚点删除，即可形成由"整形工具"生成的两个锚点构建的圆头效果，如图 20-81~ 图 20-83 所示。

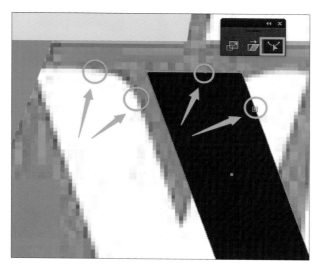

图 20-81

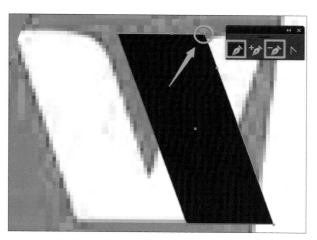

图 20-82

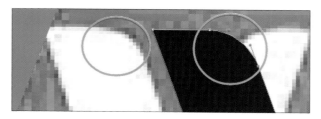

图 20-83

使用"选择工具"将所有构建的异形对象组合在一起，使用 Ctrl+G 进行编组，即完了对"达"字的图形化对标设计，如图 20-84 所示。

图 20-84

因本案例所涉及的 3 个字风格比较统一，制作"园"字可适当因借"达"字的走之旁对象进行设计，如图 20-85 所示。

图 20-85

使用"选择工具"移动复制"达"字的走之旁主体对象，在选中该对象后，双击"旋转工具"图标，出现"旋转"参数设置对话框，将"角度"参数设置为 180°，并勾选"预览"选项，可见对象以自身为轴心呈 180°旋转，单击"复制"按钮以复制该旋转结果，如图 20-86、图 20-87 所示。

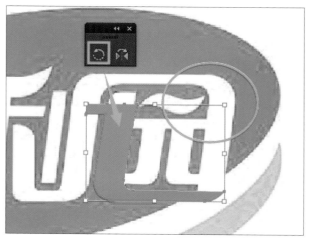

图 20-86

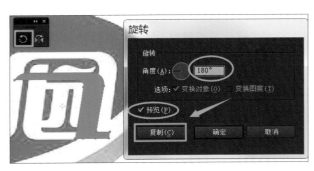

图　20-87

使用"选择工具"将复制的对象移动到参考图"园"字的右上角位置。此时可见对象的竖向线条宽度比参考图中"园"字的竖线略宽。此时可以使用"选择工具"同时选择两个对象，并通过拖曳其外部的自由变换框位置将其挤压到合适的比例，如图 20-88~图 20-90所示。

图　20-90

使用"矩形工具"绘制两个矩形对象并盖住对象的凸出部分，使用"选择工具"选择两个对象，单击"路径查找器"面板上的"减去顶层"按钮以生成两个"L"形对象，形成"园"字的"口"字形外框，如图 20-91~图 20-93 所示。

图　20-88

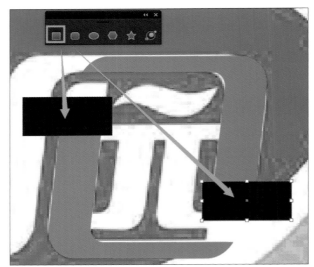

图　20-91

图　20-89

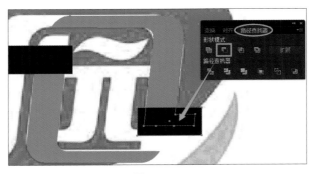

图　20-92

图　20-93

使用"直接选择工具"可调整"L"形对象顶部两个锚点的位置,使其达到"园"字的"口"字形外框高度,如图 20-94 所示。

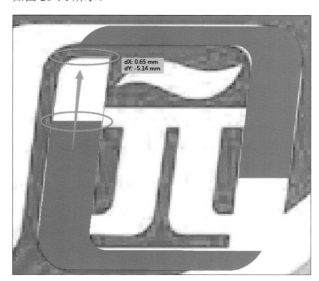

图　20-94

使用"整形工具"将"L"形对象左上角的尖角改为圆头效果,具体操作方法与制作"达"字圆头效果一致,这里不再赘述,如图 20-95 所示。

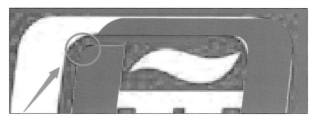

图　20-95

使用"直接选择工具"调整倒"L"形对象底部两个锚点的位置,使其与另一个"L"形对象相交。因其底部位置在标志红色底座外部,制作反白效果时不会参与图形化计算,可不做倒角效果,如图 20-96 所示。

图　20-96

使用"选择工具"选择两个"L"形对象,单击"路径查找器"面板上的"联集"按钮,完成"园"字的"口"字形外框制作,如图 20-97 所示。

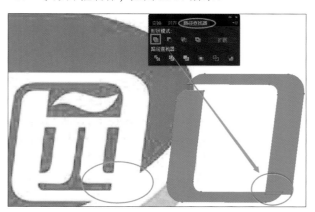

图　20-97

"园"字内的"元"字形底部由"儿"字形组成,其右侧的"捺"笔画与完成"园"字的"口"字形外框左下角内外两侧倒角造型类似,可以直接因借"口"字形外框对象制作,如图 20-98 所示。

使用"选择工具"移动复制"口"字形外框对象,使用"矩形工具"绘制一个矩形对象并盖住"口"字形外框对象的左下角。使用"选择工具"选择两个对象,单击"路径查找器"面板上的"交集"按钮以生成"元"字的"捺"笔画,如图 20-99~ 图 20-101 所示。

图　20-98

图　20-99

图　20-100

图　20-101

使用"选择工具"将复制的对象移动到参考图"园"字的相应位置上。

可见对象的内外两侧倒角大小比参考图中"园"字的相应位置倒角略大。此时可以使用"直接选择工具"通过调整相关锚点的位置使对象与参考图中的倒角大小一致，如图 20-102、图 20-103 所示。

图　20-102

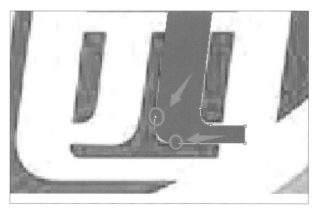

图　20-103

为制作"园"字内的"元"的"丿"笔画，考虑到其与"捺"笔画为对称结构，可使用"选择工具"选择刚制作好的"捺"笔画对象，双击"工具栏"中的"镜像工具"图标，此时会出现"镜像"对话框，选择"轴"的方向为"垂直"，同时勾选"预览"查看效果，此时画板中的对象将会以垂直方向为轴进行镜像翻转，若镜像后效果满意，则可单击"复制"按钮以复制镜像结果，图 20-104、图 20-105 所示。

使用"选择工具"将复制的对象移动到参考图"园"字的相应位置上，使用"直接选择工具"向右水平调整对象顶部两个锚点的位置，如图 20-106 所示。

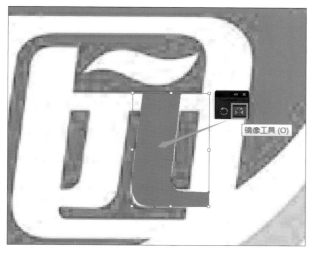

图 20-104

调整好对象的倾斜方向后，可见对象右侧边缘出现了不需要的隆起效果。使用"直接选择工具"选择对象右上角的锚点，并调整该锚点上控制手柄的方向即可解决该问题，如图 20-107、图 20-108 所示。

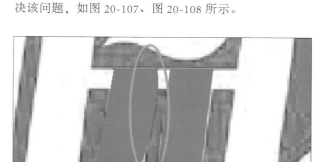

图 20-107

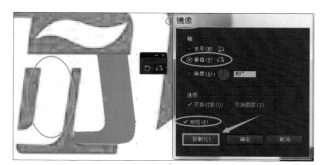

图 20-105

图 20-108

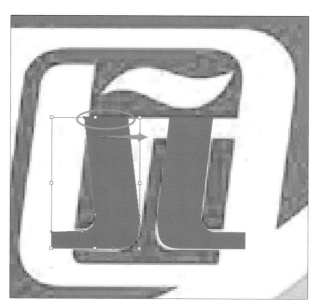

图 20-106

利用同样方法，使用"直接选择工具"选择对象底部的相关锚点并调整控制手柄方向可使形体达到满意效果，如图 20-109 所示。

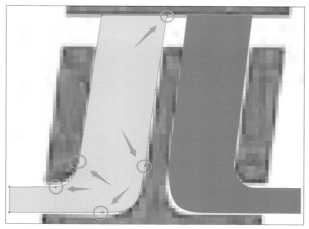

图 20-109

使用"矩形工具"绘制矩形对象并将其放置在两个异形对象顶部，使用"选择工具"选择 3 个对象，单击"路径查找器"面板上的"联集"按钮以生成"元"字的底部效果，如图 20-110～图 20-112 所示。

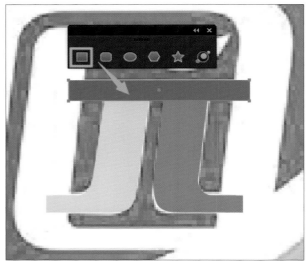

图　20-110

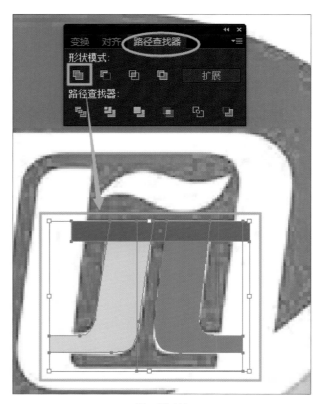

图　20-111

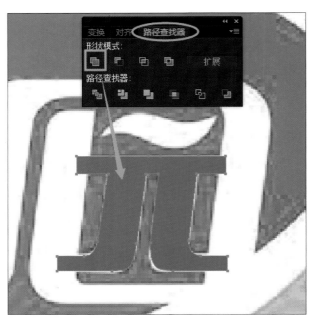

图　20-112

通过执行"联集"命令形成的异形形状形似符号"π"。这里读者就可能会思考一个问题：为什么当初不直接用符号"π"作为基本图形变更元素，通过文字的转曲功能进行编辑加工呢？

实际上，通过使用字库中的字符输入符号"π"，无论使用何种字体，都与预期的效果相差甚远，毕竟设计稿中的字体是原创的创意落地，即其中的"文案"只是由看起来像文案的图形组成的。这就要求设计师在实际工作中，一定要忠实于项目的设计结果，切不可投机取巧，最终做蚀本"生意"，如图 20-113 所示。

图　20-113

20.2.3 "宽度工具"的应用方法

"元"字顶部的"一"被设计成了流线型效果。该结构为两端略窄，中部较宽且带有曲率的梭形结构，如图 20-114 所示。

图 20-114

制作这一效果，可以使用 Illustrator 的"宽度工具"。首先要解决对象的曲率问题，使用"钢笔工具"在对标对象中心绘制与对象曲率一致的曲线路径并描边。该曲线路径构成了对象的骨骼结构，如图 20-115 所示。

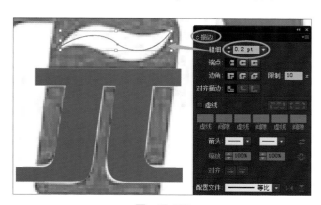

图 20-115

选择"工具栏"中的"宽度工具"，在需要加宽的路径上拖曳（拖曳方向要与路径方向垂直），路径将以被拖曳的点作为基准点进行加宽变形，被拖曳的点附近的路径也会随之加宽，并形成梭形的流线型效果，如图 20-116～ 图 20-119 所示。

图 20-116

图 20-117

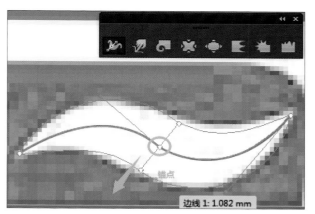

图 20-118

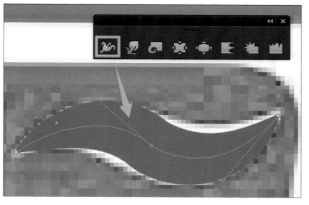

图 20-119

使用"宽度工具"生成的效果最终还是软件以路径描边的方式计算的，需要通过执行"对象→扩展外观"命令对其外观进行扩展，以生成矢量图形，如图20-120、图20-121所示。

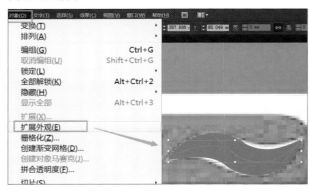

图 20-120

图 20-121

使用"选择工具"选择构成"园"字的所有对象，单击"路径查找器"面板上的"联集"按钮以获得"园"字对象，如图20-122、图20-123所示。

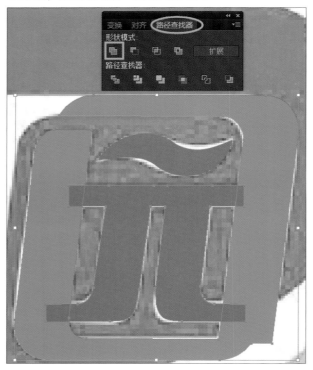

图 20-122

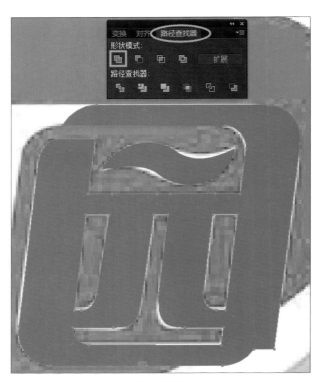

图 20-123

完成"达"字和"园"字的制作后，经过与参考图的对比可以发现，"利"字左上角的"丿"笔画与"园"字的"一"笔画极为相似，可以使用类似方法制作，如图20-124所示。

图 20-124

因"利"字左上角的"丿"笔画与"园"字的"一"笔画在长度和曲率上有所差异，可以使用"宽度工具"制作该效果并扩展其外观，如图20-125~图20-129所示。

读者切不可为方便直接因借"园"字中的流线型对象，因为使用"宽度工具"构形虽然方便快捷，但对其外观进行扩展后会在对象路径上生成密集的锚点，不利于二次编辑。本书在此对于"宽度工具"的应用也只在进行功能讲解，实际工作中读者亦可直接使用"钢笔工具"构形的方法，更加直接而精准地绘制该形状。

图 20-125

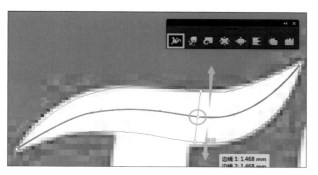

图 20-126

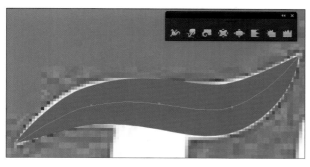

图 20-127

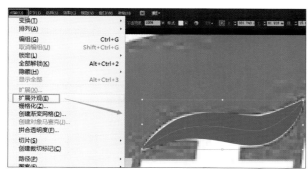

图 20-128

图 20-129

因"利"字上的"丿"笔画与"达"字上的"捺"笔画非常相似且形成连笔效果，制作该笔画可以使用镜像复制"达"字上的"捺"笔画的方法，如图 20-130 所示。

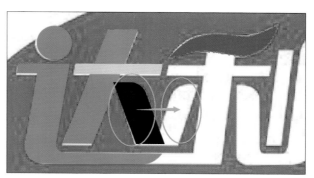

图 20-130

双击"镜像工具"图标，在"镜像"对话框中，选择"轴"的方向为"垂直"，同时勾选"预览"查看效果，此时画板中的对象将会以垂直方向为轴进行镜像翻转，若镜像后效果满意，则可单击"复制"按钮以复制镜像结果，图 20-131、图 20-132 所示。

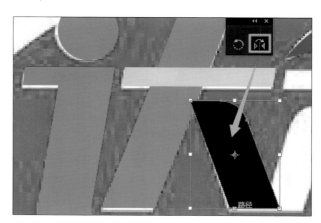

图 20-131

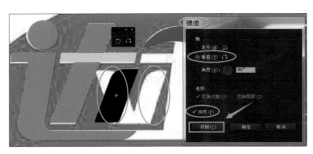

图　20-132

使用"选择工具"将复制的对象移动到参考图"利"字的相应位置上，与参考图对比，可见镜像后的对象略宽，需要使用"直接选择工具"，通过调整自由变换界定框的方式对图形进行挤压，使其达到使用要求，如图 20-133、图 20-134 所示。

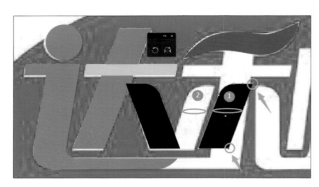

图　20-133

图　20-134

使用"选择工具"将"达"字上的"捺"和"利"字上的"丿"两个对象移动到对应的合适位置后，同时选择两个对象并单击"路径查找器"面板上的"联集"按钮，完成"达"字和"利"字的连笔效果制作，如图 20-135、图 20-136 所示。

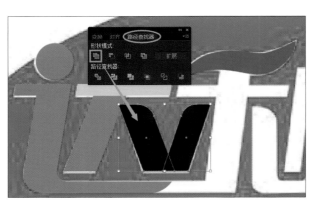

图　20-135

图　20-136

鉴于该标志的所有横向笔画的宽度基本一致，可直接使用"选择工具"移动复制"达"字的"一"笔画用于"利"字，并使用"直接选择工具"来调整应用于"利"字的笔画长度，如图 20-137、图 20-138 所示。

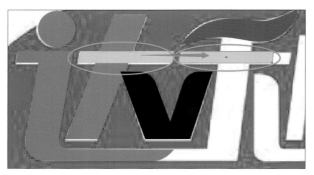

图　20-137

图　20-138

使用"矩形工具"绘制矩形对象作为"利"字的"丨"笔画，并使用"直接选择工具"向右水平调整对象顶部两个锚点的位置，使其发生倾斜，如图 20-139、图 20-140 所示。

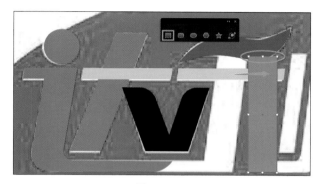

图 20-139

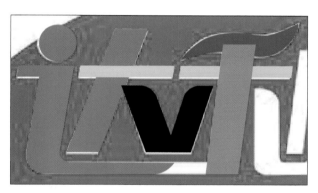

图 20-140

使用"直接选择工具"向右水平调整"达"字走之旁右下角两个锚点的位置，使其向右侧延长并与"利"字的"丨"笔画相接驳，如图 20-141 所示。

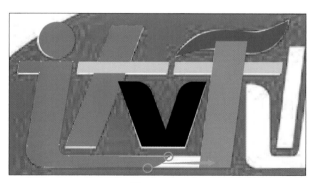

图 20-141

使用"选择工具"选择"达"字上的走之旁底部和"利"字上的"丨"两个对象，单击"路径查找器"面板上的"联集"按钮，以生成"达"字和"利"字底部的连笔效果，如图 20-142、图 20-143 所示。

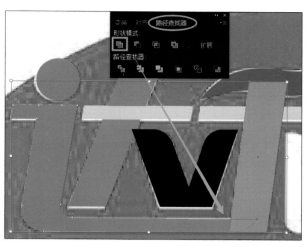

图 20-142

图 20-143

使用"直接选择工具"向左水平调整"园"字左上角两个锚点的位置，使其向左侧延长并为"利"字创造连笔效果做准备，如图 20-144~ 图 20-146 所示。

图 20-144

图 20-145

图 20-146

"利"字与"园"字的连笔结构，是先由"利"字的"捺"笔画和利刀旁的右侧笔画进行连笔，再与"园"字的左上角外框相接驳形成的。这是一个很巧妙的设计。

为了制作该连笔结构，需要使用"圆头矩形工具"绘制一个较大圆头半径的椭圆（圆头大小参照连笔结构的外侧倒角大小），再在其上居中位置绘制一个较小圆头半径的狭长椭圆（圆头大小参照连笔结构的内侧倒角大小），同时选择两个椭圆对象并单击"路径查找器"面板上的"减去顶层"按钮，形成"U"字形异形对象，如图20-147、图20-148所示。

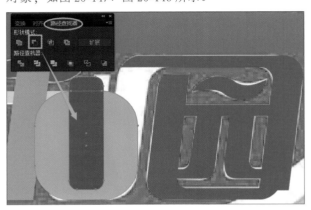

图　20-147

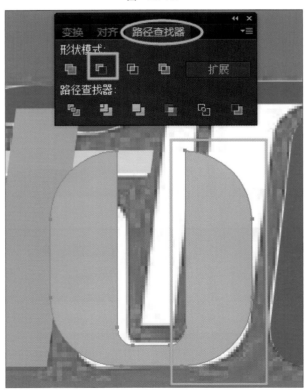

图　20-148

选择"U"字形异形对象，双击"镜像工具"图标，在"镜像"对话框中，选择"轴"的方向为"水平"，同时勾选"预览"查看效果，若镜像后效果满意，则可单击"复制"按钮以复制镜像结果，得到"n"字形异形对象，如图20-149所示。

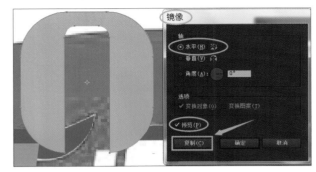

图　20-149

使用"选择工具"选择两个异形对象，单击"路径查找器"面板上的"联集"按钮以获得"利"字与"园"字的连笔结构雏形，如图20-150所示。

图　20-150

为了更好地与参考图进行对标，执行"窗口→透明度"命令，打开"透明度"面板（快捷键为Shift+Ctrl+F10）。选择异形对象并调整面板中的"不透明度"参数，使对象呈半透明状显示，如图20-151所示。

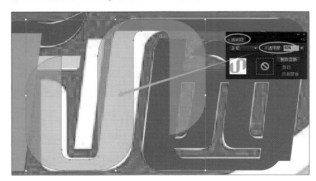

图　20-151

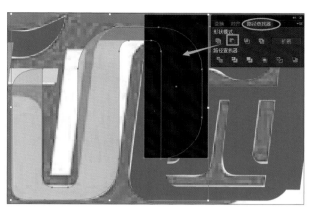

在对象呈半透明状显示下，可使用"直接选择工具"选择对象左侧的相关锚点并通过调整锚点位置和控制手柄方向的方法使对象形体与参考图一致，如图 20-152 所示。

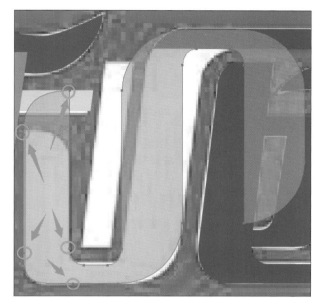

图　20-152

由于"利"字通过该对象顶部横向笔画与"园"字左上角开口处笔画相连接，可将该异形对象右侧下垂区域删除。

使用"矩形工具"绘制矩形对象并盖住异形对象右侧下垂区域，使用"选择工具"选择这两个对象，单击"路径查找器"面板上的"减去顶层"按钮以删除被覆盖的区域，如图 20-153、图 20-154 所示。

图　20-153

图　20-154

对象多余部分删除后，因两个字的竖向连接处呈倾斜状态，可使用"直接选择工具"选择异形对象右上角的相关锚点并通过向右平移锚点位置的方法使对象右侧倾斜，实现与参考图倾斜角度一致的效果，如图 20-155、图 20-156 所示。

图　20-155

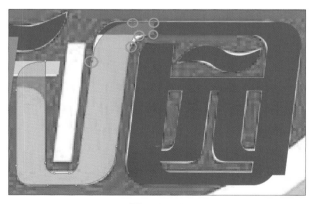

图　20-156

调整好倾斜效果后，如果对象与"园"字接驳处的内外两侧倒角大小比参考图中的相应位置倒角略大，可以使用"直接选择工具"通过调整相关锚点的位置使对象与参考图中的倒角大小一致，如图 20-157 所示。

图　20-157

由于异形对象左上角倒角方向与实际需要不一致，需要对该倒角进行删除并重建倒角效果。

使用"矩形工具"绘制矩形对象并盖住对象左上角倒角区域，使用"选择工具"选择这两个对象，单击"路径查找器"面板上的"减去顶层"按钮以删除不需要的倒角，如图 20-158 所示。

图　20-158

利用制作"达"字中"大"字的"捺"笔画时添加倒角效果的方法，使用"整形工具"制作"利"字上的"捺"笔画的倒角效果，具体做法这里不再赘述，如图 20-159、图 20-160 所示。

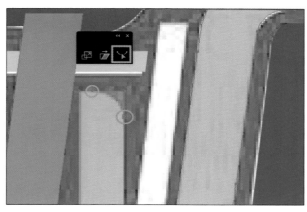

图　20-159

图　20-160

使用"选择工具"选择该修正好造型的异形对象和"园"字对象，单击"路径查找器"面板上的"联集"按钮以获得"利"字与"园"字的连笔结构，如图 20-161、图 20-162 所示。

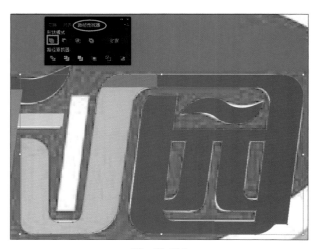

图　20-161

图　20-162

使用"矩形工具"绘制矩形对象作为"利"字的利刀旁左侧的"|"笔画，并使用"直接选择工具"向右

水平调整对象顶部两个锚点的位置，使其发生倾斜，完成标志主文案的制作，如图 20-163、图 20-164 所示。

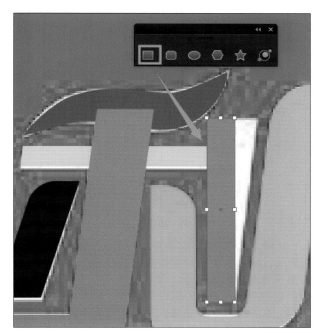

图 20-163

图 20-165

图 20-166

对象被"联集"操作后会自动编组，想建立复合路径，要先右键单击主文案对象，选择"取消编组"命令，如图 20-167 所示。

图 20-164

使用"选择工具"选择组成"达利园"主文案的所有矢量对象，单击"路径查找器"面板上的"联集"按钮，将主文案变成一个整体的图形，如图 20-165 所示。

虽然主文案被执行"联集"操作后连接成了一体，但"达"字左上角的圆点、"利"字利刀旁左侧的竖线和"园"字内的梭形曲线都是相对独立的矢量对象，而"达"字中的"大"字与"达"字本身、"利"字与"园"字的连笔处与"利"字本身也是相互独立的，因此它们不具备作为整体制作反白效果的条件，需要先对其建立复合路径，如图 20-166 所示。

图 20-167

再次右键单击主文案对象，选择"建立复合路径"命令，此时会发现，右键单击对象后的列表中并无"建立复合路径"命令，如图 20-168 所示。

图　20-168

遇到这种情况，并不意味着对象不能建立复合路径，用户可以在对象被选择的状态下，使用快捷键 Ctrl+8 来执行"建立复合路径"命令，再次右键单击主文案对象，可见列表中有"释放复合路径"命令，说明复合路径已被建立，如图 20-169 所示。

图　20-169

主文案对象被建立复合路径后，为方便对标，可使用"选择工具"将其移到对标稿外部以备调用。如果主文案对象被填充为白色，则可将其更改为任意色，避免与画板颜色发生套色，如图 20-170 所示。

图　20-170

使用"椭圆工具"，对标参考图的尺度绘制合适大小的椭圆并适度旋转，作为标志底座的基础造型，如图 20-171 所示。

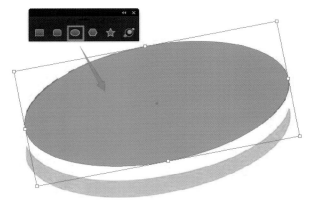

图　20-171

使用"选择工具"移动复制两个作为标志底座的椭圆对象，且在摆位上使椭圆露出的部分与参考图中弧线形装饰对象保持形态一致。使用"选择工具"选择两个椭圆对象，单击"路径查找器"面板上的"减去顶层"按钮进行布尔运算，形成参考图的弧线形装饰对象效果，如图 20-172、图 20-173 所示。

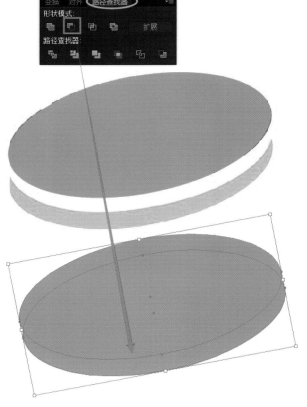

图　20-172

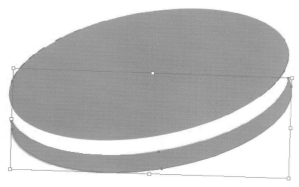

图 20-173

使用"吸管工具"吸取参考图中标志底座的颜色到相应底座对象上，如图 20-174 所示。

图 20-174

对标参考图效果，使用"选择工具"将被建立好复合路径的主文案对象移动到底座对象的合适位置上，使用"选择工具"选择红色椭圆及主文案对象，单击"路径查找器"面板上的"减去顶层"按钮进行布尔运算，此时主文案在红色底座上形成了反白的效果，如图 20-175、图 20-176 所示。

图 20-176

图 20-175

主文案反白效果制作好后，如果对效果不满意，可使用快捷键 Ctrl+Z 退回到上一步重做。如果对效果满意，则需使用"选择工具"选择标志所有对象，单击快捷键 Ctrl+G 编组，完成通过图形化元素实现的字体设计标志制作，如图 20-177 所示。

图 20-177

20.2.4　中文字体的反白设计总结

通过对本案例制作方法的学习不难了解，一个看起来风格简约的标志设计，会牵扯到诸如"钢笔工具""旋转工具""路径查找器""透明度""倾斜工具""整形工具""形状类工具""宽度工具""描边"等功能的综合应用，读者需要在分析制作技巧的基础上，灵活应用相关知识点，将它们有机地联系起来，灵活机动地解决实际问题，图 20-178 所示为本案例的高清矢量效果及所使用到的主要工具和面板。

图　20-178

本节案例较为复杂，一旦掌握了复杂案例的制作诀窍，再在实际工作中遇到简单的案例就会驾轻就熟。图 20-179 所示为三星公司的企业标志，可见该标志椭圆底座结合主文案反白效果的设计结构与本案例非常类似。

而三星公司的企业标志的主文案虽为英文字母，但其也是由与本案例类似的几何形状组合而成的专业而考究的字体设计，在看似简单中蕴藏着丰富的不简单，如图 20-180 所示。希望读者在今后对标设计作品时不要想当然，应时刻怀有敬畏之心，抱持学习心态在设计道路上颔首前行。

图　20-179

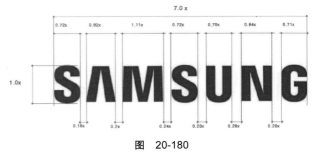

图　20-180

20.3 中文字体变形设计与标志设计综合应用

中文字体变形设计的核心不仅是设计一套漂亮的字体，更需要将字体与和它相匹配的标志结合起来考量。字体设计要有整体意识，也要有合理的变通能力。本节通过一个较复杂的综合案例，结合前面章节所介绍知识点，将中文字体设计的诸多应用方法与标志设计进行结合演练，使读者全面了解字体设计综合应用的各种实操方法，以后可以在视觉创意中灵活应变、举一反三。

20.3.1 创意分析与制作准备

下面通过"光明食品"的标志案例详细了解字体设计综合应用方法。图 20-181 所示为该标志的 Logo 及中文名称组合。

图 20-181

图 20-182

图 20-183

标志的 Logo 视觉以企业名称"光明食品"为创意点，通过太阳形象代表光明这一立意，形象中部由企业名称首字母"G"来装饰。Logo 的配色使用了代表光明的暖色渐变色。整个 Logo 由线框结构设计实现，与标志名称的线框形式相得益彰。

使用"直线段工具"并按 Shift 键绘制垂直的直线段，在"描边"面板中对其进行描边，描边的"粗细"参数设置参照参考图中太阳放射的光芒宽度，"端点"设置为圆头，如图 20-182、图 20-183 所示。

20.3.2 路径的旋转应用

选择对象并双击"旋转工具"图标，出现"旋转"参数设置对话框，对对象的旋转角度、预览效果等进行设置。将"角度"参数设置为 15°，并勾选"预览"选项，可见对象以自身旋转轴为轴心呈 15°旋转，单击"复制"按钮以复制该旋转结果。复制好 1 个对象后，按快捷键 Ctrl+D 自动复制对象，重复 22 次，得到共 24 个线型对象组成的放射结构，如图 20-184、图 20-185 所示。

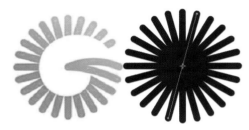

图 20-184

图 20-185

全选放射状的路径对象，执行"对象→扩展"命令，对其进行扩展操作，如图 20-186、图 20-187 所示。

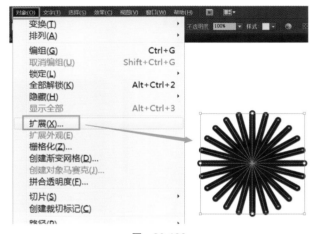

图 20-186

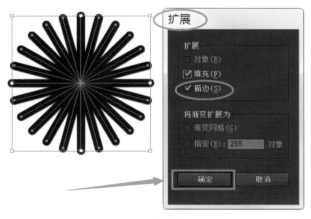

图 20-187

对象被扩展后形成了内部填充单色的矢量图形。分析参考图可知，对象有 45°的渐变效果，需要将对象由单色填充改为渐变填充，如图 20-188 所示。

图 20-188

选择对象，单击"工具栏"底部的"渐变"按钮，在打开的"渐变"面板中，将渐变色调整为参考图中的颜色并设置好渐变角度，具体渐变设置方法在第 6 章已作详细讲解，此处不再赘述，如图 20-189 所示。

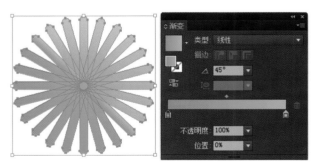

图 20-189

对象被添加渐变效果后，并不像参考图中的效果那样，放射状对象作为一个整体进行渐变，而是以放射线的每个单体作为渐变对象产生渐变效果，这与实际需求不符。

因此，必须将这些单个的图形对象组合到一起，使它们成为一个独立的图形，再生成渐变效果，如图 20-190 所示。

图　20-190

使用"选择工具"选择全部放射状对象，单击"路径查找器"面板上的"联集"按钮，形成独立的太阳形矢量对象，如图 20-191、图 20-192 所示。

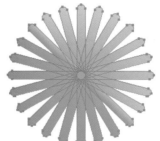

图　20-191

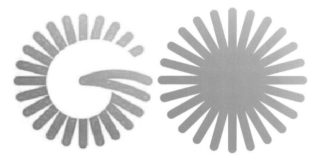

图　20-192

20.3.3　镂空反白效果制作

太阳形矢量对象中部由反白的字母"G"装饰效果组成。

要想制作出这一效果，首先要将太阳对象的中部进行挖空。同时，太阳光芒的最右侧三根需要删除，由两条曲线的光芒对象代替，从而形成字母"G"的形象。如图 20-193 所示。

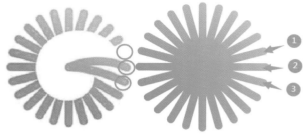

图　20-193

使用"椭圆工具"并按 Shift 键在太阳形矢量对象中央绘制与其同心的正圆对象。正圆的大小要覆盖住太阳光芒的线条，保证太阳对象被该正圆挖空后，其光芒各自独立，以满足参考图的需要，如图 20-194 所示。

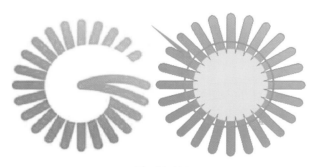

图　20-194

使用"钢笔工具"结合正圆形绘制异形，要保证该异形左侧部分与正圆对象边缘衔接顺畅，使其与正圆结合后形象似倒着的逗号。同时该异形右侧部分需盖住太阳的最右侧三根光芒，以便在制作镂空效果时将其删除，如图 20-195 所示。

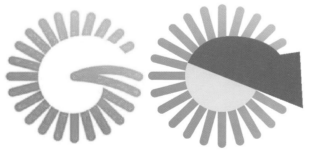

图　20-195

使用"选择工具"选择正圆形对象和异形对象，单击"路径查找器"面板上的"联集"按钮，形成用于在太阳上制作镂空效果的异形对象，如图 20-196、图 20-197 所示。

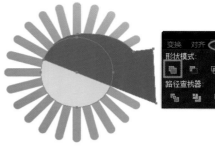

图 20-196

20.3.4 反白效果的装饰制作

接下来需要制作太阳右侧由两条曲线组成的光芒对象。通过对参考图进行分析可见，两条曲线的起始点位置同在太阳对象的中心点上。同时，两条曲线的终点位置分别与太阳光芒放射的正圆形外沿在同一条曲线上。其渐变颜色也并非独立，与整个太阳对象为一体渐变。基于这些分析，可以着手绘制这两条曲线，如图 20-200 所示。

图 20-197

再次使用"选择工具"选择所有对象，单击"路径查找器"面板上的"减去顶层"按钮，完成太阳上的镂空效果制作，如图 20-198、图 20-199 所示。

图 20-200

使用"钢笔工具"以太阳对象的中心点为起始点，以太阳光芒放射的正圆形外沿为终点，结合参考图的曲率绘制曲线路径。在"描边"面板中对其进行描边，描边的"粗细"参数设置与太阳放射线的光芒宽度一致，"端点"设置为圆头，如图 20-201 所示。

图 20-198

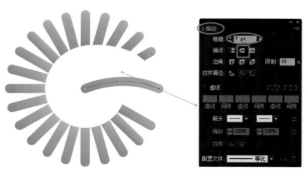

图 20-201

利用同样方法使用"钢笔工具"绘制第 2 条曲线路径，要注意两条路径的终点间隙要与太阳对象上放射的其他光芒间隙一致，保证视觉效果的统一性，如图 20-202 所示。

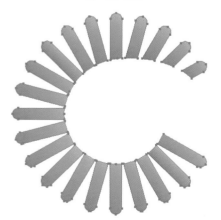

图 20-199

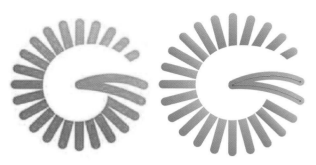

图 20-202

为了将渐变色对太阳形 Logo 进行一体化填充，需要采用路径描边扩展为填充的方法来实现。选择两个曲线路径对象，执行"对象→扩展"命令，对其进行扩展操作，如图 20-203、图 20-204 所示。

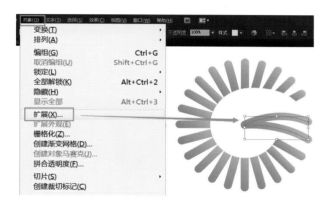

图 20-203

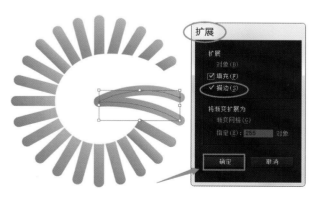

图 20-204

使用"选择工具"选择两个曲线路径对象，单击"路径查找器"面板上的"联集"按钮，将两个曲线路径对象连接成一个矢量图形，如图 20-205 所示。

图 20-205

因太阳形对象被布尔运算后已自动编组，为制作 Logo 统一的渐变效果，需要使其成为复合路径。右键单击该图形组，执行"取消编组"命令以备建立复合路径，如图 20-206 所示。

图 20-206

使用"选择工具"选择所有对象，右键单击并执行"建立复合路径"命令，此时整个太阳状 Logo 对象上形成了一体化的渐变效果，该案例的 Logo 部分制作完成，如图 20-207、图 20-208 所示。

图 20-207

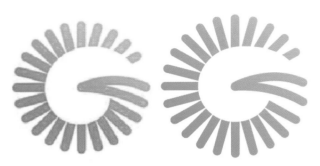

图　20-208

20.3.5　路径化文字设计

由于本案例整个 Logo 是由路径配合描边效果制作实现的，为了使标志风格统一，配合它的文案也需采取同样的视觉表现方式呈现。

通过分析参考图，可见该组字体设计虽有些部分为方角端点，但绝大部分为圆头端点。设计师可以借此采用路径配合描边效果的方式对其进行组接编辑，如图 20-209 所示。

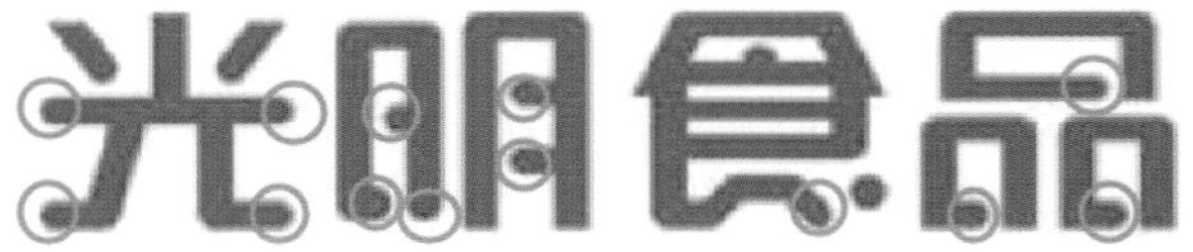

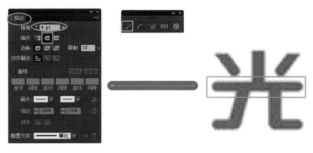

图　20-209

使用"直线段工具"并按 Shift 键绘制水平的直线段，在"描边"面板中对其进行描边，描边的"粗细"参数设置参照参考图中文字笔画的粗细，"端点"设置为"圆头端点"，如图 20-210 所示。

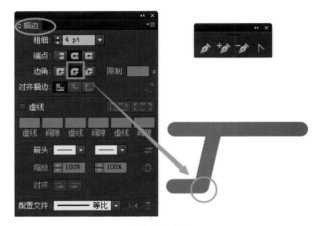

图　20-210

使用"钢笔工具"参照参考图中"光"字"丿"的笔画结构绘制路径，其"描边"属性设置与横线设置一致，下同，如图 20-211 所示。

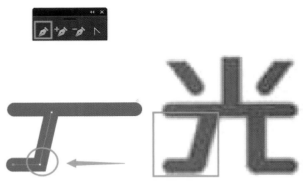

图　20-211

因参考图中的"光"字笔画转角处为圆头，需在"描边"面板中设置对象的"边角"为"圆角连接"，如图 20-212 所示。

图　20-212

继续使用"钢笔工具"参照参考图中"光"字右下角笔画绘制路径并设置相应的描边属性，绘制垂直或水平路径时可配合使用 Shift 键，如图 20-213 所示。

图　20-213

使用"钢笔工具"绘制"光"字顶部中线笔画，其描边"端点"选择"平头端点"，如图 20-214 所示。

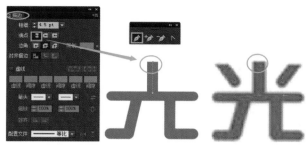

图 20-214

由于"光"字左上角笔画顶部端点为平头，底部端点为圆头。可以先使用"描边"功能生成圆头端点的线段，再将顶部端点修改为平头。

使用"钢笔工具"绘制"光"字左上角直线段，在"描边"面板中对其进行描边，描边的"粗细"参数设置参照参考图中文字笔画的粗细，"端点"设置为"圆头端点"，如图 20-215 所示。

图 20-215

选择该路径对象，执行"对象→扩展"命令，对其进行扩展操作，如图 20-216、图 20-217 所示。

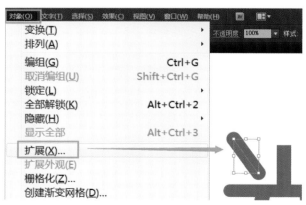

图 20-216

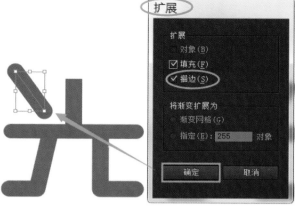

图 20-217

"光"字左上角笔画与其顶部的中线笔画高度基本一致且顶部均为水平的平头效果，如图 20-218 所示。

图 20-218

在制作"光"字左上角笔画顶部端点的平头效果时，可使用"矩形工具"绘制矩形对象并盖住对象的顶部圆头部分，使用"选择工具"选择两个对象，单击"路径查找器"面板上的"减去顶层"按钮以生成平头效果，如图 20-219、图 20-220 所示。

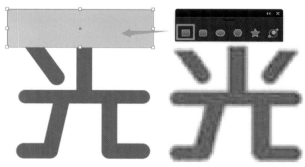

图 20-219

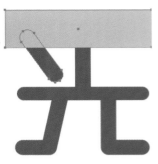

图 20-220

因"光"字左上角笔画与右上角笔画为对称结构，可选择制作好的"光"字左上角笔画对象，双击"工具栏"中的"镜像工具"图标，在"镜像"对话框中，选择"轴"的方向为"垂直"，同时勾选"预览"查看效果，此时画板中的对象将会以垂直方向为轴进行镜像翻转，单击"复制"按钮以复制镜像结果，并使用"选择工具"将镜像复制好的对象移动到"光"字右上角的相应位置，完成"光"字的制作，如图 20-221~ 图 20-223 所示。

图 20-221

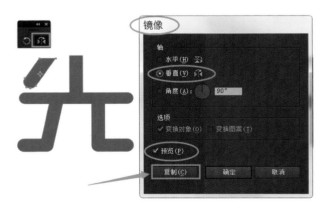

图 20-222

图 20-223

"明"字左侧的"日"字旁为矩形结构，可使用"矩形工具"绘制矩形对象，使用快捷键 Shift+X 将对象填充颜色切换为描边，并调整"描边"面板中相应的参数设置，构成"日"字旁的雏形，如图 20-224、图 20-225 所示。

图 20-224

图 20-225

"明"字左侧的"日"字旁底部为开口结构。为制作这一效果，可使用"剪刀工具"在矩形描边对象的右下角锚点处单击以剪断路径，再在矩形描边对象的底边路径上单击，将剪断的独立路径从矩形描边对象中分离出来，如图 20-226 所示。

图 20-226

使用"选择工具"选择该独立的路径并按 Delete 键将其删除，并将开口矩形对象的"描边"属性设置为"圆头端点"，如图 20-227 所示。

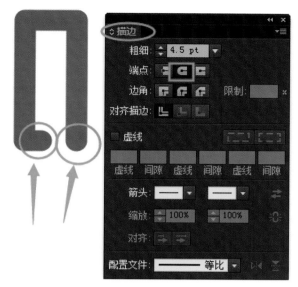

图 20-227

使用"钢笔工具"绘制短线段，并将其"描边"属性设置为"圆头端点"，"明"字左侧的"日"字旁制作完成，如图 20-228 所示。

图 20-228

"明"字右侧的"月"字同样为矩形结构。使用"矩形工具"绘制矩形对象，使用快捷键 Shift+X 将对象填充颜色切换为描边，并将"描边"面板中"端点"设置为"平头端点"，"边角"设置为"圆角连接"，以构成"月"字的雏形，如图 20-229 所示。

图 20-229

再次使用"钢笔工具"绘制两个水平的短线段以完善"月"字，并将其"描边"属性设置为"圆头端点"，完成"明"字的制作，如图 20-230 所示。

图 20-230

"品"字在构形上，其结构与"明"字非常相似，均为矩形框架结构。可以使用制作"明"字的方法来实现，如图 20-231 所示。

图 20-231

使用"矩形工具"对标参考图中"品"字上方的"口"字结构绘制略扁的矩形对象并描边，配合"剪刀工具"为其创造右下角缺口，构成"口"字旁的雏形，如图 20-232、图 20-233 所示。

图 20-232

图 20-233

使用"钢笔工具"绘制水平的短线段，并将其"描边"属性设置为"圆头端点"，移动到对象底部开口的左侧端点上，使其变为圆头端点。

使用"直接选择工具"向下垂直拖曳对象底部开口的右侧端点，使其位置与矩形描边的底边在同一条水平线上，如图 20-234、图 20-235 所示。

图 20-234

图 20-235

利用制作"品"字上方的"口"字的方法制作左下方的"口"字对象，并将其移位复制到右侧，完成"品"字的制作，如图 20-236、图 20-237 所示。

图 20-236

图 20-237

20.3.6 "比例缩放工具"应用方法

使用"矩形工具"对标参考图中"食"字上方的梯形结构绘制略扁的矩形对象并描边，如图 20-238 所示。

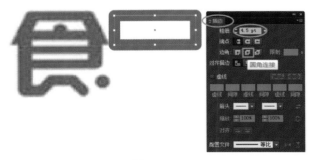

图 20-238

为制作"食"字上方的梯形结构，需要在矩形结构基础上使矩形的顶边对称地缩短，就要使用"比例缩放工具"，如图 20-239 所示。

图 20-239

使用"直接选择工具"选择矩形对象顶部两个锚点后，单击"比例缩放工具"，此时在被选中的左侧锚点上向右水平拖曳，左右两侧锚点即可同时对称地向两个锚点之间的中点方向靠拢，形成等腰梯形结构，如图 20-240、图 20-241 所示。

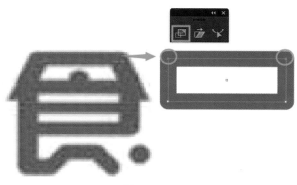

图　20-240

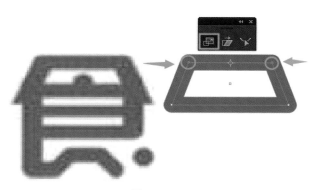

图　20-241

"食"字上方的等腰梯形底部为开放结构，需要使用"剪刀工具"在梯形描边对象底部的两个锚点处单击以剪断路径，再按 Delete 将被剪断的独立路径删除，如图 20-242 所示。

图　20-242

"食"字上方的等腰梯形底部左右两端的边沿处边线呈水平状态，而带有描边效果的等腰梯形路径则无法通过改变"描边"参数设置实现这一效果。可以模仿"鲜到家"案例的做法，采用路径描边扩展为填充的方式实现这一效果。

先在"描边"面板中，将开放的等腰梯形结构的"端点"改为"平头端点"，如图 20-243 所示。

图　20-243

选择等腰梯形路径对象，执行"对象→扩展"命令，对其进行扩展操作，如图 20-244 所示。

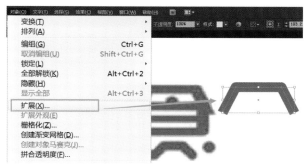

图　20-244

利用"直接选择工具"选择扩展后的梯形对象左右两侧边沿部分的锚点并进行拖曳编辑，拖曳时参考蓝色的路径线和水平参考线的位置，使拖曳的效果与参考图保持一致，如图 20-245 所示。

图　20-245

使用"矩形工具"对标参考图中"食"字下方的"良"字结构绘制略扁的矩形对象并描边，如图 20-246 所示。

为表现"良"字横细竖粗的结构特征，需扩展该对象，并使用"直接选择工具"选择扩展后对象内侧的 4 个锚点，通过编辑它们的位置，实现横细竖粗的效果，如图 20-247 所示。

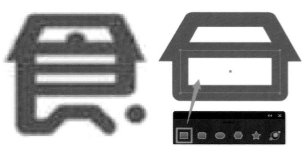

图　20-246

图　20-247

使用"直线段工具"并按 Shift 键绘制水平的直线段，在"描边"面板中对其进行描边，描边的"粗细"参数设置参照参考图中横向笔画的粗细，如图 20-248 所示。

图　20-248

使用"直线段工具"并按 Shift 键绘制垂直的直线段，在"描边"面板中对其进行描边，描边的"粗细"参数设置参照参考图中竖向笔画的粗细，如图 20-249 所示。

图　20-249

使用"钢笔工具"，在需要绘制水平路径时可配合 Shift 键来绘制"食"字底部的拱桥状结构,描边的"粗细"参数设置参照参考图中对应位置的粗细即可，如图 20-250 所示。

图　20-250

使用"椭圆工具"并按 Shift 键绘制合适大小的正圆并复制，两个正圆分别放置在"食"字的相应位置上，起到画龙点睛的作用，从而完成"食"字的制作，如图 20-251 所示。组成"食"字的图形结构较为复杂，图 20-252 所示为组成"食"字的矢量图形和路径结构。

图　20-251

图　20-252

为了使文字在应用时其缩放效果不受描边参数的影响，参照参考图将"光明食品"四个文字对象排列在一起并控制好字间距，全选文字对象，执行"对象→扩展"命令，对其进行扩展操作，如图 20-253~ 图 20-255 所示。

图 20-257

路径描边的线框结构不仅可以通过字体变形应用在标志主文案设计上，而且可应用在 Logo 设计上，图 20-258 所示为北京大学 Logo 形象，其中的"北大"二字即是通过路径描边配合圆头端点效果实现的。读者在处理路径构形的案例时要灵活应变，要勤动手、勤练习，以免旋踵即忘。

图 20-253

图 20-254

图 20-255

文字扩展后，使用"选择工具"选择组成"光明食品"主文案的所有矢量对象，单击"路径查找器"面板上的"联集"按钮，将主文案变成一个整体的图形，完成主文案制作，如图 20-256、图 20-257 所示。

图 20-258

使用"选择工具"分别选择制作好的太阳形 Logo 和"光明食品"主文案，参照参考图的布局将它们摆放到一起。对比参考图的效果进行细节优化和微调，最终实现满意的高保真矢量效果，如图 20-259、图 20-260 所示。

图 20-256

图 20-259

图 20-260

图 20-262

本案例所使用的暖色系配色具有温暖、亲和的特点，因此在业内也形象地称之为"服务色"。它有独特的亲和力，所以不仅广泛地应用在饮食行业，在其他服务行业中也得到了广泛的应用。图 20-261~ 图 20-264 所示为与本案例设色相似的辽阳银行标志及应用该标志设计的 VI 识别系统。

图 20-263

图 20-261

图 20-264

吴老师教你
举一要反三
应用实操•灵活变通

Illustrator 在进行字体设计时要遵循以下步骤：
- 首先，分析字体的组成结构和特点，判定是选用既有字体转曲变形，还是通过绘制矢量图形进行搭配构形。
- 其次，从文案之间的视觉关系来说，要把握好字体设计在视觉逻辑上的统一性，特别是对笔画粗细、字角结构等关键视觉要素的统一性要把握好。
- 最后，根据标志设计需要，确定主文案与 Logo 形象在标志中的位置和比例，并结合标志需求方的实际特点进行优化，完成最终效果。

立体字设计与应用

　　立体字的应用场景很多，越来越受到新媒体和电商运营行业从业者喜爱。Illustrator 拥有强大的立体字设计与实现功能，可以实现立体而真实的文字效果。

　　本章将结合具体案例，详细讲解立体字的设计方法及相关参数设置方法和注意事项，以及在实际工作中可以达到事半功倍作用的立体字设计技巧和诀窍。

扫码下载本章资源

* 手机扫描下方二维码，选择"推送到我的邮箱"，输入电子邮箱地址，即可在邮箱中获取资源。

立体字设计与应用
配套 PPT 课件

立体字设计与应用
配套笔记

立体字设计与应用
配套标注

立体字设计与应用
配套素材

立体字设计与应用
配套作业

21.1　立体字设计的构形

立体字设计是 Illustrator 的一个重要而强大的功能模块，它可以快速、方便地实现文字对象立体效果的编辑，生成立体真实的三维效果。学习时要从文字的基本构形出发，重点掌握其中一些代表性字体的立体化设计与应用效果的使用方法，并举一反三、灵活应用。

21.1.1　商业设计中立体字设计的应用场景

在商业设计中，越来越多的视觉设计产品突破了传统的二维平面设计模式，更多地采用三维立体的方式展示内容，使内容更富吸引力。大家熟悉的 20 世纪福克斯公司的电影片头就是使用三维效果设计出的立体文字形象，让人印象深刻，如图 21-1 所示。

图　21-1

在未来的设计活动中，视觉产品的应用会越来越广泛地需要通过立体化的视觉包装效果来吸引潜在用户的注意。三维立体设计的应用前景不容小觑。

无论立体化效果应用于什么样的场景中，其生成方法都是大同小异的。下面以一组实际生活中常见的电商宣传文案作为切入点，详细讲解立体字的设计方法和操作技巧，如图 21-2 所示。

立体字制作

图　21-2

21.1.2 立体字的字体选择与布局

根据本案例参考图的效果需要，使用"文字工具"，对标参考素材的文字在画板中输入"过大年"文案。将字体改为"造字工房版黑"字体，如图 21-3 所示。

图 21-3

选择文案并使用快捷键 Shift+Ctrl+O 对其转曲。右键单击转曲后的文案选择"取消编组"命令，如图 21-4 所示。

图 21-4

为突出表现"过大年"主题的视觉张力，可使用"选择工具"调整文案的大小，让居中的文案"大"字放大显示，并重新调整 3 个主文案的疏密布局，使整个文案造型呈稳定的正三角形结构，如图 21-5 所示。

图 21-5

21.2 立体效果设计与应用

"3D 凸出和斜角"功能在立体字设计上解决了 Illustrator 针对对象添加立体效果的问题，也为设计师针对文字进行立体化编辑提供了可能。该功能可以快速通过"外观"面板中的"添加新效果"按钮为字体设置立体化强度及光感等效果。

21.2.1 立体效果的添加及编辑方法

在"窗口"菜单中打开"外观"面板，或使用快捷键 Shift+F6 打开"外观"面板，如图 21-6 所示。

选择文字对象，单击"外观"面板底部的"添加新效果"按钮（fx）并执行"3D→凸出和斜角"命令，打开"3D 凸出和斜角选项"参数设置对话框，如图 21-7、图 21-8 所示。

图　21-6

图　21-8

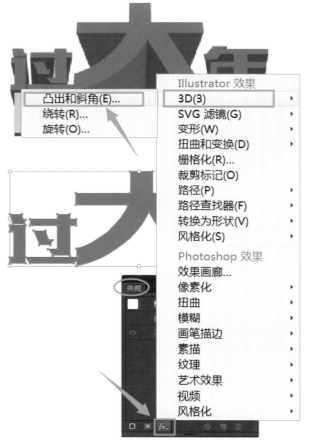

图　21-7

图　21-9

调整"3D →凸出和斜角"参数设置对话框中的"位置"参数，可改变文字被添加的立体效果的角度和方向，单击"更多选项"按钮可查看更多选项，如图21-10所示。

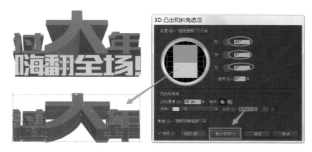

图　21-10

被选择的文字对象在打开"3D →凸出和斜角"参数设置对话框后会添加默认的立体效果，勾选"预览"即可查看效果，如图21-9所示。

在对话框下方的更多选项参数设置区域，可为立体效果增减光源及调整光源位置、强度等。在画板中可实时预览立体效果，满意后可单击"确定"按钮，如图21-11所示。

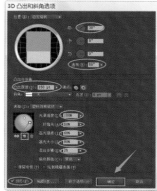

图　21-11

使用"矩形工具"，对标参考图绘制合适大小的矩形对象并填充合适的暗影颜色，放置在立体的"年"字对象上。斟酌摆放位置时，要考虑"年"字被矩形对象覆盖后的效果与文字立体化后效果的一致性，如图 21-13 所示。

21.2.2　立体效果的 Bug 修正方法

Illustrator 在快速生成立体效果给设计师带来方便的同时，也会产生 Bug。比如本案例中"年"字在与参考图进行对比后可发现，其镂空效果丢失，需要修正，如图 21-12 所示。

图　21-13

值得一提的是，Illustrator 在生成立体效果时，其立体效果生成的大小、角度、方向等因素可能为设计稿产生不同大小和不同位置的 Bug。设计师在设置立体效果参数时，可以通过预览设计稿的实际效果，最大限度地避免 Bug 的出现。

21.2.3　立体字的辅助文案制作

本案中"过大年"3 个字是主文案，但整个画面下半部分都是组成立体效果的断面结构，它们并没有什么设计感可言，这会大大降低画面的视觉冲击力和观赏性。

对此，可以通过在画面底部增加辅助文案的方式将画面下半部分的立面"挡"起来。使用"矩形工具"，对标参考图绘制合适大小的矩形对象并填充合适的暗色，放置在立体字的下半部分，如图 21-14 所示。

图　21-12

什么样的辅助文案可以设计到画面里？在实际工作中，如果为文字设计立体效果，难免会牵扯到利用辅助文案为画面"遮羞"的问题。但有时设计师不知道用什么样的辅助文案可以更好地为画面效果增色而又不违和。这里可以给读者一些建议。在有真实的说明性需求时，可直接写出该需求，如"五折酬宾"。如果没有真实的需求，要写看起来应景但又无实际意义的文案，如"惊喜钜献"。

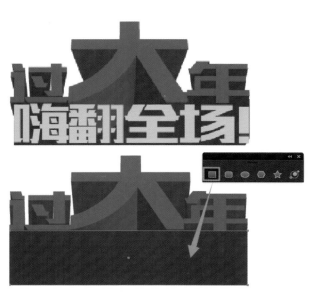

快捷键 Shift+Ctrl+O 对其转曲，完成立体字案例制作，如图 21-15 所示。

图　21-14

根据本案例参考图的效果需要，使用"文字工具"，对标参考素材的文字在画板中输入"嗨翻全场！"的辅助性文案。将字体改为与主文案相呼应的"造字工房版黑"字体，调整文案大小并换色，最后选择文案并使用

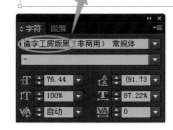

图　21-15

制作立体字效果，用好光很关键。一般情况下，当画面中黑白灰占比均衡时，则立体感最强。

进行立体字设计时要遵循以下步骤：

● 首先，控制好主文案的字数是制作立体字的条件。为了更好地展现立体效果，主文案一般控制在 5 字以内。无论软件技能多么娴熟的设计师，想做出好的立体字设计作品都要学会删繁就简，不可贪多。

● 其次，根据最终效果的需要，对画面内容进行适当的调整，包括辅助文案的选择、取舍，为展现立体字做好辅助。

● 最后，根据需要将立体字置入合适的应用场景中。设计师设计完成后要保留好源文件，以便在场景应用中可以着眼画面效果随时调整参数，最终以画面效果达到满意为准。

AI 和 PS 的结合应用
拓展视频

第六篇
Illustrator 商业案例实战

Illustrator 商业案例实战篇（第 22 ～ 25 章），主要讲解了 Illustrator 的商业应用、Illustrator 与 Photoshop 的结合应用、蒙版与透明度蒙版的应用方法，以及 Illustrator 其他工具的应用方法。

Illustrator 商业应用

学习 Illustrator 软件技能的目的是为了在商业场景下实际应用它并产生商业价值。通过协调软件各功能的关系，读者可以制作出满足不同需求的丰富的商业案例。

本章将通过真实的商业案例，全面讲解 Illustrator 在商业应用中针对不同类型需求的处理方法及具体操作步骤。在此基础上，对以往章节所学知识点进行结合应用，形成完整的商业项目应用链。学完本章后，要求读者能熟练实操并举一反三地处理类似的商业项目。

扫码下载本章资源

※ 手机扫描下方二维码，选择"推送到我的邮箱"，输入电子邮箱地址，即可在邮箱中获取资源

Illustrator 商业应用　Illustrator 商业应用　Illustrator 商业应用　Illustrator 商业应用　Illustrator 商业应用
配套 PPT 课件　　　配套笔记　　　　配套标注　　　　配套素材　　　　配套作业

22.1　商业需求的特点

Illustrator 在商业领域中应用极为广泛。特别是随着互联网的深度普及，在电子商务、新媒体等行业中的应用尤其广泛。在这个信息爆炸的时代，视觉效果能否第一时间抓住用户的注意力，视觉质量能否在众多视觉产品中让人印象深刻，都是对设计师能力和水平的考验。

22.1.1　商业设计产品需求与 Illustrator 的作用

随处可见的电商广告都有着精巧的设计和酷炫的配色，这是充分利用图形信息可塑造和易编辑的特点实现的。对于设计师而言，研究这些案例的核心在于理解如何将简单枯燥的商业需求和运营文案，通过已有的知识和技能生成有声有色的视觉产品，达到满足甲方需求的目的，如图 22-1 所示。

图　22-1

这里我们通过一组现实中常见的节日活动视觉案例，详细地讲解从对标分析、画面构图、工具应用技巧等方面入手，用 Illustrator 实现商业需求，并以点带面，使读者全面地了解商业项目的实现过程，如图 22-2 所示。

商业案例 Banner
制作

图　22-2

Illustrator 是矢量绘图软件，在商业应用场景中，用于解决利用矢量对象生成视觉效果的问题。而对于图像类内容的处理则 Photoshop 更为见长。

22.1.2 《任务书》与设计需求分析

设计师在开始进行商业项目制作前，会拿到一个需求文档，我们统称其为《任务书》。《任务书》是需求方对项目结果和预期的说明性文件。

事实上，读者在实际工作场景下，往往拿不到正规的任务书。更多的情况是，企业主或需求方把设计需求口头上描述给设计师，需要设计师先将其描述整理成文稿，形成明确的任务需求并落地成《任务书》，再进行设计。只有任务需求明确了，才能保证设计结果有明确的考量标准，否则在完成设计项目的改稿阶段，没有双方共同认可的初始需求的参照，设计师将置自身于不利地位。

一般情况下，《任务书》由已经编制成稿的运营文案和最终设计成品的精确尺寸构成，有的《任务书》还配有设计需求说明。设计师必须忠实地将《任务书》中的文案应用到设计图稿中。在没有得到需求方认可的前提下不得对文案做出任何更改。文案是需求方对设计初衷的意志体现，设计师有义务尽可能地实现与文案内容相匹配的画面化效果。

下面以《任务书》为原点，了解一个商业案例由文稿阶段到设计出稿的全过程，如图 22-3 所示。

图 22-3

22.2 商业需求与设计实现

将《任务书》中对设计内容的要求客观准确地通过画面的形式实现出来，是设计师在工作中需要循环往复进行实践的工作。设计师要独具慧眼，发现文稿背后需求方对设计项目的潜在需求，并明智地利用软件将其合理地画面化实现，满足需求方的预期需要。

22.2.1 商业案例背景制作方法

根据《任务书》中的设计尺寸要求，使用快捷键 Ctrl+N 打开"新建文档"参数设置对话框，输入文件名名并准确地设置画板大小，注意互联网视觉产品的单位要设置成"像素"。因本案例为电商广告视觉，故无须印刷输出，不需要设置出血。同样原因，需要将"颜色模式"设置为 RGB，"光栅效果"设置为屏幕 (72ppi)，单击"创建"按钮完成画板的新建，如图 22-4 所示。

将参考图置于 Illustrator 工作区新建的画板上嵌入并锁定，以方便对标操作，如图 22-5 所示。

图 22-4

图 22-5

使用"矩形工具"绘制画板大小的矩形对象，配合"吸管工具"从参考图中吸取背景色后，使用快捷键 Ctrl+2 锁定对象，完成设计稿背景的制作，如图 22-6 所示。

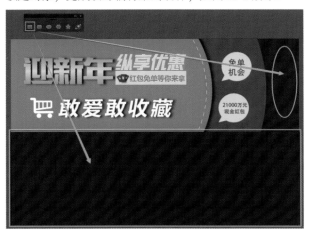

图 22-6

22.2.2 商业案例的画面化落地

从本案例的《任务书》来看，给出的设计条件只有文案，没有任何关于产品的配图等方面的素材。因此，设计师就必须巧妙而智慧地将枯燥的文字"无中生有"地落地成画面效果，避免画面过于单调。本案例通过增加背景层次的方法来丰富画面。

使用"矩形工具"对参考图绘制大小合适的矩形对象，配合"吸管工具"从参考图中吸取相应的颜色，使用快捷键 Ctrl+2 锁定对象，如图 22-7 所示。

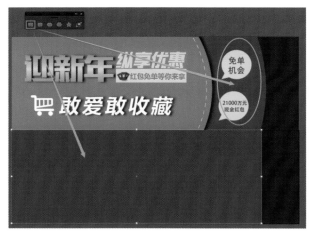

图 22-7

对标设计稿，使用"整形工具"，在矩形对象右侧垂直路径中部单击添加锚点并使用"直接选择工具"向右水平拖曳该锚点生成矩形的一条曲线边线，操作完成后使用快捷键 Ctrl+2 锁定对象，如图 22-8、图 22-9 所示。

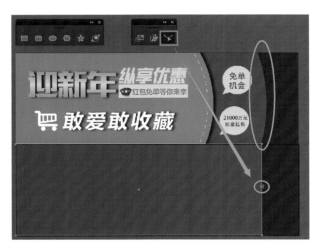

图 22-8

图 22-9

使用同样方法再绘制并生成第 3 层背景并改色，由于该层背景有投影效果，需要先为其添加投影后再锁定，如图 22-10 所示。

图 22-10

选择对象，执行"效果→风格化→投影"命令，在出现的"投影"参数设置对话框中先勾选"预览"再根据画板上设计稿的预览效果设置投影参数。"投影"参数设置对话框中的"X 位移"指投影水平方向的位移,"Y 位移"指投影垂直方向的位移。根据本案例的需要,投影需要向右侧水平位移,故"X 位移"需设置一定参数,"Y 位移"设置为"0"即可,其他参数可使用默认数值,效果满意单击"确定"以生成投影,如图 22-11、图 22-12 所示。

图　22-11

图　22-12

使用"文字工具",根据《任务书》的需求文案在画板中输入"迎新年"文案。为达到参考图的效果,可将字体改为"造字工房版黑"字体,如图 22-13 所示。

图　22-13

为制作"迎新年"主文案的渐变效果,选择文字并使用快捷键 Shift+Ctrl+O 快速转曲文字,因"造字工房版黑"字体的字形略扁,可参照参考图,使用"选择工具"

拖曳文字对象外侧自由变换框将其拖曳成正矩形文字,如图 22-14 所示。

图　22-14

为转曲后的主文案添加渐变效果,可先在"渐变"编辑器中设置两种渐变颜色,再按 Alt 键拖曳复制其中橙色"色标"实现三色渐变效果,如图 22-15 所示。

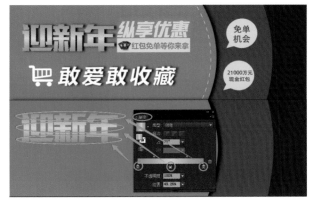

图　22-15

主文案添加渐变效果后,因其渐变颜色与背景色均为暖色,会发生套色现象,导致文案不易辨识。可通过为文案添加投影的方法进一步突出主文案,如图 22-16、图 22-17 所示。

图　22-16

图 22-17

使用"文字工具"，根据《任务书》的需求文案在画板中输入"纵享优惠"文案并将字体改为"造字工房版黑"字体，使用"倾斜工具"对其添加倾斜效果。

分别从《任务书》复制并粘贴"红包免费等你来拿"和"敢爱敢收藏"文案，将字体分别改为"微软雅黑"字体。用"矩形工具"绘制矩形对象为"红包免费等你来拿"文案设置底座，对"敢爱敢收藏"文案添加倾斜效果和投影，完成本案例主要文案的排版布局，如图 22-18 所示。

图 22-18

文案排布好后，就已基本完成了《任务书》交付的必要性任务。作为设计工作者，不能以为做好《任务书》的字面还原工作就万事大吉了，画面的美观也非常重要。因此，还需要在画面中主观性地增加图形化的装饰内容，以便让画面效果更加丰富。

所有的装饰信息都要紧紧围绕文案内容展开。通过对文案进行分析可以发现，画面中可以图形化的内容包括"红包"和用以引导用户收藏的"购物车"。而辅助性宣传文案则可以摆脱主文案的线性布局，以气泡的方式展现，如图 22-19 所示。

图 22-19

22.2.3 商业案例的装饰与美化

使用"钢笔工具"配合 Shift 键绘制购物车的主框架结构并描边，需在"描边"面板中设置对象的"端点"为"圆头端点"，"边角"为"圆角连接"，如图 22-20 所示。

图 22-20

使用"钢笔工具"绘制购物车的车体结构，使用"椭圆工具"绘制正圆制作购物车的轱辘，并将绘制好的各组件全选并编组，完成购物车的绘制，如图 22-21、图 22-22 所示。

图 22-21

图 22-22

使用"矩形工具"并添加投影，配合"¥"符号可制作红包，作为"红包免费等你来拿"的文案装饰。

使用"直线段工具"绘制垂直线段并添加白色描边效果，在"描边"面板中勾选"虚线"，使直线段变为虚线段效果，如图 22-23、图 22-24 所示。

图 22-23

图 22-24

对标设计稿，使用"整形工具"，在垂直的虚线路径中部单击添加锚点并使用"直接选择工具"向右水平拖曳该锚点生成曲线边线，用以作为填充背景立面空白的装饰，如图 22-25 所示。

图 22-25

分别使用"椭圆工具"和"钢笔工具"绘制正圆形和三角形对象制作气泡，制作方法与第 15 章"微信"案例一致。使用"选择工具"选择正圆形和三角形两个对象，单击"路径查找器"面板上的"联集"按钮形成完整的气泡对象并移动复制到合适的位置。使用"文字工具"并将《任务书》中的相关文案分别粘贴在两个气泡内，如图 22-26、图 22-27 所示。

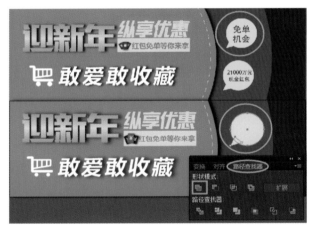

图 22-26

图 22-27

22.2.4 设计稿的导出与存储

设计稿完稿后，执行"文件→导出"命令，可打开"导出"对话框，在网页或手机移动端使用的电商设计稿"保存类型"选择"JPEG"即可，勾选"使用画板"命令，则只导出画板内的内容，参考图等画板外的内容不会被导出，如图 22-28、图 22-29 所示。

图 22-28

图 22-29

在打开的"JPEG 选项"对话框中，因设计稿为在屏幕浏览的设计产品，"颜色模式"要选择"RGB"，分辨率选择"屏幕（72ppi）"即可，单击"确定"按钮进行保存，如图 22-30 所示。

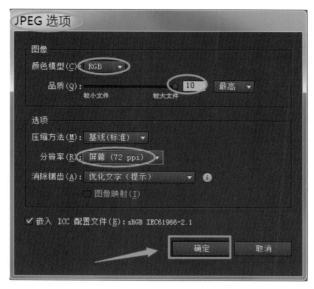

图 22-30

在被保存的目标文件夹中查看保存结果，可见 Illustrator 画板区内的内容已经被保存成规定尺寸的 JPEG 格式图片，可以交付给甲方审稿并使用，如图 22-31 所示。

图 22-31

Banner 设计的
文案排版

Banner 设计的
完善

本章通过实际商业案例从无到有的制作过程进行分步骤的讲解，旨在向读者介绍 Illustrator 在商业实践中的应用方法。在实际工作中，需要读者全面结合所学习的相关知识点来进一步提高画面的品质。比如，将之前章节中标志制作、字体变形和立体字制作等相关内容融汇到商业案例制作中，将会使画面表现更富张力，画面效果也更容易得到认可。

Illustrator与Photoshop 综合应用

Illustrator 是绘制和编辑矢量图形的软件，但在处理图像对象时并不见长。因此，在面对由多重视觉元素组成的复杂案例时，就要通过 Illustrator 与 Photoshop 综合应用来实现效果。

本章通过真实商业案例全程实际操作，讲解 Illustrator 与 Photoshop 综合应用的方法。全面了解素材在两个软件之间的调用方法及素材效果调整方法。通过对本章内容的学习，可以使读者达到灵活地选用合适的软件实现不同需求的目的。

扫码下载本章资源

*手机扫描下方二维码，选择"推送到我的邮箱"，输入电子邮箱地址，即可在邮箱中获取资源。

AI 与 PS 结合应用　　AI 与 PS 结合应用　　AI 与 PS 结合应用　　AI 与 PS 结合应用　　AI 与 PS 结合应用
配套 PPT 课件　　　配套笔记　　　　　配套标注　　　　　配套素材　　　　　配套作业

23.1　多样化视觉元素的应用

Illustrator 与 Photoshop 的综合应用不仅可以满足设计工作中对不同对象画面效果的处理需要，更可以通过构图排版，实现《任务书》中对创意效果的制作。一些常见的创意海报和广告设计都依赖于 Illustrator 与 Photoshop 的综合应用来创造多样化的视觉效果。

23.1.1　Illustrator 与 Photoshop 综合应用的需求和条件

在实际工作中，越来越多的商业设计会要求设计师将图形、图像和文字等各方面的设计元素都在设计稿中进行体现，以尽可能地使画面更具张力。

对于设计师而言，无论面对什么样的设计需要，都要通过设计软件进行实现。但每个软件都有其特有的优势和功能特点，并不能面面俱到地用于解决所有问题。这就需要设计师学会将几种软件结合应用，发挥"1+1 > 2"的优势，取长补短，最终实现需求方对设计效果的需要。

剪切蒙版制作
背景布局

接下来通过一个真实的电商 Banner 案例为读者详细讲解设计师在工作时遇到多种设计需求问题时如何有效地发挥 Illustrator 与 Photoshop 各自的特点，并利用它们各自的优势，将其有机结合使用来完成设计作品。本案例是一个婴儿奶粉广告的设计案例，需求方在给出文案形式的《任务书》的同时，还给出了他们所宣传的产品图及产品的人物配图，要求设计师在这些条件下完成 Banner 设计。这是设计师在工作中经常遇到的情况，如图 23-1、图 23-2 所示。

图　23-1

婴仿美包牌

婴仿美包牌2

外国小孩

图　23-2

设计师需要将以上文字需求（可演绎的）和产品实物及配图需求（不可演绎的）通过 Illustrator 与 Photoshop 的结合应用将其准确而富有表现力地落地，实现成合乎甲方要求的设计稿，如图 23-3 所示。

图　23-3

23.1.2　Illustrator 的背景制作方法

　　根据《任务书》中的设计尺寸要求，使用快捷键 Ctrl+N 打开"新建文档"对话框并设置合适的参数，单击"创建"完成新建画板，将参考图置于 Illustrator 工作区新建的画板上方并锁定，以方便对标操作，如图 23-4 所示。

图　23-4

　　使用"矩形工具"绘制画板大小的矩形对象，配合"渐变工具"从参考图中吸取渐变背景色后，使用快捷键 Ctrl+2 锁定对象，如图 23-5 所示。

图　23-5

23.1.3　Illustrator 的剪切蒙版功能

　　使用"钢笔工具"，参考画板大小绘制异形对象作为人物和产品摆放的台面。

　　绘制时需注意台面顶边虽为不规则形状，但占整个画板约 1/4 高度。不能将其设置得过高或过低，以免画

　　心位置无法有效安排内容的布局。同时，台面 4 个边角要绘制在画板外，充分盖住画板底部位置，为制作剪切蒙版效果做好准备，如图 23-6 所示。

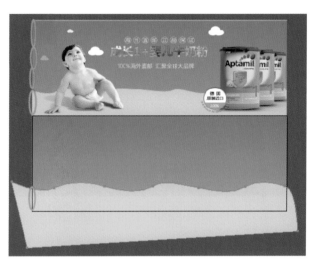

图　23-6

　　使用"矩形工具"绘制画板大小的矩形对象，置于画板上，使其完整地盖住画板，如图 23-7 所示。

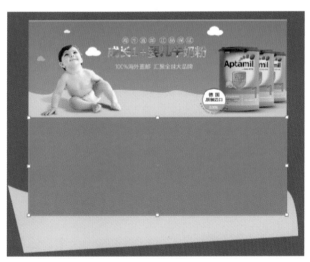

图　23-7

　　使用"选择工具"选择该矩形和异形台面两个对象，按快捷键 Ctrl+7 建立剪切蒙版。此时，台面对象在画板外的区域被隐藏，若效果满意，按快捷键 Ctrl+2 锁定对象，完成设计稿背景的制作，如图 23-8 所示。

　　在日常的商业设计工作中，使用快捷键为对象建立剪切蒙版的方法是制作设计稿背景非常常用而有效的方法，它的效率甚至高于执行"路径查找器"的"交集"命令，可以节省设计师的时间成本。

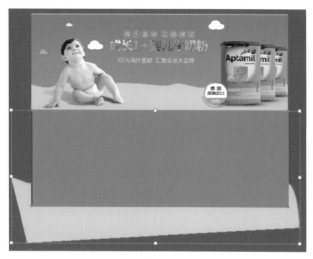

图 23-8

图 23-9

通过分析参考图可见，画面中有婴儿配图，它是作为图像存在的，且该图像为透底图（即背景是透明的素材图）。而给定的配图素材则是常见的白底棚拍图，无法直接在 Illustrator 中使用，如图 23-9、图 23-10 所示。

遇到这种处理图像抠图的问题，就需要借用 Photoshop 强大的图像处理功能，先将素材进行抠图处理，使之成为直接可用的透底图文件，再通过 Illustrator 调用该文件，使其在设计稿中产生透底效果。

PS透底图素材向
AI的导入方法

图 23-10

23.2 Photoshop文件导入Illustrator的方法

Photoshop 可以通过不同功能的结合运用为图像素材生成丰富多样的视觉效果。因此，可以根据 Illustrator 对目标图像的效果需求，通过 Photoshop 先制作好预期的效果，然后导入 Illustrator 中进行应用，通过两款软件结合应用，实现设计初衷。读者可以发挥丰富的想象力，创作类似的视觉效果。

23.2.1 Photoshop 制作素材透底图

通过分析参考图可知，婴儿配图素材是常见的白底棚拍图，无法直接在 Illustrator 中使用，需要先在 Photoshop 中使用"钢笔工具"进行抠图，并配合快捷键 Ctrl+Enter 和 Ctrl+J 删掉不需要的背景制成透底图。又因为 Illustrator 中婴儿的投影是半透明状的，素材图中的投影无法直接使用，需要在 Photoshop 中通过"图层蒙版"功能为婴儿制作半透明状的投影效果，

再在 Illustrator 中使用，如图 23-11、图 23-12 所示。

图 23-11

图 23-12

23.2.2 透底图的导入方法

同时选择 Photoshop 中透底图及其投影所在图层，单击鼠标将其拖曳至显示屏底部 Illustrator 图标上，此时弹出 Illustrator 工作界面，释放鼠标可在 Illustrator 中打开拖曳的内容。将打开的内容移动到 Illustrator 设计稿中的合适位置，此时可见，打开的内容依然有白色背景，无法使用，如图 23-13、图 23-14 所示。

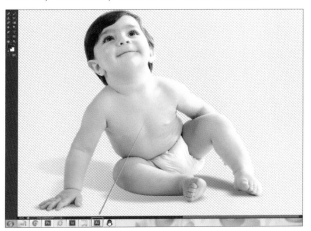

图 23-13

图 23-14

可以按快捷键 Ctrl+S 将制作好的透底图文件在 Photoshop 保存为 PSD 格式，即 Photoshop 的源文件格式。这种格式的好处是既可以保存背景透明的效果，又能够保存设计稿中所有图层，如图 23-15 所示。

保存好 PSD 格式文件后，回到 Illustrator 界面中，执行"文件→打开"命令，打开 Photoshop 存储的透底图源文件。此时将出现"Photoshop 导入选项"对话框，勾选"显示预览"选项，可显示对拟导入内容的缩览图，单击"确定"按钮即可将内容导入 Illustrator 中，如图 23-16、图 23-17 所示。

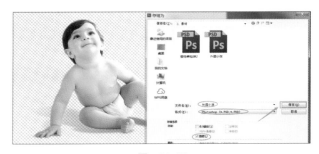

图 23-15

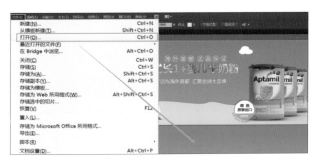

图 23-16

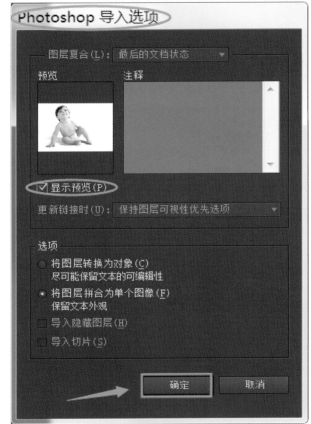

图 23-17

将打开的内容移动到 Illustrator 设计稿中的合适位置，此时可见，打开的内容没有白色背景，是可以使用的透底图素材，如图 23-18 所示。

图　23-18

使用"选择工具"调整人物在画面中的位置，务必使人物的投影全部落在台面上，不能有"飘"在蓝色背景上的投影，以免出现逻辑 Bug，如图 23-19 所示。

图　23-19

人物的布局完成后，要用同样的方法使用 Photoshop 为如图 23-20 所示的奶粉产品素材制作透底图和半透明状投影，并存储成 PSD 格式的文件后在 Illustrator 中打开，放置到设计稿中的合适位置。

为了设计稿整体效果的需要，奶粉产品在构图布局上要考虑到与画面左侧婴儿造型的布局情况，使 Banner 广告两侧都要留有一定的空隙，因为用户的视觉浏览重心一般会落在画面的中心区域，这也能更好地体现设计师的专业性。因此，读者在日常工作中对标设计稿时，无须一成不变地描摹，可以有意识地根据美学和专业需要选择性扬弃，如图 23-20～图 23-22 所示。

图　23-20　　　　　　　图　23-21

图　23-22

23.2.3　文案的图像化制作方法

使用"文字工具"，根据《任务书》的需求文案在画板中输入"成长 1+ 婴儿牛奶粉"文案。为达到参考图的效果，可将字体改为"微软雅黑"字体，如图 23-23 所示。

图　23-23

为了使主文案更有设计感，可以为其增加一些效果。将一张蔬菜素材置入设计稿中并嵌入，调整其大小，使其可以完全覆盖住主文案，并将文案置于该素材上方，如图 23-24、图 23-25 所示。

Illustrator 中文案与
图像的合成技巧

图　23-24

图　23-25

使用"选择工具"选择该素材和文案两个对象，按快捷键 Ctrl+7 建立剪切蒙版。此时，文案被图像填充，如图 23-26 所示。

图　23-26

使用"文字工具"，根据《任务书》的需求文案在画板中输入"海外直邮 正品保证"文案，并将字体改为"微软雅黑"字体，如图 23-27 所示。

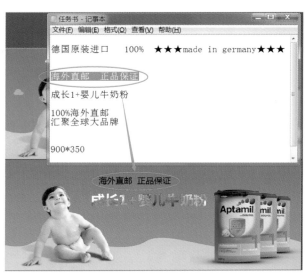

图　23-27

使用"椭圆工具"配合 Shift 键绘制正圆并描边，为文案制作装饰效果，如图 23-28 所示。

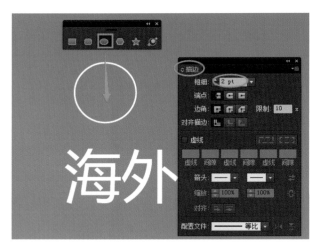

图　23-28

使用"选择工具"并按 Alt 键向右水平拖曳复制该正圆形。向右复制 1 个对象后，可使用快捷键 Ctrl+D 自动复制正圆形，重复 6 次，得到 8 个正圆形。再使用"文字工具"选择"海外直邮 正品保证"文案，按快捷键 Alt+→调大字间距，使文字一一对应地放置在正圆形内，如图 23-29、图 23-30 所示。

图　23-29

图　23-30

因"海外直邮"和"正品保证"文案之间有一个中文字符间距的空格，在调整完字间距后，使用"选择工具"框选并向右水平拖曳靠右的 4 个正圆形对象，使 8 个文字和 8 个正圆形对象呈对应关系，如图 23-31 所示。

文案与形状的
排版应用

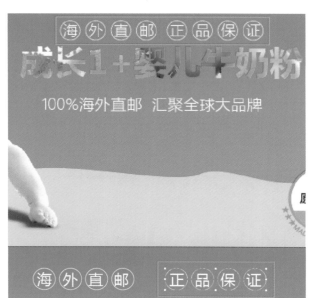

图　23-31

使用"文字工具"，根据《任务书》的需求文案在画板中输入"100% 海外直邮 汇聚全球大品牌"文案，将字体改为"微软雅黑"字体，并使设计稿中的 3 行文案居中对齐，完成主文案制作，如图 23-32 所示。

图　23-32

23.2.4　文案的图标化制作方法

为了防止《任务书》中的文案线性排列造成的画面呆板问题，可将部分适用于图标化展示的辅助性文案进行图标化处理，如图 23-33 所示。

图　23-33

使用"椭圆工具"配合 Shift 键绘制正圆对象并填充白色，使用"直线段工具"配合 Shift 键绘制水平的直线段，使用"选择工具"同时选择两个对象，单击"路径查找器"面板上的"分割"按钮以制作图标底座，如图 23-34 所示。

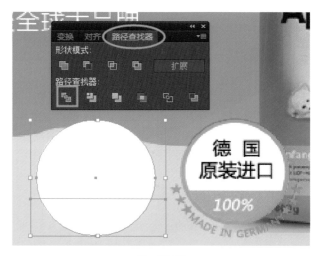

图　23-34

使用"吸管工具"将"分割"后的正圆形图标底座下半部分设成参考图中的橙色，如图 23-35 所示。

使用"椭圆工具"配合 Shift 键绘制与图标底座同心的正圆对象并填充红色，形成图标底座外圈的红色装饰效果，如图 23-36 所示。

图 23-35

图 23-36

之所以要绘制新的正圆对象并填充红色来制作图标底座的"描边"效果,是因为如果直接在被"分割"的正圆对象上进行描边,因被"分割"后的正圆形成了两个独立的异形,描边后将会在分割线上生成描边的红线,这与设计的目标效果不一致,如图 23-37 所示。

图 23-37

使用"文字工具",根据《任务书》的需求文案在画板中输入"德国原装进口"文案并放置在图标的相应位置上,将字体改为"微软雅黑"字体。

此时可见,如果采取传统的线性直排文案的方法布局文案,则文案上下的图标背景会留出大量空白,可将文案根据词义进行分段排列。

同时要将"100%"文案输入并放置在图标的底部位置上,使用"倾斜工具"对其设置倾斜效果。因图标的底部背景色明度较低,可将"100%"文案改为白色,呈反白效果显示,如图 23-38、图 23-39 所示。

图 23-38

图 23-39

23.2.5　图标的路径文字制作方法

为制作图标底部外围半圆形环绕的路径文字效果,首先需绘制半圆形路径。

使用"椭圆工具"配合 Shift 键绘制与图标同心的稍大的正圆路径(无描边和填色),如图 23-40 所示。

图 23-40

使用"直接选择工具"选择正圆路径顶部的锚点,按 Delete 删除该锚点,形成半圆形路径,如图 23-41、图 23-42 所示。

图 23-41

图 23-44

之所以在路径上出现红色的"+"号，是因为被粘贴到路径上的文案的起始点和结束点均在一处，无法显示文案，Illustrator 中未能完全显示的文案就会用红色的"+"号表示以提示设计师。

布尔运算制作
徽章标志

对于 Illustrator 的路径文字来说，文案的起始点和结束点均用蓝色的竖线表示，只要使起始点和结束点的蓝色竖线在路径上分离开并达到足够的距离，即可完全显示路径文字。

路径文字
工具应用

图 23-42

使用"路径文字工具"，复制《任务书》中的需求文案"★★★ made in germany ★★★"并在该半圆形路径上粘贴该文案，如图 23-43 所示。

使用"选择工具"向路径右侧端点方向拖曳红色"+"号附近的蓝色竖线，此时文案将被拖曳出现在路径上，如图 23-45 所示。

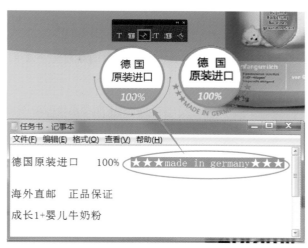

图 23-43

文案被粘贴到路径上后，很可能无法形成参考图中的效果，还需设计师进行调整。

本案例中，文案粘贴于半圆形路径的左侧，粘贴后路径上并没有显示文案，而是在路径的左侧端点出现了红色的"+"号，如图 23-44 所示。

图 23-45

如果拖曳出现在路径上的文案方向与实际需求不符，可以使用"选择工具"向路径内侧方向拖曳文案上用以控制文字方向的蓝色竖线，此时文案将被拖向路径的另一侧排列，从而达到使用需要，如图 23-46、图 23-47 所示。

图 23-46

图 23-47

使用快捷键 Ctrl+T 调出"字符"面板来调整字号、字间距等参数,使其满足图标的美观度需要。单击"字符"面板右上角的按钮选择"显示选项"命令,会在"字符"面板底部显示更多设置字符的功能,单击"全部大写字母"按钮可使选中的字母全部大写,如图 23-48 所示。

图 23-48

设计作品的细节
完善方法

路径文字是本案例图标设计的难点,完成好它的制作后,即完成了高保真矢量图标的制作。与参考图中的图标进行对比,如果没有问题则可以对图标上的对象进行编组,如图 23-49 所示。

图 23-49

使用"椭圆工具"绘制 3 个椭圆并进行"联集"操作,制作云的效果并复制完善画面,如图 23-50~图 23-52 所示。

图 23-50

图 23-51

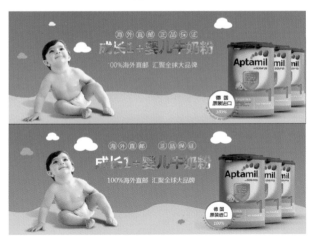

图 23-52

第24章

Chapter 24

蒙版与透明度蒙版

蒙版与透明度蒙版是 Illustrator 的高级功能。它们可以在不改变原始素材状态的条件下，帮助设计师方便地进行设计稿的二次编辑。同时，基于满足设计师对设计稿多次编辑的需要，透明度蒙版还可以将蒙版效果与透明度参数设置相结合，用以制作特殊的蒙版效果。本章将结合具体案例，详细讲解蒙版与透明度蒙版的各项实用功能。

本章有机地结合了之前章节的内容，帮助读者进行融会贯通。

扫码下载本章资源

★ 手机扫描下方二维码，选择"推送到我的邮箱"，输入电子邮箱地址，即可在邮箱中获取资源。

蒙版与透明度蒙版
配套 PPT 课件

蒙版与透明度蒙版
配套笔记

蒙版与透明度蒙版
配套标注

蒙版与透明度蒙版
配套素材

蒙版与透明度蒙版
配套作业

本章提要

24.1　PS 与 AI 蒙版的区别

了解 Photoshop 图层蒙版的工作原理，并对比理解 Illustrator 普通蒙版的生成方式。借此使读者明确在处理图像蒙版效果时，使用合适的软件达到相应的设计效果。

24.1.1　Photoshop 图层蒙版工作原理

复合路径与剪切蒙版应用

Photoshop 的蒙版功能是基于该软件的图层关系而设计的，故称之为图层蒙版。Photoshop 的图层蒙版可以提高画面二次编辑能力。用户可以在不触碰图层素材内容的前提下对图层的显示和隐藏进行有针对性的调整。

这一功能可以在很大程度上提高设计师对设计内容的二次编辑效率，快速生成创意效果。例如，要制作两个不同的图像素材的合成效果，需要首先准备好两个图像素材，并置于 Photoshop "图层" 面板的不同图层中。

例如，案例中底部图层（背景层）是如图 24-1 所示的画面右侧的潜水员游向左侧饮料罐的场景，顶部图层是如图 24-2 所示的画面左侧是水中的自由女神像火炬。要想制作潜水员游向火炬的合成效果，就要使用 Photoshop 的图层蒙版功能。

图　24-1　　　　　　　　　图　24-2

为达成这一目标，可以为拟编辑的图层添加图层蒙版。Photoshop 的图层蒙版是通过黑色和白色来隐藏或显示对象效果的。在 Photoshop 中，黑色被计算成隐藏蒙版所在图层的对象内容，白色则被计算成显示蒙版所在图层的对象内容，而灰色被计算成半透明状地显示蒙版所在图层的对象内容。

基于这一工作原理，可以选择拟添加图层蒙版的图层，单击 "图层" 面板底部的 "添加图层蒙版" 按钮，即可在该图层缩览图后方生成与该图层链接的白色蒙版，如图 24-3 所示。

选择图层蒙版，将 Photoshop "前景色" 设置成黑色，使用 "画笔工具"，将其 "属性" 设置成半透明的柔边画笔，在图层中需要隐藏的区域绘制，此时被绘制的区域隐藏，背景层的潜水员随即可见，如图 24-4 所示。

在 Photoshop 中添加图层蒙版前，必须保证当前添加蒙版的图层下方已经放置好了希望显示的落地内容，以便在应用蒙版后，蒙版计算出的透明区域中有内容可显示。

图　24-3

图　24-4

如果效果不理想，需要进行二次编辑，可以在需要恢复显示的区域使用"画笔工具"绘制白色。蒙版内容为白色时，画面效果可恢复显示。这种方法可以在不破坏原始图层素材的前提下实现多次逆向操作，如图24-5所示。

图　24-5

24.1.2　Illustrator 蒙版工作原理

Illustrator 的普通蒙版（相对于下一节谈到的透明度蒙版而言）相当于 Photoshop 的剪切蒙版，即是对画板中特定图形覆盖的对象局部显示效果的蒙版。

如果想把如图 24-6 所示的相框的画心替换成如图 24-7 所示的《大卫》素材内容，就需要使用 Illustrator 的蒙版功能来实现。

图　24-6

图　24-7

使用"椭圆工具"配合 Shift 键绘制正圆对象并填充任意颜色，使其完全地覆盖住相框的画心，如图 24-8 所示。

图 24-8

使用"选择工具"选择该正圆对象和《大卫》素材两个对象，按快捷键 Ctrl+7 建立蒙版。此时，《大卫》素材在图形外的区域被隐藏，只留下正圆形范围内《大卫》的头部效果。若效果满意，将其移动到画框的画心位置，完成画心的替换，如图 24-10~ 图 24-12 所示。

图 24-10

将正圆对象移动到《大卫》素材中需要替换成画心的部分，如图 24-9 所示。

图 24-11

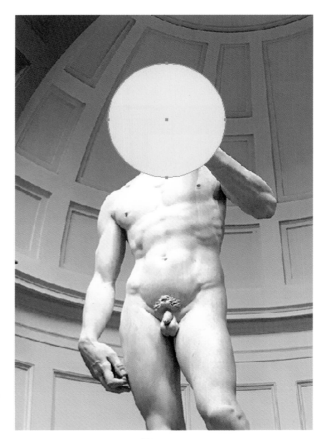

图 24-9

图 24-12

24.2　透明度蒙版及其应用

透明度蒙版可以利用蒙版的颜色制作透明、不透明和半透明效果，利用这一特点可以用文字和其他图像结合进行创意设计。透明度蒙版的应用可以使对象在方便辨识的前提下，能更好地凸显其在画面中的视觉中心作用，从而使画面效果更富生机。本节将通过具体案例，分别讲解 Photoshop 利用蒙版颜色进行设计应用和Illustrator 的透明度蒙版在实际应用中的区别与联系。

24.2.1　Photoshop 蒙版颜色与效果的关系

Photoshop 的蒙版不仅可以为设计稿的二次编辑提供便利，还可以利用蒙版颜色的差异性制作各种创意效果。下面通过一组文字特效案例了解 Photoshop 蒙版颜色与效果的关系。

使用"横排文字工具"，选择"方正超粗黑简体"字体，在画板中输入"裂纹裂痕"文字。之所以选用该字体，是因为文字的笔画线条需要有一定面积，才能在文字上更容易看到裂纹效果，如图 24-13 所示。

图　24-13

通过单击"添加图层蒙版"按钮在文字层上建立图层蒙版，如图 24-14 所示。

图　24-14

找到合适的裂纹素材并在 Photoshop 中打开，使用快捷键 Ctrl+A、Ctrl+C 全选并复制该素材，如图 24-15 所示。

图　24-15

按住 Alt 键单击蒙版缩览图，使蒙版内容在工作区中显示，使用快捷键 Ctrl+V 粘贴裂纹素材于文字层的蒙版上，如图 24-16 所示。

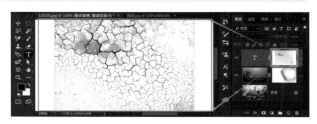

图　24-16

再次按住 Alt 键单击蒙版缩览图，文字已显示裂纹效果，但裂纹的效果很浅，需要进一步完善，如图 24-17 所示。

图　24-17

使用"亮度 / 对比度"功能调整裂纹素材的对比度，使裂纹纹理更加明显，如图 24-18 所示。

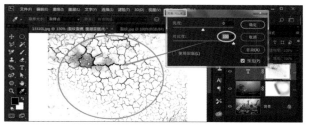

图　24-18

将文字改为黑色，此时可以看到非常明显的文字裂纹效果，如图 24-19 所示。

图　24-19

这说明在 Photoshop 中，蒙版的颜色越黑，透明效果越好；蒙版的颜色越白，效果就越不透明。

24.2.2　Illustrator 的透明度蒙版

Illustrator 的透明度蒙版功能可以自定义蒙版效果的透明度。如果想把如图 24-20 所示的照片素材制作成图像化的文字效果，只需在照片素材上输入文字，并全选素材和文字，按快捷键 Ctrl+7，即可实现效果，其生成原理相当于 Photoshop 的图层蒙版，如图 24-20~ 图 24-22 所示。

图　24-20

图　24-21

图　24-22

为了测试文字在半透明状态下的效果，执行"窗口→透明度"命令，打开"透明度"面板（快捷键为 Shift+Ctrl+F10）。选择文字对象并调整面板中的"不透明度"参数至"50%"，使对象呈半透明状显示。

使用"选择工具"选择该文字对象和照片素材两个对象，单击"透明度"面板上的"制作蒙版"按钮制作透明度蒙版，如图 24-23 所示。

图　24-23

画板内容呈空白显示，说明调节文字对象的"不透明度"参数无法建立透明度蒙版，单击"透明度"面板上的"释放"按钮还原操作，如图 24-24 所示。

图　24-24

为了测试文字在不透明状态下改变文字颜色的效果，选择文字对象并调整"透明度"面板中的"不透明度"参数至"100%"，并将文字设成白色。使用"选择工具"选择文字对象和照片素材，单击"透明度"面板上的"制作蒙版"按钮，可见文字的白色在透明度蒙版中代表素材内容的全部显示，如图 24-25、图 24-26 所示。

图　24-25

图 24-26

如果改变文字颜色为黑色并用同样的参数设置制作透明度蒙版，则画板内容呈空白显示。说明文字的黑色在透明度蒙版中代表素材内容的全部隐藏，如图 24-27、图 24-28 所示。

图 24-27

图 24-28

如果改变文字颜色为灰色并用同样的参数设置制作透明度蒙版，则画板内容呈半透明显示。说明文字的灰色在透明度蒙版中代表素材内容的部分隐藏，如图 24-29、图 24-30 所示。

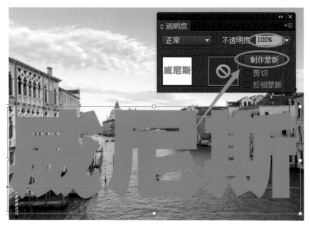

图 24-29

图 24-30

一言以蔽之，Illustrator 的透明度蒙版与制作蒙版的对象颜色有关，与对象的不透明度无关。总之，无论是普通蒙版还是透明度蒙版，最终表现的视觉对象都是和图像有关的。凡是和图像有关的内容编辑，Photoshop 都比 Illustrator 更具优势，这是由 Adobe 在设计软件时对它们各自功能和特点的原始定位决定的。

透明度蒙版和普通蒙版的区别

读者需要在学习软件相关功能和技巧之余，充分地理解软件设计的特点，并明智地合理利用不同软件的优势特点达成设计目标。技术是为结果服务的,能够高效率、高质量地实现设计项目，满足甲方所需才是上策。

Illustrator 其他工具应用

本章针对 Illustrator "工具栏"中的一些在之前章节未详细提及的工具进行补充讲解。虽然有些工具在实际工作中并不常用，但只有对 Illustrator 的相关工具全面了解后，读者才会在日后软件应用时更加自信。本章所谓的不常用的工具，有的是因为它在相应的工具组中，其所在工具组的代表性工具已经涵盖了这些工具的功能，而有的则是因为那些工具会生成艺术感较强的视觉效果，但与现实商业应用关系不大，读者要根据自身面对的行业和具体项目的实际情况权宜把握。

扫码下载本章资源

* 手机扫描下方二维码，选择"推送到我的邮箱"，输入电子邮箱地址，即可在邮箱中获取资源。

Illustrator 其他工具应用	Illustrator 其他工具应用	Illustrator 其他工具应用	Illustrator 其他工具应用	Illustrator 其他工具应用
配套 PPT 课件	配套笔记	配套标注	配套素材	配套作业

25.1　其他工具应用方法介绍

📄　Illustrator 作为矢量绘图软件，其功能优势主要集中在矢量对象的应用和编辑上，相关工具也是围绕这一特点而开发的。Illustrator 针对矢量对象的构形开发了不同种类的工具，学习时要根据实际需要选择合适的工具，并举一反三、灵活应用。

25.1.1　宽度工具组

在第 20 章中，我们已经通过相关案例学习了"宽度工具"的应用方法，这里全面介绍"宽度工具组"中相关工具的使用方法。

使用"椭圆工具"配合 Shift 键绘制正圆并描边，使用"宽度工具"在正圆路径右侧锚点位置拖曳，此时拖曳处及其附近的描边效果会加宽。"宽度工具"可以因此通过改变描边宽度快速编辑路径的描边效果，如图 25-1、图 25-2 所示。

Illustrator 其他工具
使用方法

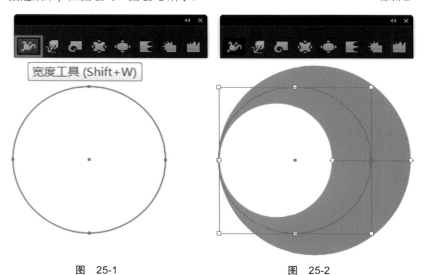

图　25-1　　　　　　　　　　　图　25-2

"变形工具"同在"宽度工具组"中。使用"椭圆工具"绘制正圆并填充颜色，鼠标拖曳正圆对象时，对象会像面饼一样改变形状，如图 25-3~ 图 25-5 所示。

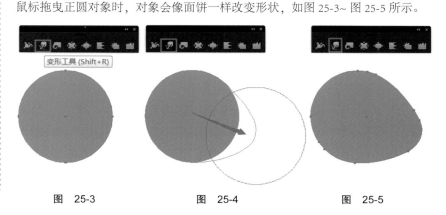

图　25-3　　　　　　　　　图　25-4　　　　　　　　　图　25-5

"旋转扭曲工具"在"宽度工具组"中的使用方法是，鼠标单击住对象时，对象会进行旋转扭曲变形，释放鼠标则停止变形，如图25-6~图25-8所示。

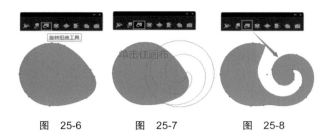

图 25-6　　　　图 25-7　　　　图 25-8

"缩拢工具"的使用方法是，使用该工具用鼠标单击住对象时，对象会进行缩拢变形，越变越小，释放鼠标则停止缩拢，如图25-9~图25-11所示。

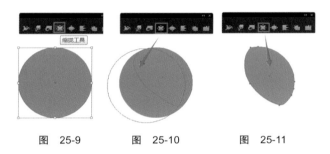

图 25-9　　　　图 25-10　　　　图 25-11

"膨胀工具"的使用方法与"缩拢工具"一致，但效果相反。使用该工具用鼠标单击住对象时，对象会进行膨胀变形，越变越大，释放鼠标则停止膨胀，如图25-12~图25-14所示。

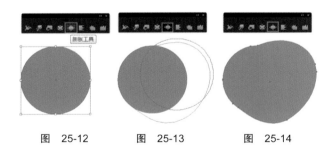

图 25-12　　　　图 25-13　　　　图 25-14

"扇贝工具"和"晶格化工具"在"宽度工具组"中是使用方法与上面一致但效果相反的一对工具。使用"扇贝工具"时，鼠标单击住对象，对象会在收缩时边缘呈现出刺状结构，释放鼠标则停止收缩，如图25-15所示。

使用"晶格化工具"时，鼠标单击住对象，对象会在膨胀时边缘呈现出刺状结构，释放鼠标则停止膨胀，如图25-16所示。

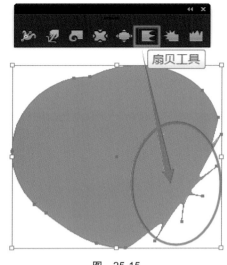

图 25-15

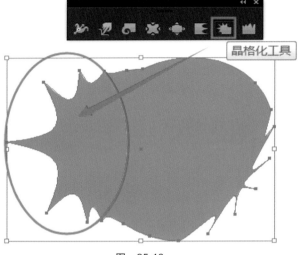

图 25-16

"皱褶工具"的使用方法是，使用该工具用鼠标单击住对象时，对象会生成皱褶边缘并不停抖动皱褶状态，释放鼠标则停止抖动定型对象，如图25-17、图25-18所示。

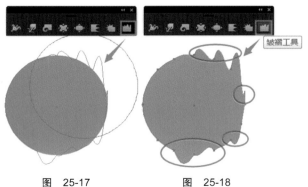

图 25-17　　　　图 25-18

25.1.2　透视网格工具

"透视网格工具"是 Illustrator 为设计师进行透视效果设计的辅助线工具，它以透视网格的形式辅助设计师绘制带有透视效果的对象，单击"透视网格工具"，即可在画板上生成透视网格，如图 25-19 所示。

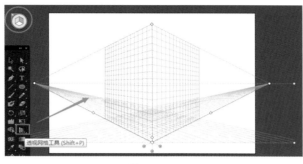

图　25-19

画板上生成透视网格后，可通过单击 Illustrator 界面左上角的立方体状图标设置透视网格的使用模式。该立方体图标分为左立面、右立面和底面可供选择，分别对应着画板上生成的透视网格的各个面。如果单击立方体图标上的"右侧网格"，则使用"矩形工具"在画板中绘制矩形时，就会以右侧网格为透视依据，生成带右侧立面透视效果的矩形，如图 25-20 所示。

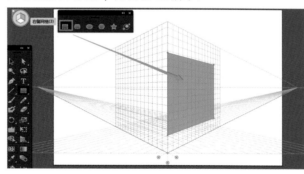

图　25-20

如果单击立方体图标上的"左侧网格"，则使用"椭圆工具"在画板中绘制椭圆时，就会以左侧网格为透视依据，生成带左侧立面透视效果的椭圆对象，如图 25-21 所示。

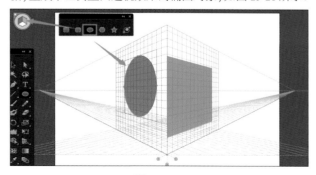

图　25-21

如果需要关闭画板上生成的透视网格，需在选择"工具栏"上的"透视网格工具"状态下，单击界面左上角的立方体状图标左上方的"×"符号。若选择了"透视网格工具"之外的工具，则单击"×"符号无效，如图 25-22 所示。

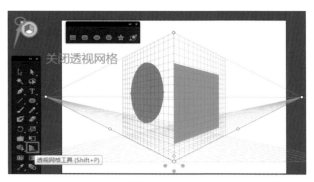

图　25-22

关闭透视网格后，透视网格随即消失，画板上会保留带透视效果的图形，如图 25-23 所示。

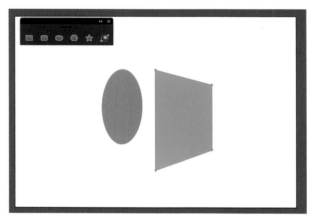

图　25-23

值得一提的是，看似方便的"透视网格工具"在实际应用时可能并不常用，这是因为一件设计作品从构思到落地，需要融入除基本透视学原理外的很多创意性内容。如果机械地依赖该工具，不仅会抹杀设计师进行项目设计时的创新精神，更重要的是，依赖于此类工具会让设计师懒于思考透视的原理与设计思想画面化之间的关系，最终难以生成符合需求的设计作品。因此笔者不提倡使用。

在处理带有透视效果的设计作品时，要熟练使用第 7 章关于透视效果生成的方法——通过"直接选择工具"根据实际情况的需要生成画面的透视效果。只有设计师自己首先弄清楚透视原理，并对自己设计的透视作品有足够的自信，项目在拿给甲方提案时才会更有信心。只有把该做好的工作踏踏实实地做到位，放弃幻想，取信于己，才能在设计的道路上行稳致远。

25.1.3 铅笔工具组

"铅笔工具组"中的"铅笔工具"可以允许用户在画板上直接绘制自由路径，该路径可以和其他工具绘制出的路径一样，进行路径描边等多种编辑，如图 25-24、图 25-25 所示。

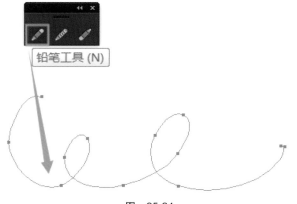

图　25-24

图　25-25

使用"矩形工具"在画板中绘制矩形并描边，使用"铅笔工具组"中的"平滑工具"在矩形描边的一角反复拖曳绘制，被该工具绘制的路径描边效果将呈随机的平滑效果显示，如图 25-26~图 25-28 所示。

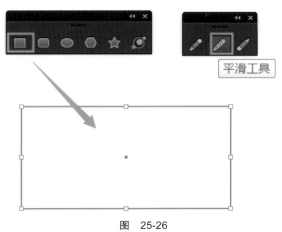

图　25-26

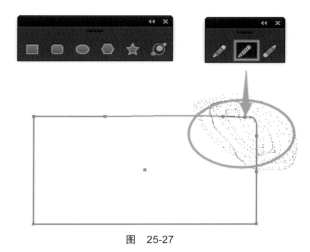

图　25-27

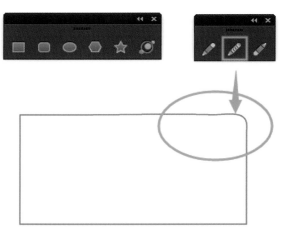

图　25-28

使用"铅笔工具组"中的"路径橡皮擦工具"在矩形描边的一角拖曳绘制，被该工具绘制的路径会断开，但断线位置不精准。在商业设计中，想精准地断开路径要优先使用"剪刀工具"，如图 25-29~图 25-31 所示。

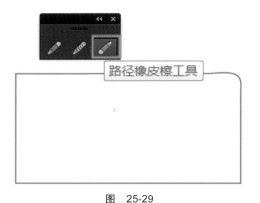

图　25-29

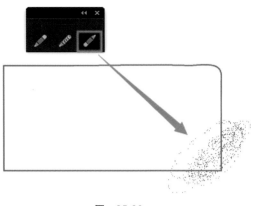

图　25-30

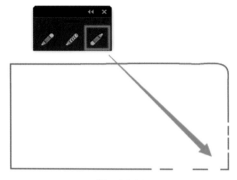

图　25-31

25.1.4　"网格工具"的使用方法

使用"椭圆工具"配合 Shift 键绘制正圆并填充颜色，如图 25-32 所示。

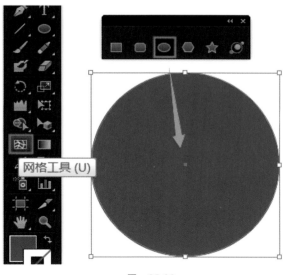

图　25-32

使用"网格工具"在正圆对象内单击，可生成锚点和经纬线，以方便为对象进行局部设色，如图 25-33 所示。

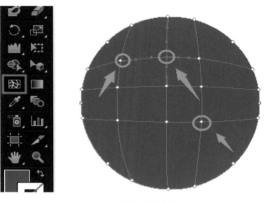

图　25-33

使用"直接选择工具"框选正圆对象内的若干锚点，并单击"色板"面板中的任意颜色，即可改变对象的局部设色，如图 25-34 所示。

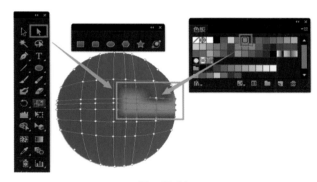

图　25-34

25.1.5　"混合工具"的使用方法

分别使用"多边形工具"和"星形工具"绘制两个矢量对象并填充不同颜色，使用"工具栏"中的"混合工具"分别单击两个对象，此时将生成两个对象间的过渡效果，如图 25-35、图 25-36 所示。

从这一实例中可以看出，"混合工具"既可以计算矢量对象间的形体过渡，也可以计算它们的颜色过渡。

双击"工具栏"中的"混合工具"，可打开"混合选项"参数设置对话框，从中可以通过"间距"设置软件计算图形对象间混合效果的步数。默认状态下"间距"参数被设置为"平滑颜色"，即图形间以尽可能平滑的效果计算图形混合的步数，因此图形距离越大，步数就会相应越多。也可以选择"指定的步数"或"指定的距离"来制作图形间的混合效果，如图 25-37 所示。

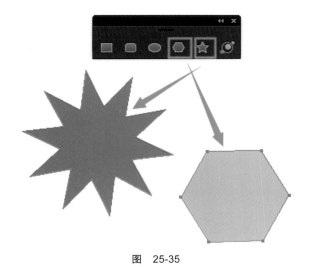

图 25-35

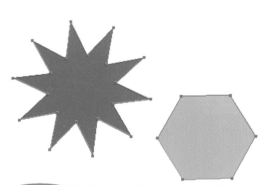

图 25-36

图 25-37

若选择"指定的步数",将步数设置成 8,两个图形间将会生成 8 个过渡图形(包括已有图形,共计 10 个图形),如图 25-38、图 25-39 所示。

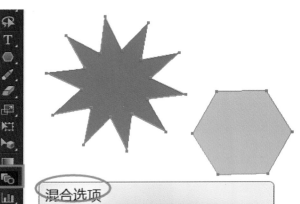

图 25-38

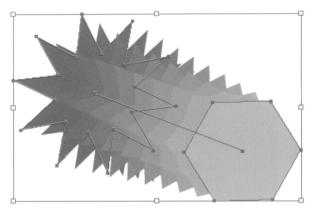

图 25-39

25.1.6 "橡皮擦工具"的使用方法

使用"圆角矩形工具"绘制圆角矩形并填充颜色,再使用"橡皮擦工具"在对象上拖曳,即可擦除(删除)对象上被拖曳过的区域。使用"选择工具"和"直接选择工具"可对被擦除后的对象的各部分进行单独的拖曳和编辑,如图 25-40~ 图 25-42 所示。

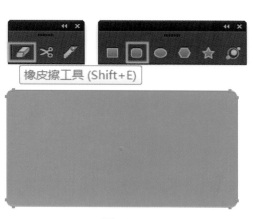

图 25-40

图 25-41

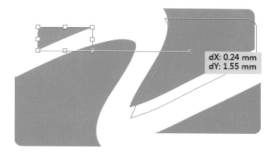

图 25-42

25.1.7 "刻刀工具"的使用方法

在填充颜色的圆角矩形对象上，使用"刻刀工具"在对象上反复拖曳，即可在对象上以路径的形式生成刻痕。使用"选择工具"可对对象上被"刻刀工具"切割的各部分进行单独拖曳移动。在实际工作中编辑较精细的对象效果时，如果希望将矢量对象进行切割，一般使用"路径查找器"的"分割"命令，以便让切割效果更加可控，如图 25-43、图 25-44 所示。

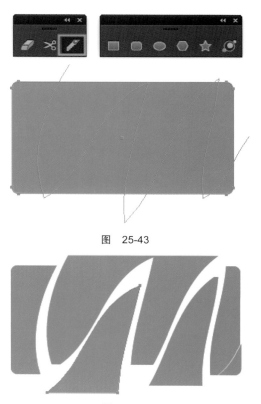

图 25-43

图 25-44

25.1.8 符号喷枪工具组

在"符号喷枪工具组"中有诸多围绕 Illustrator 符号功能开发的工具。这里从"符号喷枪工具"开始讲起。

使用"文字工具"输入两个"$"字符，分别设为橙色和黄色，并用"混合工具"将这两个独立的符号混合成立体效果的"$"字符，如图 25-45~图 25-48 所示。

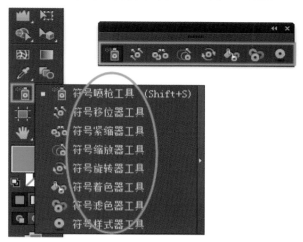

图 25-45

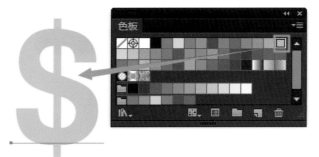

图 25-46

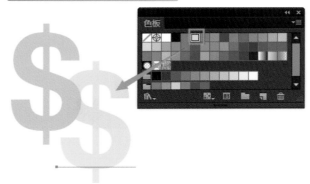

图 25-47

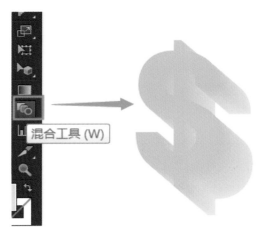

图 25-48

执行"窗口→符号"命令以打开"符号"面板，单击"符号"面板右下角的"新建符号"按钮，在出现的"符号选项"对话框中可定义符号的"名称"，单击"确定"按钮可将立体效果的"$"符号添加到"符号"面板中。加入面板中的符号将以缩览图的形式显示在"符号"面板中预设符号缩览图的后方，如图 25-49~ 图 25-51 所示。

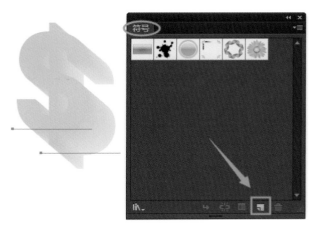

图 25-49

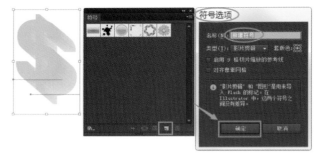

图 25-50

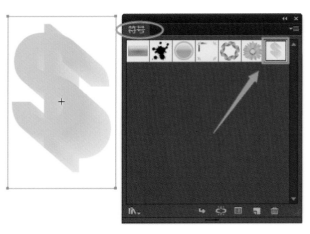

图 25-51

"$"字符被定义成符号后，再使用"符号喷枪工具"在画板上拖曳，即可像喷枪一样成片地喷射出若干个"$"符号，如图 25-52 所示。

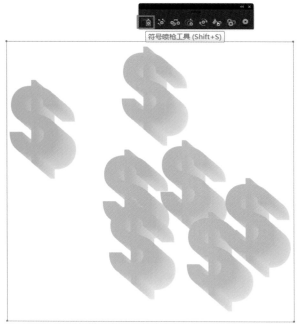

图 25-52

"符号移位器工具"可以对喷射在画板上的"$"符号进行位置移动。使用该工具用鼠标单击住画板上的"$"符号，即可实现符号移位，释放鼠标则停止移位，如图 25-53 所示。

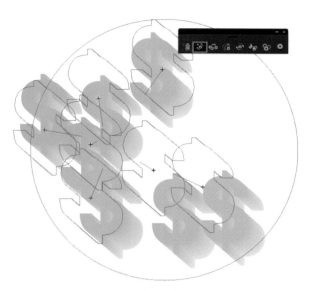

图 25-53

"符号紧缩器工具"可以对喷射在画板上的"$"符号进行位置上的集中移动。使用该工具用鼠标单击住画板上的"$"符号，即可实现符号向心移位，符号将向光标中心靠拢，释放鼠标停止移位，如图 25-54、图 25-55 所示。

图 25-54

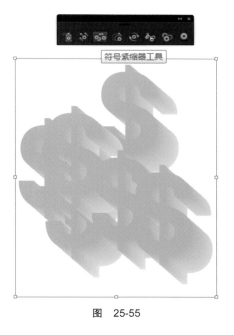

图 25-55

在使用"符号紧缩器工具"时同时按 Alt 键，则可以对喷射在画板上的"$"符号进行位置上的分散移动。其操作结果与正常状态下使用"符号紧缩器工具"相反，如图 25-56 所示。

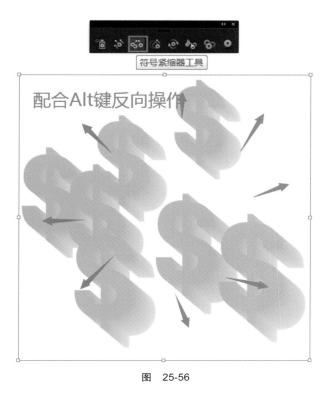

图　25-56

图　25-58

"符号缩放器工具"可以改变喷射在画板上的"$"符号的个体大小。使用该工具用鼠标单击住画板上的"$"符号，即可实现符号的放大，释放鼠标则停止放大，如图 25-57、图 25-58 所示。

在使用"符号缩放器工具"时同时按 Alt 键，即可实现符号的缩小，释放鼠标则停止缩小，如图 25-59 所示。

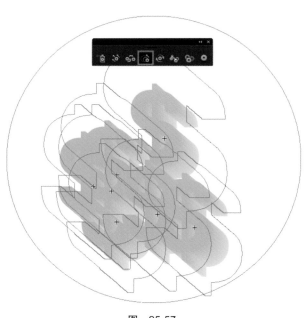

图　25-57

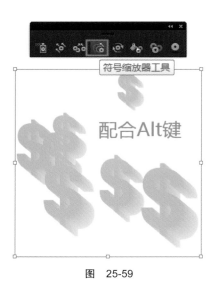

图　25-59

"符号旋转器工具"可以对喷射在画板上的"$"符号进行方向上的集中旋转。使用该工具用鼠标单击住画板上的"$"符号，即可按符号上标注的箭头方向实现符号的旋转，释放鼠标则停止旋转，如图 25-60、图 25-61 所示。

的"$"符号，"$"符号颜色就会发生改变，如图 25-62 所示。

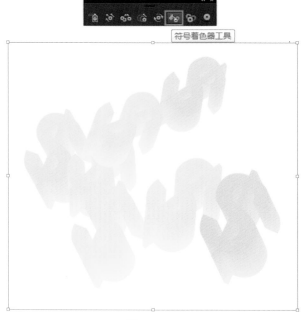

图　25-62

图　25-60

图　25-61

"符号着色器工具"可以对喷射在画板上的"$"符号进行色彩的变更。使用该工具用鼠标单击住画板上

"符号滤色器工具"类似于"符号着色器工具"，使用该工具用鼠标单击住画板上的"$"符号，"$"符号颜色就会发生滤色，使颜色有层次感，如图 25-63 所示。

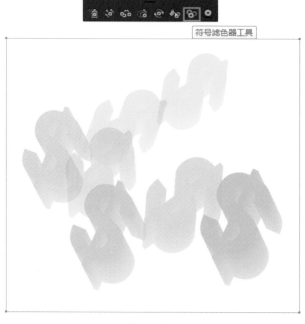

图　25-63

25.2 画板的编辑功能与工具应用

在实际工作中，随着设计稿在设计上的不断深入，会根据设计内容不断地调整构图，就会涉及对画板大小的调整。因此，对 Illustrator 的画板尺寸进行二次编辑就显得非常必要。本节学习画板的编辑功能及相关工具的使用方法，使读者在编辑画板时有多种方法可以选择，进行设计工作时也更加从容。

25.2.1 画板的编辑方法

如需编辑 Illustrator 界面中的画板大小，可以在"选择工具"状态下单击"属性"面板中的"文档设置"按钮，如图 25-64 所示。

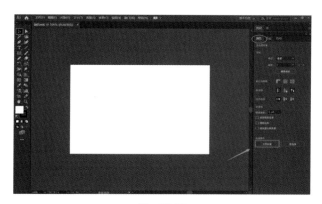

图　25-64

在出现的"文档设置"参数设置对话框中，按对话框右上角的"编辑画板"按钮，如图 25-65 所示。

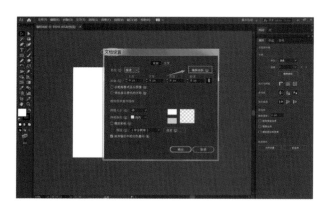

图　25-65

此时，用户可以拖曳 Illustrator 界面中画板四周的界定框来调整画板的大小，也可通过界面右侧"属性"面板中的"宽"和"高"的参数设置来调整画板的大小，如图 25-66~ 图 25-68 所示。

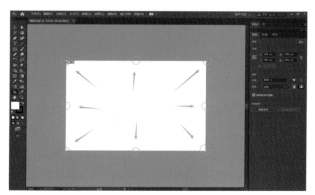

图　25-66

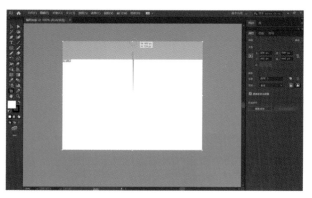

图　25-67

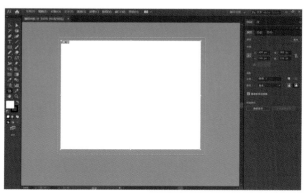

图　25-68

调整好画板的大小后，可按 Esc 键退出画板编辑状态，如图 25-69 所示。

图　25-69

25.2.2　"画板工具"的使用方法

单击"工具栏"中的"画板工具"，同样可以通过拖曳 Illustrator 界面中画板四周的界定框来调整画板的大小，

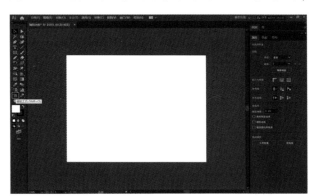

图　25-70

也可通过界面右侧"属性"面板中的"宽"和"高"的参数设置来调整画板的大小，如图 25-70、图 25-71 所示。

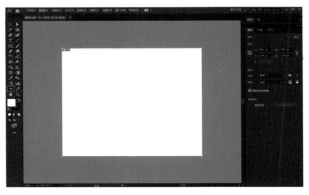

图　25-71

双击"工具栏"中的"画板工具"，在出现的"画板选项"参数设置对话框中，可通过对"宽度"和"高度"的参数设置来调整画板的大小，设置好后单击"确定"按钮即可完成对画板尺寸的调整，如图 25-72 所示。

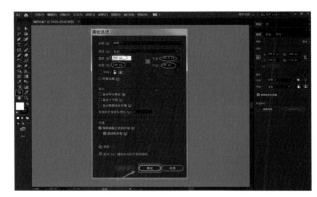

图　25-72

- 视觉设计的落地场景广泛，设计师要永远与趋势为伴，做潮流先锋。
- 无论使用哪种软件进行视觉设计，设计师都要以对设计结果的苛求为己任。视觉设计的结果所做即所得，任何懈怠及枉顾设计初衷的做法都会在设计稿中被哪怕是行外人所察觉，尤其在当今人们审美意识普遍提高和需求方对设计供给侧要求的门槛日益提高的大环境下，唯有成就精品，才会避免让自身在瞬息万变的形势下处于不利地位。

Illustrator 软件综合
应用要点总结